高职高专“十三五”规划教材

计算机高级应用实践教程

主　编　龚　静　邓阿琴

副主编　拖洪华　王建波　曾龙凯　雷群泌　李英杰　吕　鹏
　　　　曾　斯　朱　鹏　曾建一

编　委　龚　静　邓阿琴　拖洪华　王建波　曾龙凯　雷群泌
　　　　李英杰　吕　鹏　曾　斯　朱　鹏　曾建一　胡平霞
　　　　尹迎菊　曾　莉　李春媚　胡　灿　邓金国　王　晟

西安电子科技大学出版社

内容简介

本书是《计算机高级应用教程》（西安电子科技大学出版社同步出版）的配套实践教材。以全国计算机等级考试二级 MS Office 高级应用为指导，强调通俗易懂和技术实用。全书分为两大部分。第一部分为计算机常用软件操作，主要介绍了 Office 高级应用、文件管理工具、阅读工具、多媒体工具等软件的操作，以任务驱动的方式，设计了与《计算机高级应用教程》各章节配套的实践任务。实践任务配有操作素材与操作步骤，通过实践任务可以使学生在短时间内掌握所学内容。第二部分为计算机公共基础知识，着重介绍了程序设计基础、算法与数据结构、数据库技术基础和软件工程基础。每章都配有不少于 30 道的二级考试真题，可为学生参加全国计算机等级二级考试提供有益的帮助。

本书适合作为高校非计算机专业的计算机高级应用课程教学用书，也可作为全国计算机等级考试二级考试的复习用书，还适合作为广大计算机爱好者学习计算机高级应用的参考书。

图书在版编目(CIP)数据

计算机高级应用实践教程 / 龚静，邓阿琴主编. —西安：西安电子科技大学出版社，2020.3
ISBN 978-7-5606-5607-6

Ⅰ. ①计… Ⅱ. ①龚… ②邓… Ⅲ. ①电子计算机—高等职业教育—教材 Ⅳ. ①TP3

中国版本图书馆 CIP 数据核字(2020)第 020069 号

策划编辑 杨丕勇
责任编辑 王晓莉 杨丕勇
出版发行 西安电子科技大学出版社(西安市太白南路 2 号)
电　　话 (029)88242885 88201467 邮　　编 710071
网　　址 www.xduph.com 电子邮箱 xdupfxb001@163.com
经　　销 新华书店
印刷单位 陕西天意印务有限责任公司
版　　次 2020 年 3 月第 1 版 2020 年 3 月第 1 次印刷
开　　本 787 毫米×1092 毫米 1/16 印　　张 17.75
字　　数 420 千字
印　　数 1～6000 册
定　　价 47.00 元
ISBN 978-7-5606-5607-6 / TP
XDUP 5909001-1

❖❖❖ 前　言 ❖❖❖

“计算机高级应用”是高等学校非计算机专业学生第二学期开设的一门计算机高级应用课程。本书以全国计算机等级考试二级 MS Office 高级应用考试大纲为指导，结合计算机高级应用课程教学需要编写，可为各级高校学生提供一本既有理论基础，又注重操作技能的实用计算机高级应用教程。全书注重基础知识的系统性和基本概念的准确性，更强调应用性和实践性。

本书是与《计算机高级应用教程》（西安电子科技大学出版社同步出版）配套使用的实践教材，是《计算机高级应用教程》教材的进一步充实和完善。全书分为两大部分。第一部分为计算机常用软件操作，包括 6 章共 31 个上机实验任务，并针对 Word、Excel 和 PowerPoint 给出了全国计算机等级考试二级笔试真题及参考答案，涵盖了理论教材的全部上机操作内容。每个任务力求做到步骤清晰，可操作性强，突出应用，注重提高动手和应用能力。第二部分为计算机公共基础知识，主要介绍了程序设计基础、算法与数据结构、数据库技术基础和软件工程基础等，并给出了全国计算机等级考试二级选择题。

本书由湖南环境生物职业技术学院龚静、邓阿琴担任主编，拖洪华、王建波、曾龙凯、雷群泌、李英杰、吕鹏、曾斯、朱鹏、曾建一担任副主编。全书统稿和审核由龚静负责，胡平霞、尹迎菊、曾莉、李春媚、胡灿、邓金国、王晟等在本书的编写方面也做了很多有益的工作，在此表示忠心的感谢！

由于编者水平有限，书中不足之处在所难免，敬请读者批评指正。

编　者

2019 年 11 月

❖❖❖ 目　　录 ❖❖❖

第一部分　计算机常用软件操作

第二部分　计算机公共基础知识

第一部分

计算机常用软件操作

第 1 章　Word 高级应用

任务 1.1　制作培训通知

一、任务目的

(1) 掌握创建及保存文档的方法；
(2) 掌握插入特殊符号的方法；
(3) 掌握字体、段落格式的设置；
(4) 学会设置底纹；
(5) 学会编辑公式。

二、任务内容

某公司决定对 2019 年新入职的员工进行一次岗前培训，需要人事部制作一份培训通知，通知样文如图 1-1-1 所示。

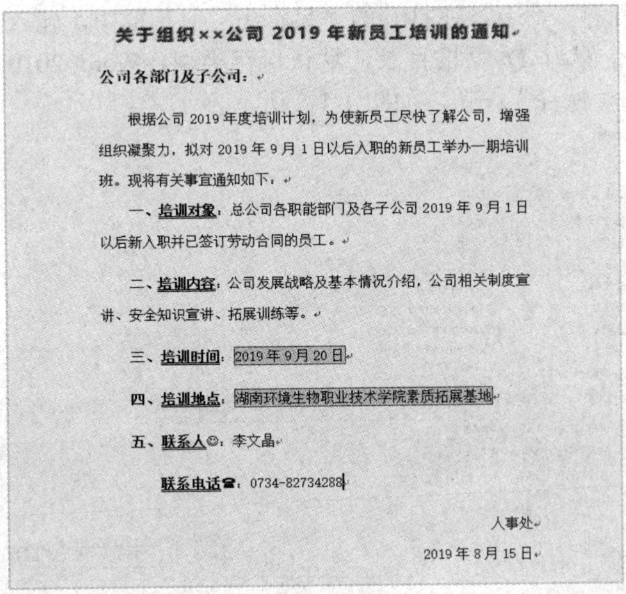

关于组织××公司 2019 年新员工培训的通知

公司各部门及子公司：

根据公司 2019 年度培训计划，为使新员工尽快了解公司，增强组织凝聚力，拟对 2019 年 9 月 1 日以后入职的新员工举办一期培训班。现将有关事宜通知如下：

一、培训对象：总公司各职能部门及各子公司 2019 年 9 月 1 日以后新入职并已签订劳动合同的员工。

二、培训内容：公司发展战略及基本情况介绍，公司相关制度宣讲、安全知识宣讲、拓展训练等。

三、培训时间：2019 年 9 月 20 日

四、培训地点：湖南环境生物职业技术学院素质拓展基地

五、联系人☺：李文晶

联系电话☎：0734-82734288

人事处

2019 年 8 月 15 日

图 1-1-1　通知样文

要完成本项工作任务，需要进行如下操作：

(1) 新建文档，命名并保存。

(2) 录入文本。

(3) 插入特殊字符☺、☎。

(4) 设置标题文字格式：字体为黑体、三号、加粗、红色，字符间距加宽 2 磅、阴影效果，居中对齐，段前段后间距 12 磅。

(5) 设置称呼格式：宋体、小三、加粗，段后 12 磅，无首行缩进。

(6) 设置正文文字格式：宋体、四号，首行缩进 2 字符，行距 1.5 倍，“联系电话”段落首行缩进 4 字符。

(7) 设置各段子标题格式：加粗，下划线为双线，段后 12 磅。

(8) 设置时间和地点格式：底纹为黄色，边框为 0.5 磅红色单实线。

(9) 设置落款格式：对齐方式为右对齐。

(10) 在文档的最后插入一页作为第 2 页，在第 2 页输入 3 个公式：

$$H=3R^2\int_0^n \sin^2\theta\cos^2\theta\,\mathrm{d}\theta,\quad |x|=\begin{cases}x & x\geqslant 0\\ -x & x<0\end{cases}，\quad y=\frac{1}{\lg(3x-2)}$$

(11) 将文件命名为“学号+姓名+培训通知”，保存在“D：\”下。(注意：本书中提到要输入的学号、姓名是指学生本人的学号与姓名，如“001 张三培训通知”。)

三、操作步骤

1．新建 Word 文档

先单击“开始”按钮，选择“所有程序”组中“Microsoft Office”下的“Microsoft Word 2010”命令，Word 自动创建名为“文档 1”的空白文档；再单击“文件”选项卡中的“保存”命令，在打开的“另存为”对话框中，输入文件名“学号+姓名+培训通知”，保存位置为 D 盘根目录，默认保存类型，Word 2010 默认文件扩展名为“.docx”；然后单击“保存”按钮，如图 1-1-2 所示。

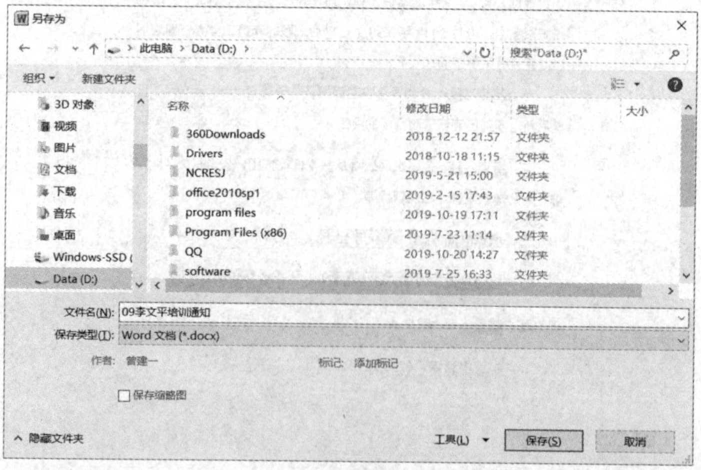

图 1-1-2　“另存为”对话框

2. 录入文本

录入培训通知的所有文本内容，其中特殊符号与日期的输入方法如下：

1) 插入两个特殊符号☺、☎

先将光标定位在文本“五、联系人”的后面，选择“插入”选项卡上“符号”组中的其他符号按钮，弹出“符号”对话框，然后在“符号”选项卡中选择☺符号，单击“插入”按钮，如图 1-1-3 所示。同理，在文字“联系电话”后面插入特殊符号☎。

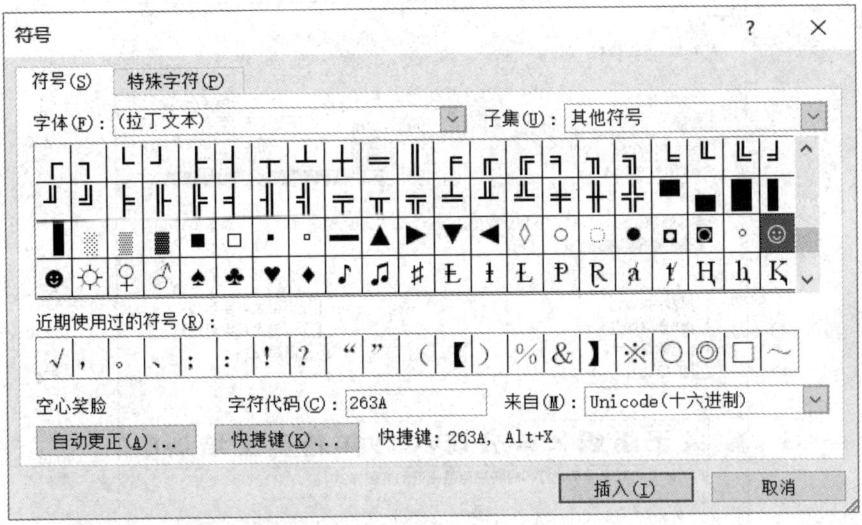

图 1-1-3　“符号”对话框

2) 插入日期和时间

首先将光标移到文档的最后一行，单击“插入”选项卡上“文本”组中的“日期和时间”按钮，弹出“日期和时间”对话框，如图 1-1-4 所示。选择“2019 年 9 月 18 日”的格式，单击“确定”按钮，完成日期的插入。

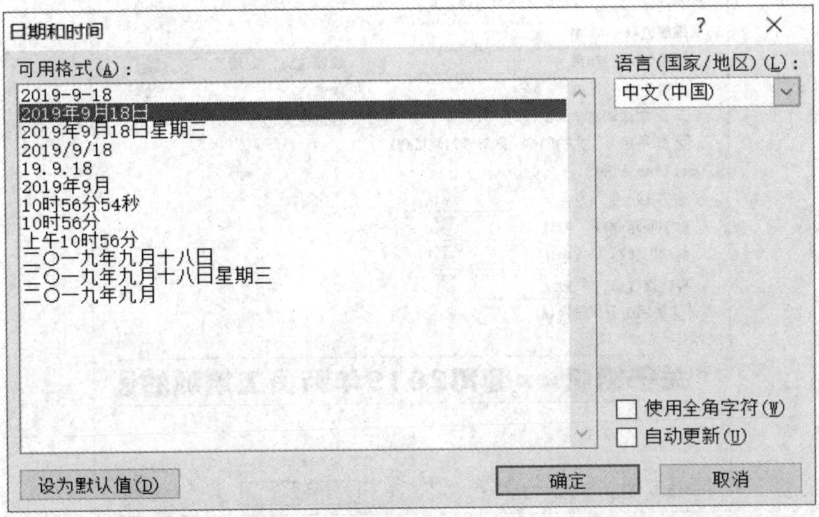

图 1-1-4　“日期和时间”对话框

3．字体设置

(1) 选中标题文字，单击“开始”选项卡下“字体”组中的相关按钮设置字体为黑体，字号为三号，并单击“加粗”按钮，单击字体“颜色”下拉按钮，选择标准色“红色”。或者单击“开始”选项卡下“字体”组右下角的对话框启动器按钮，打开“字体”对话框并选择“字体”选项卡，设置标题文字的“中文字体”“字号”“字形”“字体颜色”，如图 1-1-5 所示。

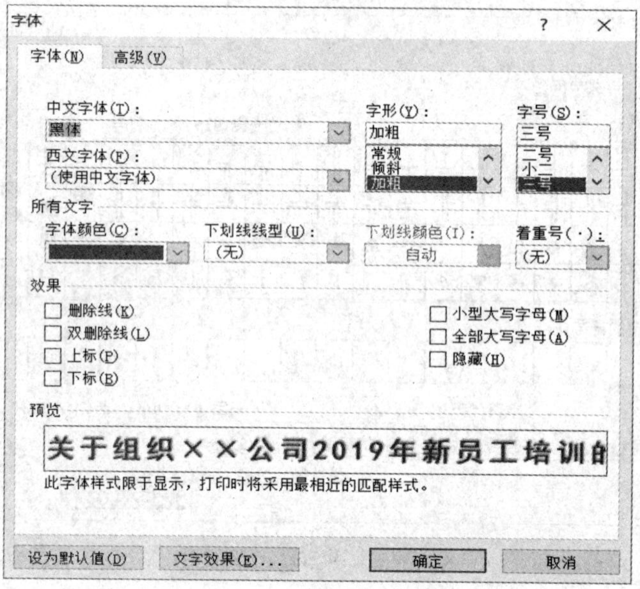

图 1-1-5　“字体”对话框

(2) 单击“高级”选项卡，设置字符间距，“磅值”选择“2 磅”，如图 1-1-6 所示。

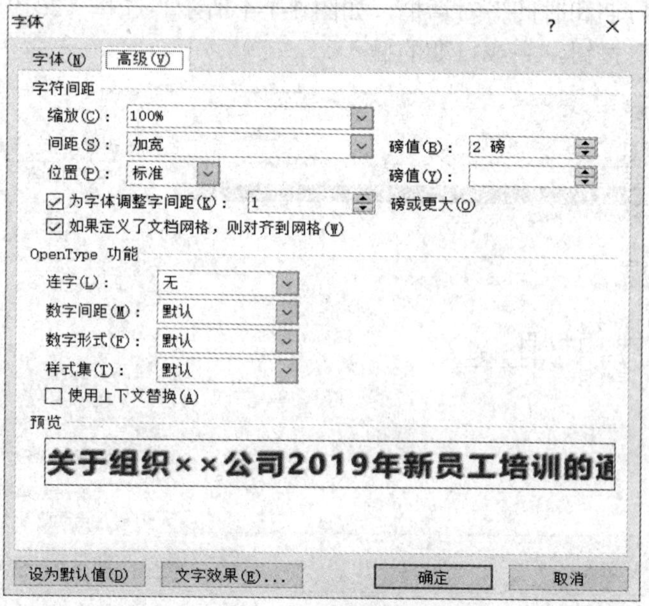

图 1-1-6　“字体”对话框的“高级”选项卡

(3) 在“高级”选项卡中单击“文字效果”按钮，选择“阴影”选项卡上“预设”选项中的“外部，向下偏移”，单击“关闭”按钮，如图 1-1-7 所示。最后单击“确定”按钮。

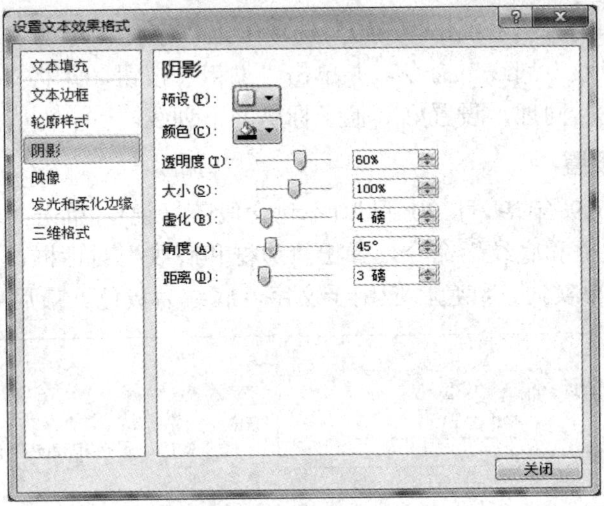

图 1-1-7 设置文本效果格式

(4) 同理，用以上方法分别设置称呼文字(“公司各部门及子公司”)的字体、正文字体、子标题字体。

4．段落设置

(1) 先选中标题文字，单击“开始”选项卡上“段落”选项组右下角的对话框启动器按钮，打开“段落”对话框并选择“缩进和间距”选项卡，然后在“对齐方式”中选择“居中”，在“间距”栏设置段前、段后为 12 磅，如图 1-1-8 所示，最后单击“确定”按钮。

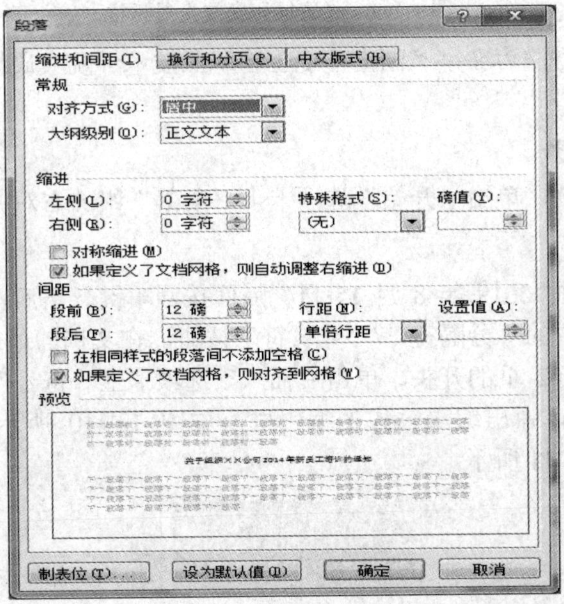

图 1-1-8 “段落”对话框

(2) 用以上方法设置好正文、子标题的段落格式。

5. 设置下划线

选中文本“培训对象”，单击“开始”选项卡上“字体”组的“下划线”按钮右侧的下拉列表框，选择“双下划线”命令，并单击“加粗”按钮，即将“培训对象”设置为加粗并加双下划线样式。同理，设置好其他子标题的下划线。

6. 边框和底纹设置

先选中文字“2019 年 9 月 20 日”(不包含段落标记)，单击“段落”组中的“下划线”按钮，选择“边框和底纹”命令，弹出“边框和底纹”对话框，如图 1-1-9 所示。然后设置边框为 0.5 磅单实线、红色，应用于文字，底纹为黄色。最后单击“确定”按钮。

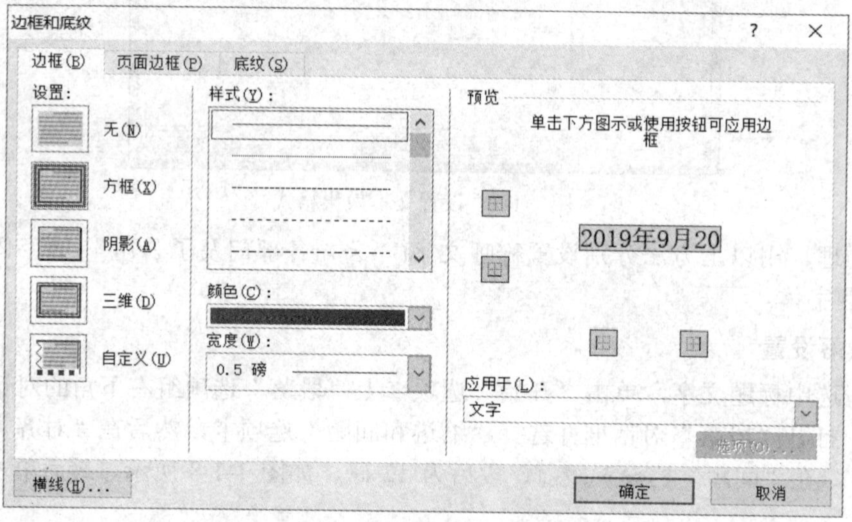

图 1-1-9 “边框和底纹”对话框

同理，采用以上方法为文字“湖南环境生物职业技术学院素质拓展基地”设置同样的边框和底纹。

7. 设置落款右对齐

选中最后两行落款，单击“开始”选项卡上“段落”组的右对齐按钮。

8. 输入 3 个公式

(1) 光标移到日期“2019 年 8 月 15 日”后面按回车键，然后单击“页面布局”选项卡上“页面布局”组中的“分隔符”/“分页符”按钮，在文档的最后插入一个空白页。

(2) 将光标移到第 2 页的开头，单击“插入”选项卡上“符号”组中的“公式”中的“插入新公式”按钮，弹出编辑公式的编辑框，如图 1-1-10 所示。同时出现“公式工具”选项卡，如图 1-1-11 所示。

图 1-1-10 公式编辑框

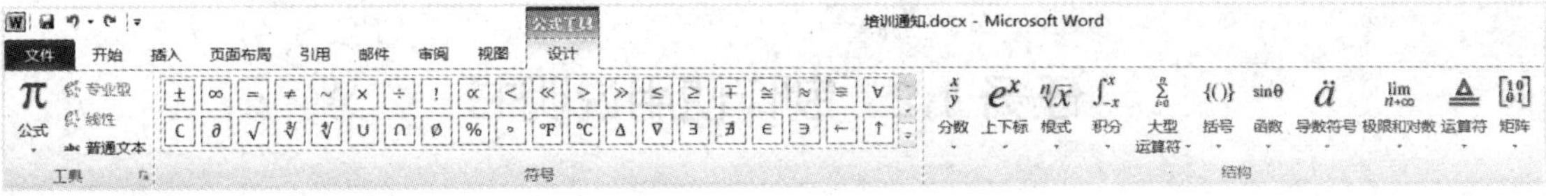

图 1-1-11　“公式工具”选项卡

(3) 在公式编辑框中输入“H=3”，单击“公式工具”的“设计”选项卡上“结构”组的“上下标”第 1 个命令按钮，如图 1-1-12 所示。输入字母“*R*”，在上标框中输入数字“2”，按光标右移键将光标移出下标状态。然后单击“结构”组的“积分”中的第 2 个积分命令按钮，上、下标中分别输入“*n*”与“0”；然后又单击“结构”组的“上下标”中第 1 个命令按钮，输入“sin”与上标“2”；单击“公式工具”的“设计”选项卡上“符号”组中的“ θ ”，插入符号“ θ ”，如图 1-1-13 所示。同理插入“$\cos^2\theta$”，即得到公式：$H=3R^2\int_0^n \sin^2\theta\cos^2\theta\,\mathrm{d}\theta$ 。

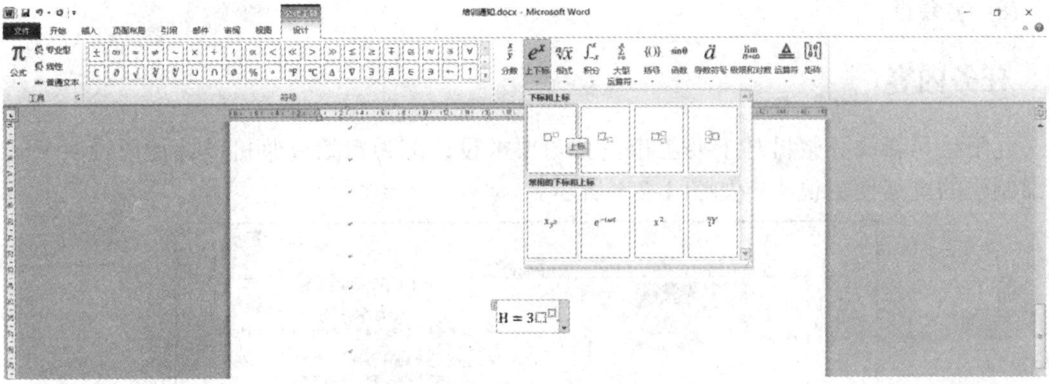

图 1-1-12　插入“上下标”

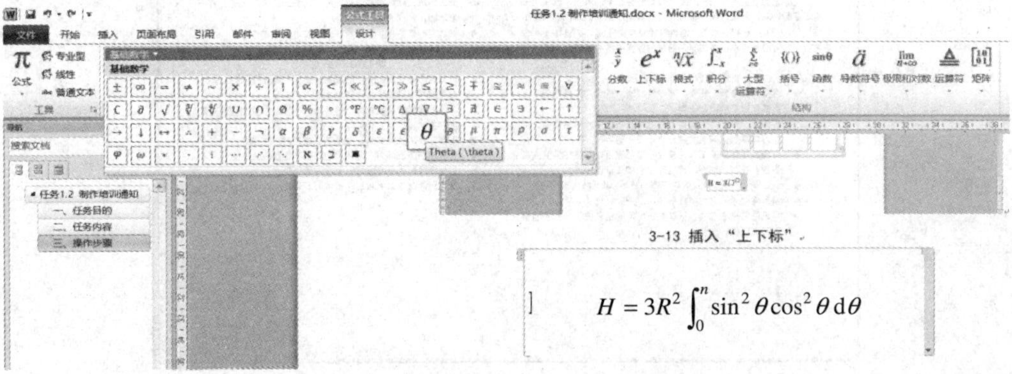

图 1-1-13　插入“ θ ”符号

(4) 同理输入另外两个公式：$|x|=\begin{cases} x & x\geqslant 0 \\ -x & x<0 \end{cases}$ ，$y=\dfrac{1}{\lg(3x-2)}$ 。

9. 保存文件

单击快速工具栏中的“保存”按钮，完成培训通知文档的制作。

任务 1.2　制作使用说明书

一、任务目的

(1) 掌握页面设置方法；
(2) 掌握字体、段落的设置方法；
(3) 学会如何添加项目符号；
(4) 学会插入图片及设置格式；
(5) 掌握分栏的方法；
(6) 学会页眉、页脚的设置；
(7) 掌握绘制自选图形的方法；
(8) 学会设置水印。

二、任务内容

九阳公司新款豆浆机马上要上市，公司要求设计部为新款豆浆机设计使用说明书。设计部制作的产品使用说明书如图 1-2-1 所示。

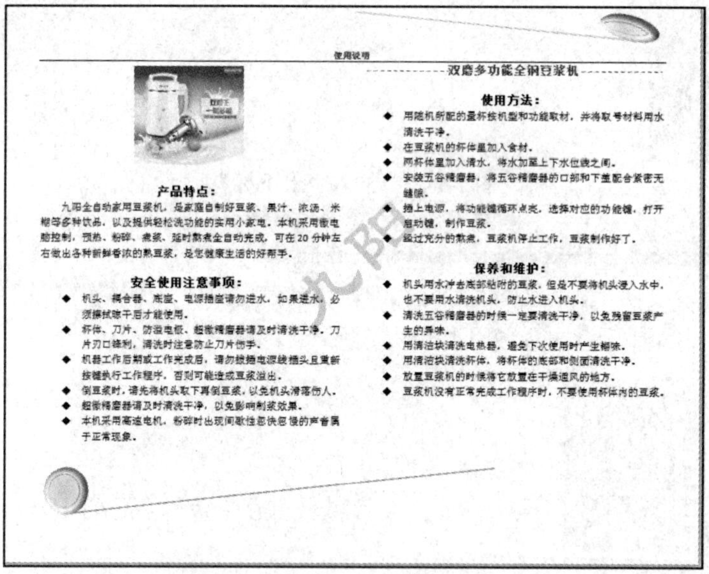

使用说明

双磨多功能全钢豆浆机

产品特点：

九阳全自动家用豆浆机，是家庭自制好豆浆、果汁、浓汤、米糊等多种饮品，以及提供轻松洗功能的实用小家电。本机采用微电脑控制，预热、粉碎、煮浆、延时熬煮全自动完成，可在 20 分钟左右做出各种新鲜香浓的熟豆浆，是您健康生活的好帮手。

安全使用注意事项：

◆ 机头、耦合器、底座、电源插座请勿进水，如果进水，必须擦拭晾干后才能使用。
◆ 杯体、刀片、防溢电极、超微精磨器请及时清洗干净。刀片刃口锋利，清洗时注意防止刀片伤手。
◆ 机器工作后期或工作完成后，请勿拔插电源线插头且重新按键执行工作程序，否则可能造成豆浆溢出。
◆ 倒豆浆时，请先将机头取下再倒豆浆，以免机头滑落伤人。
◆ 超微精磨器请及时清洗干净，以免影响制浆效果。
◆ 本机采用高速电机，粉碎时出现间歇性忽快忽慢的声音属于正常现象。

使用方法：

◆ 用随机所配的量杯按机型和功能取材，并将取号材料用水清洗干净。
◆ 在豆浆机的杯体里加入食材。
◆ 两杯体里加入清水，将水加至上下水位线之间。
◆ 安装五谷精磨器，将五谷精磨器的口部和下盖配合紧密无缝隙。
◆ 插上电源，待功能键循环点亮，选择对应的功能键，打开启动键，制作豆浆。
◆ 经过充分的熬煮，豆浆机停止工作，豆浆制作好了。

保养和维护：

◆ 机头用水冲去底部粘附的豆浆，但是不要将机头浸入水中，也不要用水清洗机头，防止水进入机头。
◆ 清洗五谷精磨器的时候一定要清洗干净，以免残留豆浆产生的异味。
◆ 用清洁块清洗电热器，避免下次使用时产生糊味。
◆ 用清洁块清洗杯体，将杯体的底部和侧面清洗干净。
◆ 放置豆浆机的时候将它放置在干燥通风的地方。
◆ 豆浆机没有正常完成工作程序时，不要使用杯体内的豆浆。

图 1-2-1　产品使用说明书

要完成本项工作任务，需要进行如下操作：

(1) 新建文档，命名并保存在 D 盘根目录下，文件命名为“学号+姓名+说明书.docx”。

(2) 录入文本。

(3) 页面设置：上、下、左、右页边距均为 1.25 厘米，纸张为自定纸张，宽度 25 厘米、高度 20 厘米，纸张方向为横向。

(4) 各级标题为宋体、小四号、加粗，段前 1 行，居中对齐。

(5) 将所有正文设置为宋体、五号，首行缩进 2 字符。

(6) 在第一行插入图片“九阳豆浆机.JPG”，文字环绕为嵌入式，对齐方式为居中对齐。

(7) 将全文分成两栏。

(8) 插入页眉为现代型(奇数页)，输入文本“使用说明书”，文本加粗，页脚为现代型(偶数页)，将页眉、页脚中多余的文本删除。

(9) 在第二栏首行输入文本“双磨多功能全钢豆浆机”，设置文本格式为宋体、小四、加粗、蓝色，居中，在文本两边插入虚线、蓝色，粗细为 1 磅。

(10) 文本背景设置文字水印“九阳”。

三、操作步骤

1. 新建 Word 文档

打开 D 盘根目录，在窗口的空白处单击鼠标右键，在弹出的快捷菜单中选择“新建”命令下的“Microsoft Word 文档”子命令新建文档，见图 1-2-2。然后选中新建的 Word 文档文件名，并单击鼠标右键，在弹出的快捷菜单中选择“重命名”选项，输入新文档名为“学号+姓名+说明书.docx”即可完成文档的重命名操作。

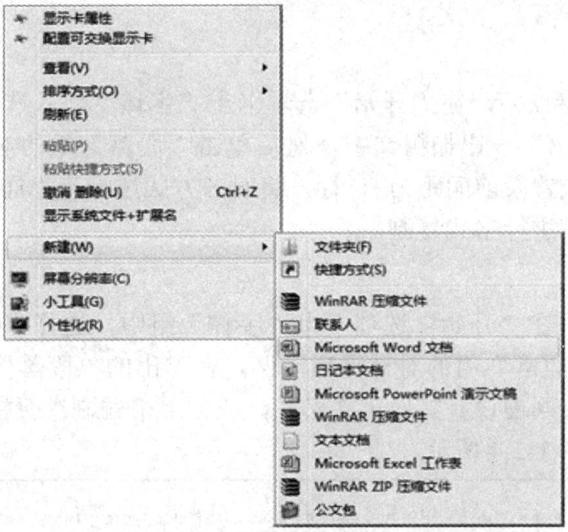

图 1-2-2　新建 Word 文档

2. 录入文本

先双击鼠标左键，打开“D：\素材\说明书.txt”文本文档，按 Ctrl+A 组合键全选整篇文档，再按 Ctrl+C 组合键复制整篇文档。然后打开新建的 Word 文档，并按 Ctrl+V 组合键将复制的文档粘贴到新建的 Word 文档窗口中，完成文本录入。

3. 页面设置

(1) 单击“页面布局”选项卡上“页面设置”组的对话框启动按钮，打开“页面设置”对话框，单击“纸张”选项卡，在纸张大小下拉列表中选择“自定义大小”，设置纸张宽度为 25 厘米，高度为 20 厘米，如图 1-2-3 所示。

(2) 单击“页边距”选项卡，分别设置上、下、左、右页边距为 1.25 厘米，在纸张方向中选择“横向”。

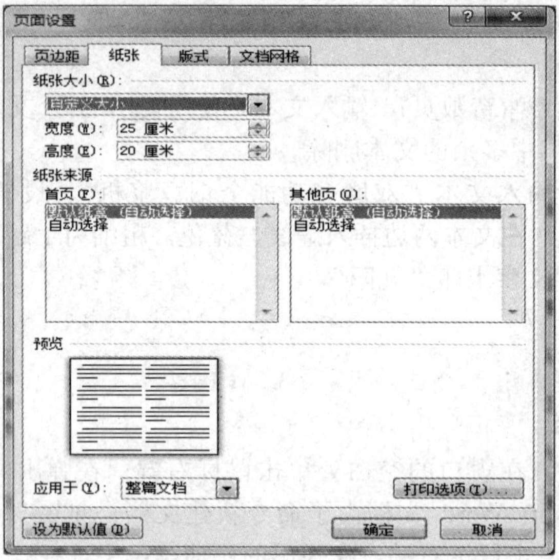

图 1-2-3 “纸张”选项卡

4. 字体、段落设置

1) 设置标题格式

选中文本“产品特点:”，在“开始”选项卡上“字体”组，选择字体为“宋体”，字号“小四号”，单击“B”按钮加粗文字，然后单击“段落”组的对话框启动器，在弹出的“段落”对话框中设置段前间距为 1 行，将对齐方式选择为“居中”。同理设置其他 3 个标题，或使用格式刷进行格式复制。

2) 设置正文格式

选中第一段正文，在“开始”选项卡上“字体”组中，选择字体为“宋体”，字号为“五号”，然后单击“段落”组的对话框启动器，在弹出的“段落”对话框特殊格式中设置首行缩进为 2 字符。同理设置其他正文格式，或使用格式刷进行格式复制。

设置完的效果如图 1-2-4 所示。

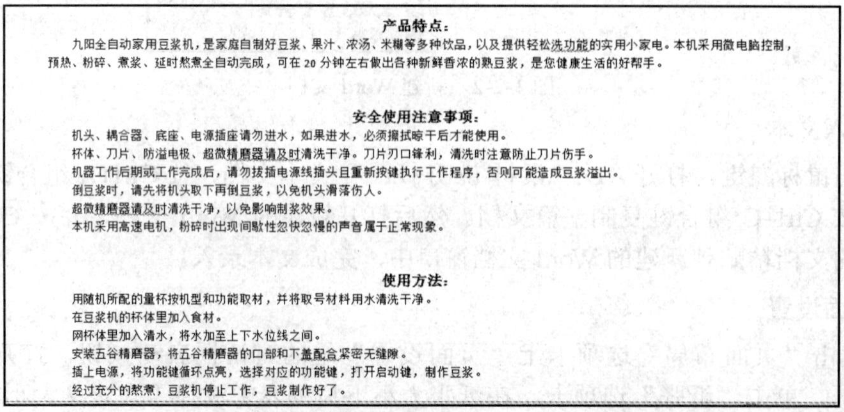

产品特点:

九阳全自动家用豆浆机，是家庭自制好豆浆、果汁、浓汤、米糊等多种饮品，以及提供轻松洗功能的实用小家电。本机采用微电脑控制，预热、粉碎、煮浆、延时熬煮全自动完成，可在 20 分钟左右做出各种新鲜香浓的熟豆浆，是您健康生活的好帮手。

安全使用注意事项:

机头、耦合器、底座、电源插座请勿进水，如果进水，必须擦拭晾干后才能使用。
杯体、刀片、防溢电极、超微精磨器请及时清洗干净。刀片刃口锋利，清洗时注意防止刀片伤手。
机器工作后期或工作完成后，请勿拔插电源线插头且重新按键执行工作程序，否则可能造成豆浆溢出。
倒豆浆时，请先将机头取下再倒豆浆，以免机头滑落伤人。
超微精磨器请及时清洗干净，以免影响制浆效果。
本机采用高速电机，粉碎时出现间歇性忽快忽慢的声音属于正常现象。

使用方法:

用随机所配的量杯按机型和功能取材，并将取号材料用水清洗干净。
在豆浆机的杯体里加入食材。
网杯体里加入清水，将水加至上下水位线之间。
安装五谷精磨器，将五谷精磨器的口部和下盖配合紧密无缝隙。
插上电源，将功能键循环点亮，选择对应的功能键，打开启动键，制作豆浆。
经过充分的熬煮，豆浆机停止工作，豆浆制作好了。

图 1-2-4 设置效果

5. 添加项目符号

按住 Ctrl 键的同时选中需要设置的段落，单击“开始”选项卡上“段落”组中的“项目符号的下拉按钮☰▾。在展开的“项目符号库”中单击◆符号，如图 1-2-5 所示。

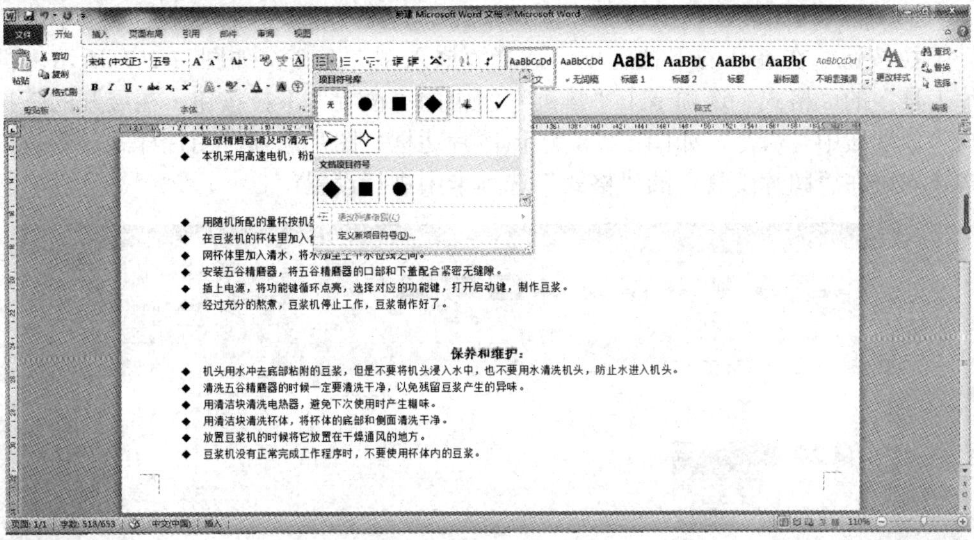

图 1-2-5　设置项目符号

如果需要设定的项目符号在“项目符号库”中找不到，则单击“定义新项目符号”命令进行设置。

6. 插入图片

(1) 将光标定位到文本的开始位置，单击“插入”选项卡上“插图”组中的“图片”按钮，打开“插入图片”对话框。

(2) 在打开的对话框中，选中“D：\素材\九阳豆浆机.jpg”图片，然后单击“插入”按钮，如图 1-2-6 所示。

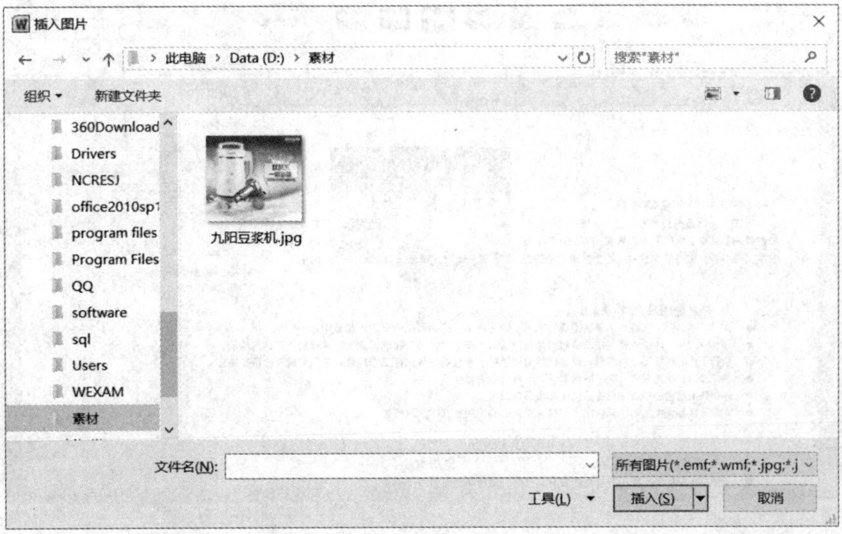

图 1-2-6　“插入图片”对话框

(3) 选中插入的图片，在图片的四周会出现 4 个空心小圆点和 4 个空心小方框，拖动其中一个控制点改变图片的大小。或在“布局”对话框中选择“大小”选项卡，分别输入数值来改变图片的大小。

(4) 选中插入的图片，单击“图片工具”的“格式”选项卡上“排列”组中的“自动换行”下拉按钮，在展开的下拉选项中选择“嵌入型”命令，如图 1-2-7 所示。再单击“图片工具”的“格式”选项卡上“排列”组中的“位置”下拉按钮，在展开的下拉选项中选择“顶端居中”命令，如图 1-2-8 所示(图片边框、图片选项、图片样式、图片排列等相关格式均可在“图片工具”的“格式”选项卡中进行设置)。

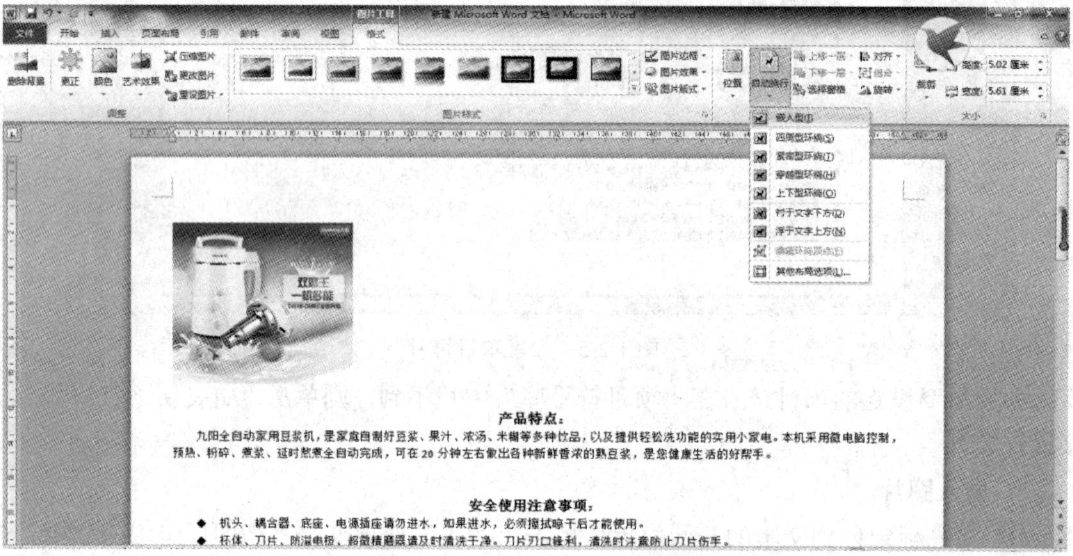

图 1-2-7 选择“嵌入型”命令

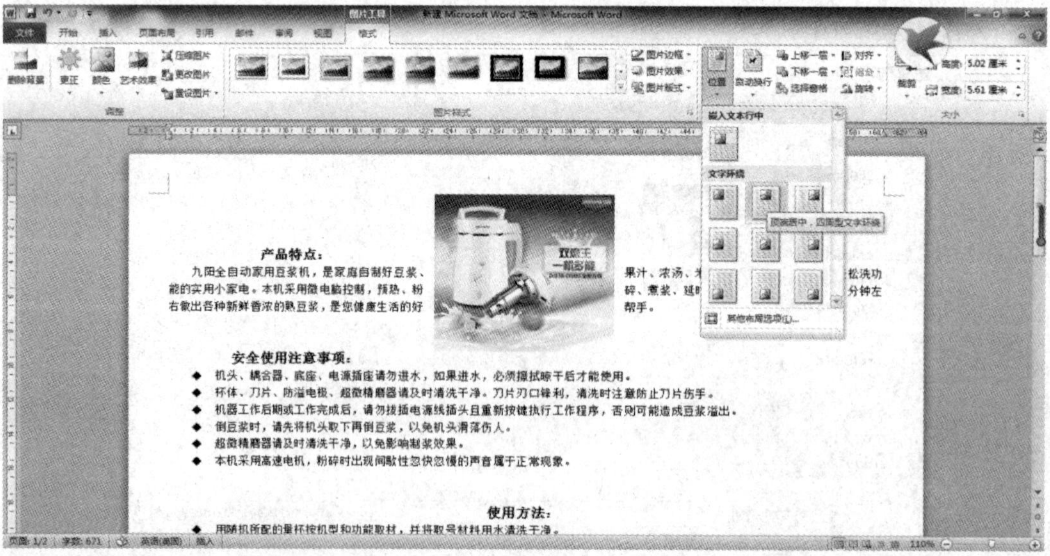

图 1-2-8 选择“顶端居中”命令

7. 分栏

按 Ctrl+A 组合键全选整篇文档，然后单击“页面布局”选项卡上“页面设置”组中的“分栏”下拉按钮，在展开的下拉选项中选择“两栏”命令，分栏后效果如图 1-2-9 所示。

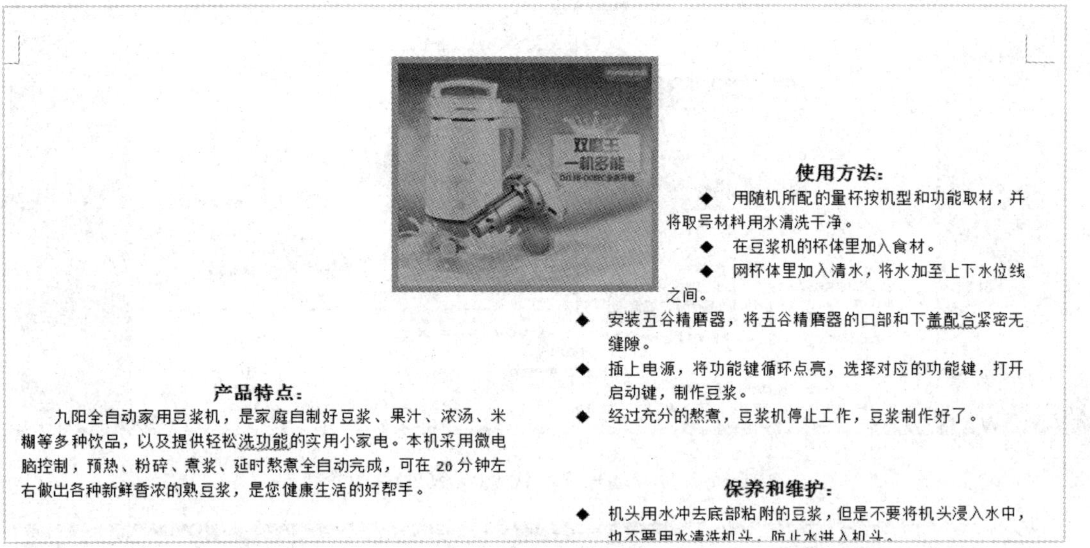

双磨王
一机多能

产品特点：

九阳全自动家用豆浆机，是家庭自制好豆浆、果汁、浓汤、米糊等多种饮品，以及提供轻松洗功能的实用小家电。本机采用微电脑控制，预热、粉碎、煮浆、延时熬煮全自动完成，可在 20 分钟左右做出各种新鲜香浓的熟豆浆，是您健康生活的好帮手。

使用方法：

◆ 用随机所配的量杯按机型和功能取材，并将取号材料用水清洗干净。
◆ 在豆浆机的杯体里加入食材。
◆ 网杯体里加入清水，将水加至上下水位线之间。
◆ 安装五谷精磨器，将五谷精磨器的口部和下盖配合紧密无缝隙。
◆ 插上电源，将功能键循环点亮，选择对应的功能键，打开启动键，制作豆浆。
◆ 经过充分的熬煮，豆浆机停止工作，豆浆制作好了。

保养和维护：

◆ 机头用水冲去底部粘附的豆浆，但是不要将机头浸入水中，也不要用水清洗机头，防止水进入机头。

图 1-2-9　将文本分为两栏

然后单击选中图片，用键盘上的方向键或移动鼠标将图片微调至图 1-2-1 所示的位置，效果如图 1-2-10 所示。

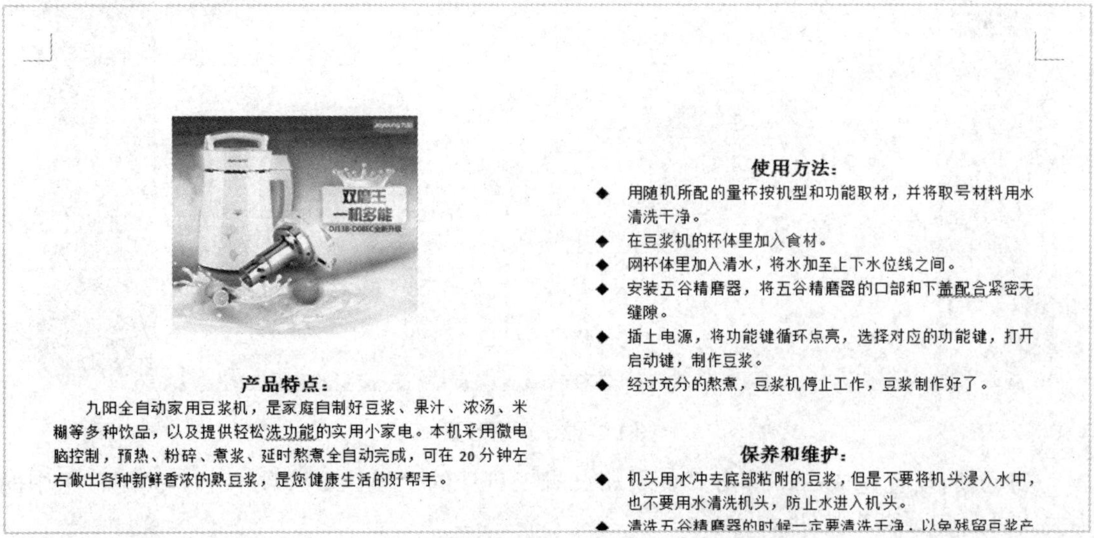

双磨王
一机多能

产品特点：

九阳全自动家用豆浆机，是家庭自制好豆浆、果汁、浓汤、米糊等多种饮品，以及提供轻松洗功能的实用小家电。本机采用微电脑控制，预热、粉碎、煮浆、延时熬煮全自动完成，可在 20 分钟左右做出各种新鲜香浓的熟豆浆，是您健康生活的好帮手。

使用方法：

◆ 用随机所配的量杯按机型和功能取材，并将取号材料用水清洗干净。
◆ 在豆浆机的杯体里加入食材。
◆ 网杯体里加入清水，将水加至上下水位线之间。
◆ 安装五谷精磨器，将五谷精磨器的口部和下盖配合紧密无缝隙。
◆ 插上电源，将功能键循环点亮，选择对应的功能键，打开启动键，制作豆浆。
◆ 经过充分的熬煮，豆浆机停止工作，豆浆制作好了。

保养和维护：

◆ 机头用水冲去底部粘附的豆浆，但是不要将机头浸入水中，也不要用水清洗机头，防止水进入机头。
◆ 清洗五谷精磨器的时候一定要清洗干净，以免残留豆浆产

图 1-2-10　分栏效果

8. 页眉页脚设置

(1) 将光标定位在文档的开始处，单击“插入”选项卡上“页眉和页脚”组中的“页眉”按钮中的下拉按钮，在展开的下拉选项中选择“现代型(奇数页)”命令，如图 1-2-11 所示，进入页眉的编辑状态。在页眉处输入文本“使用说明书”，并选中文字将其设置为

加粗，效果如图 1-2-12 所示。

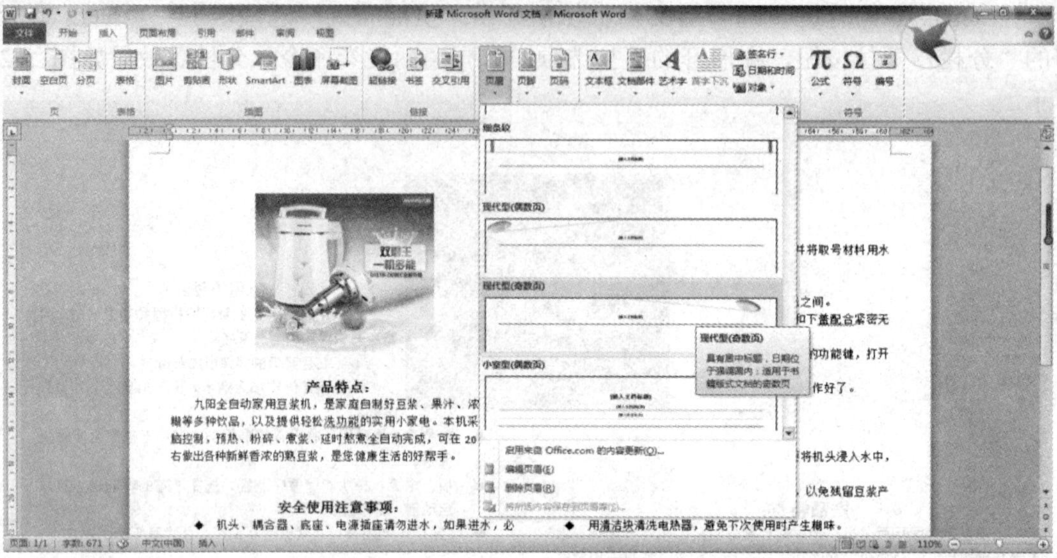

图 1-2-11　选择“现代型(奇数页)”命令

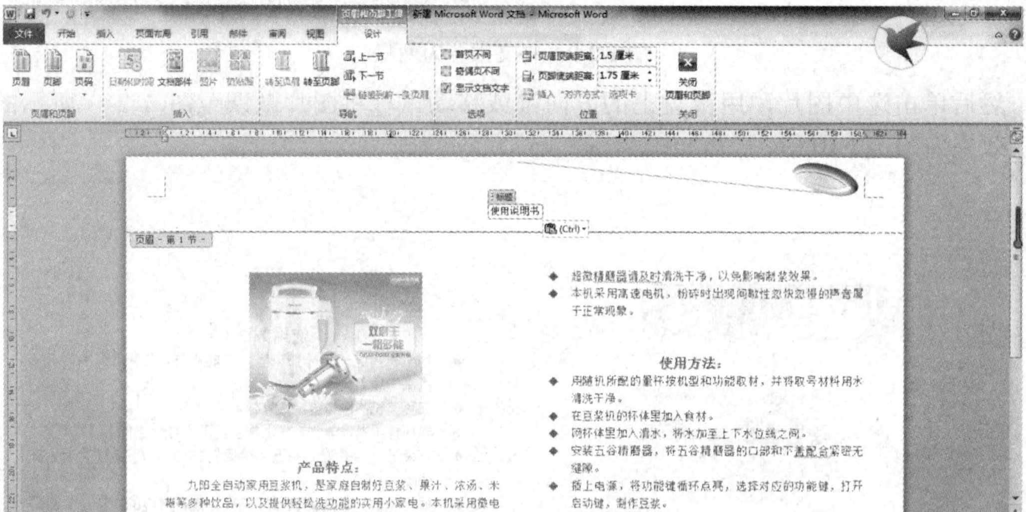

图 1-2-12　页眉效果

(2) 页眉设置完成后，单击“页眉和页脚工具”的“设计”选项卡上“关闭”组中的“关闭页眉和页脚”按钮。

(3) 页脚设置与页眉设置方法相同。单击“页眉和页脚工具”的“设计”选项卡上“导航”组中的“转至页脚”按钮，重复(1)、(2)步则可完成页脚设置。

9. 绘制图形

(1) 将光标定位在需要绘制图形的位置，单击“插入”选项卡上“插图”组中的“形状”下拉按钮，在展开的下拉选项中选择“线条”中的“直线”命令，如图 1-2-13 所示。

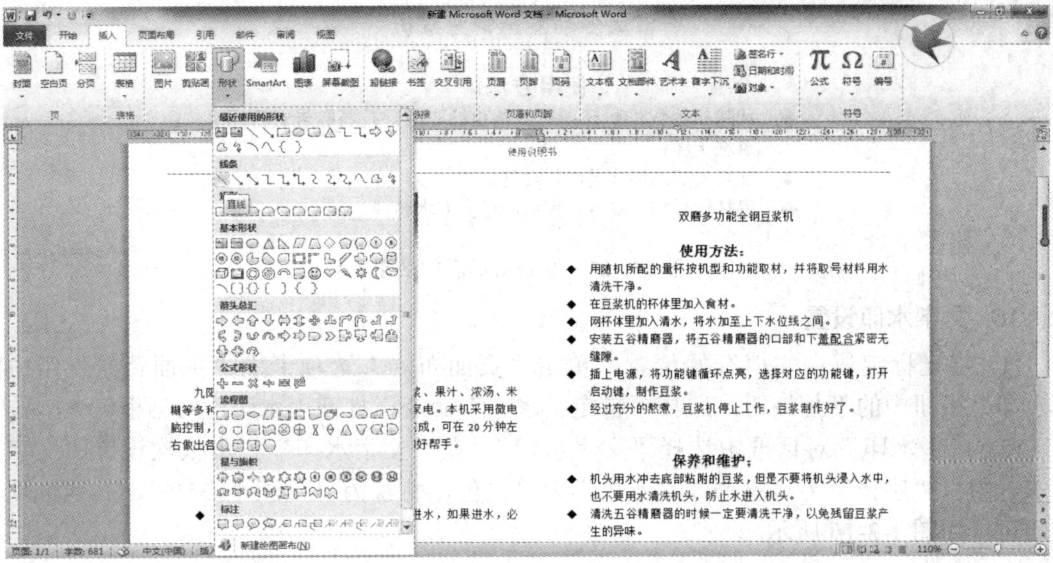

图 1-2-13　“线条”中的“直线”命令

(2) 在需要插入自选图形的位置，按住鼠标左键并拖动鼠标，绘制一个大小合适的直线，然后用方向键进行位置微调，直到将其调整到最佳位置。

(3) 单击选中绘制的直线，然后单击“绘图工具”的“格式”选项卡上“形状样式”组中的“形状轮廓”下拉按钮，在展开的下拉选项中选择“虚线”下拉按钮中的“划线-点”命令，如图 1-2-14 所示。

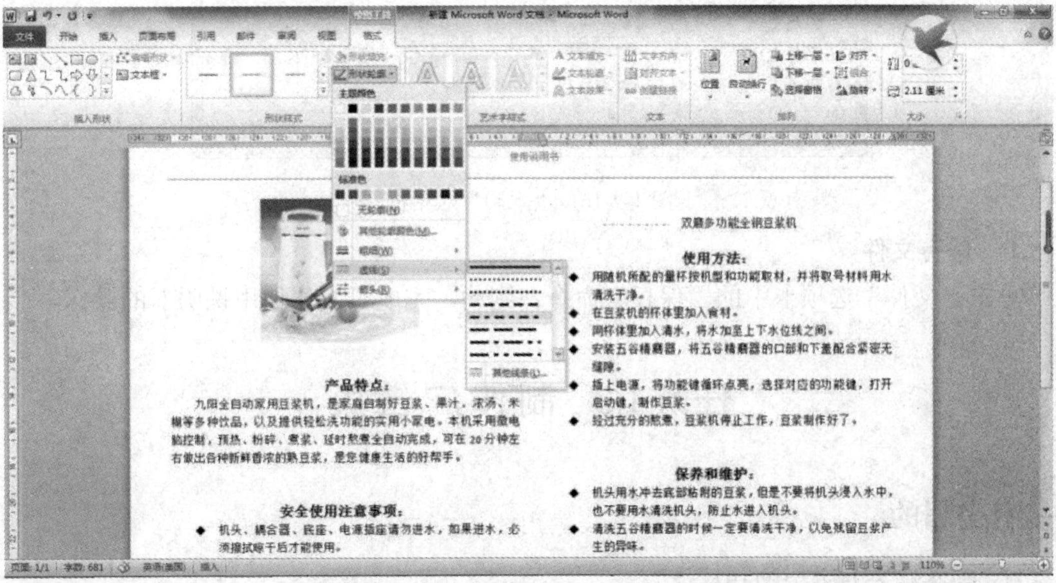

图 1-2-14　“格式”设置

(4) 同第(3)步操作，单击“形状样式”组的“形状轮廓”下拉按钮，在展开的下拉选项中选择“粗细”下拉按钮中的“1 磅”命令，文字左边的虚线就设置好了。然后将设置好的虚线复制一份，按方向键移至文字的右边，效果如图 1-2-15 所示。

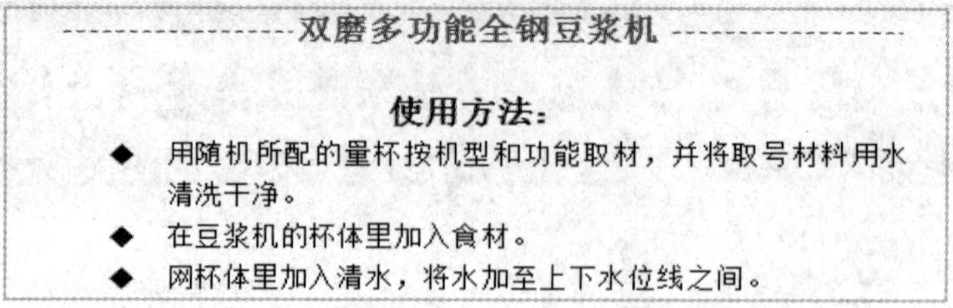

图 1-2-15　绘制图形后的效果

10. 文字水印设置

(1) 将光标定位在文档开始位置，单击“页面布局”选项卡上“页面背景”组中的“水印”按钮中的下拉按钮，选择“自定义水印”命令，打开“水印”对话框。

(2) 在“水印”对话框中选择“文字水印”，在“文字水印”栏中依次设置“文字”为“九阳”，“字体”为“隶书”，“颜色”为“白色，背景为 1，深色 35%”，其他选项默认即可，如图 1-2-16 所示。

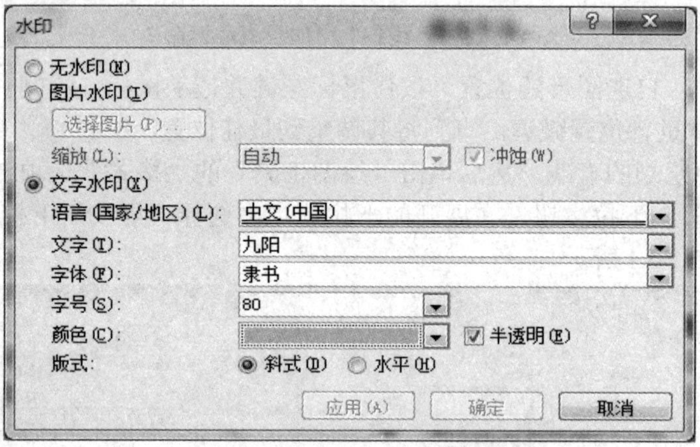

图 1-2-16　“水印”对话框

11. 保存文件

单击“文件”选项卡中的“保存”命令，到此，完成了制作使用说明书的操作。

任务 1.3　制作广告页

一、任务目的

(1) 学会插入及设置图片格式；

(2) 掌握插入艺术字的方法；

(3) 掌握使用文本框的方法；

(4) 学会绘制自选图形；

(5) 掌握非文本类对象的组合方法。

二、任务内容

苹果公司某经销商要为新产品 Apple Watch 进行销售宣传，要求该公司广告部的工作人员制作出销售广告页。广告部工作人员制作的广告页如图 1-3-1 所示。

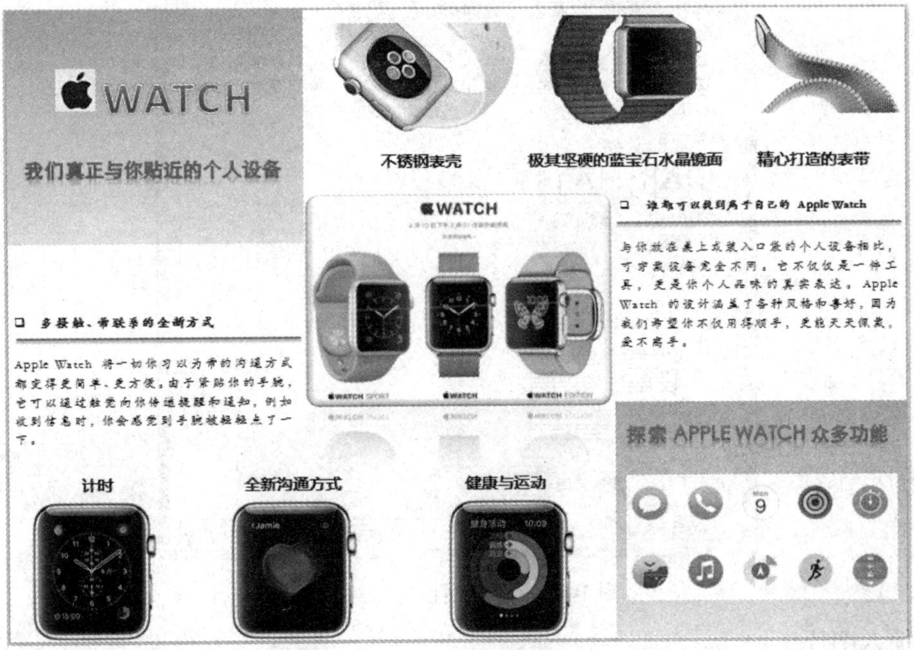

图 1-3-1　广告页

要求如下：

(1) 新建文档，以“学号+姓名+广告页”命名并保存在 D 盘根目录下。

(2) 页面设置：纸张大小为 B5，纸张方向为横向，上下左右页边距均为 0.3 厘米。

(3) 插入多张图片，并修改图片的格式设置。

(4) 插入多个文本框，输入文字，并修改文本框的格式设置。

(5) 插入艺术字，并修改艺术字的格式设置。

(6) 插入自选图形，并修改自选图形的格式设置。

三、操作步骤

1. 新建 Word 文档

在 D 盘根目录窗口空白处单击鼠标右键，在弹出的快捷菜单中选择“新建”命令中“Microsoft Word 文档”子命令新建文档，然后选中新建的 Word 文档，单击鼠标右键，在弹出的快捷菜单中选择“重命名”命令，文档命名为“学号+姓名+广告页”(学号与姓名为学生本人的)，完成文档的命名操作。

2. 页面设置

(1) 单击“页面布局”选项卡上“页面设置”组的“对话框启动器”按钮，打开“页面设置”对话框，单击“纸张”选项卡，在纸张大小下拉列表中选择“B5”选项。

(2) 单击“页边距”选项卡，分别将上、下、左、右页边距均设置为“0.3 厘米”，在纸张方向中选择“横向”。如图 1-3-2 所示。

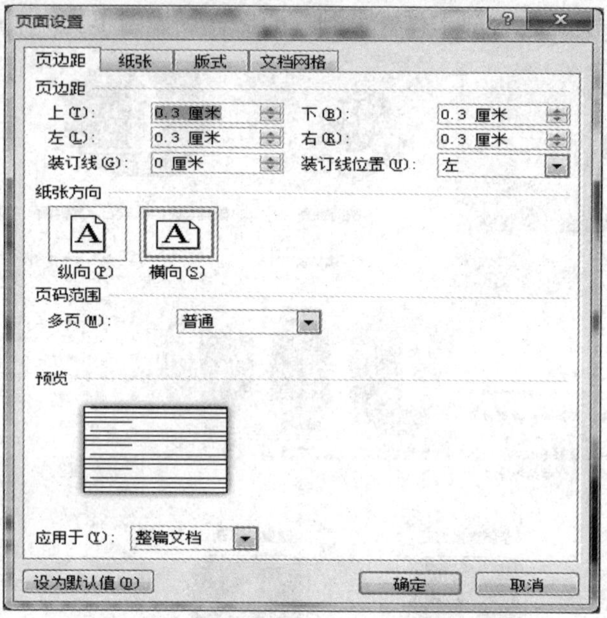

图 1-3-2 “页面设置”对话框

3. 插入图片

(1) 将光标定位到文档的开始位置，单击“插入”选项卡上“插图”组中的“图片”按钮，打开“插入图片”对话框，位置选择图片所在文件夹。

(2) 在打开的对话框中，按住 Ctrl 键，同时选中“表带.jpg”“表壳.jpg”“镜面.jpg”图片，然后单击“插入”按钮，完成插入图片，如图 1-3-3 所示。

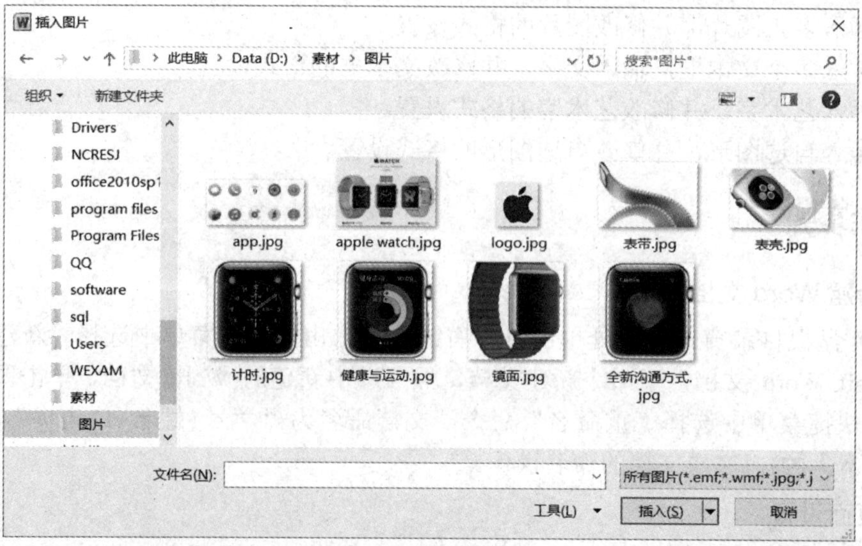

图 1-3-3 “插入图片”对话框

(3) 选中插入的三张图片，在图片的四周会出现 4 个空心小圆点和 4 个空心小方框，拖动其中一个控制点改变图片的大小。或在“布局”对话框中选择“大小”选项卡，分别输入数值，改变图片的大小。

(4) 选中图片，单击“图片工具”的“格式”选项卡上“排列”组中的“自动换行”下拉按钮，在展开的下拉选项中选择“穿越型环绕”命令。然后单击“图片工具”的“格式”选项卡下“排列”组中的“对齐”下拉按钮，在展开的下拉选项中选择“顶端对齐”和“横向分布”命令，如图 1-3-4 所示。

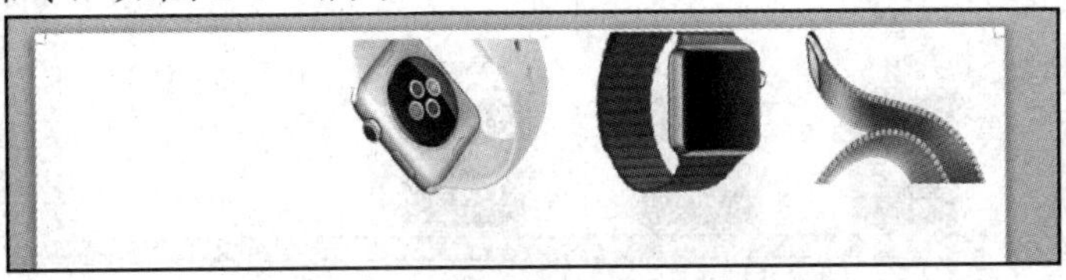

图 1-3-4　设置图片环绕、对齐方式

(5) 重复第(1)～(4)步，完成图片“计时.jpg”“全新沟通方式.jpg”“健康与运动.jpg”的插入和相关设置。效果如图 1-3-5 所示。

图 1-3-5　插入图片效果

用以上方法，依次插入图片“logo.jpg”“app.jpg”，修改“自动换行”为“浮于文字上方”。插入图片“apple watch.jpg”，修改“自动换行”为“穿越型换行”，大小为高 5.9 厘米，宽 8.5 厘米，图片样式为“映像棱台，白色”(“映像”中透明度为 50%，距离为 15 磅)。

4. 插入文本框

(1) 将光标定位到文档的任意位置，单击“插入”选项卡上“文本”组中的“文本框”下拉按钮，在展开的下拉选项中选择“绘制文本框”命令，并按住鼠标左键不放拖动鼠标到一定的位置，松开鼠标左键完成文本框的绘制。

(2) 选中文本框，单击“绘图工具”的“格式”选项卡下“形状样式”组中的“形状填充”下拉按钮，在展开的下拉选项中选择“无颜色填充”命令。单击“形状样式”组中的“形状轮廓”下拉按钮，在展开的下拉选项中选择“无轮廓”命令。

(3) 文本框设置完成后，复制 5 个文本框。将插入点移至其中一个文本框中，在文本框中输入文字“不锈钢表壳”，并选中文字，设置其格式为“微软雅黑”“小四”“加粗”。同理，按图 1-3-1 所示页面，用同样的方法依次完成其他文本框的文字输入及字体格式的设置。

(4) 文本框输入文字后，按住 Shift 键，选中“计时”“全新沟通”“健康与运动”文本框，单击“绘图工具”的“格式”选项卡下“排列”组中的“对齐”下拉按钮，在展开的下拉选项中选择“顶端对齐”“底端对齐”“横向分布”等对齐命令，如图 1-3-6 所示。用同样的方法完成其他文本框的对齐命令设置。

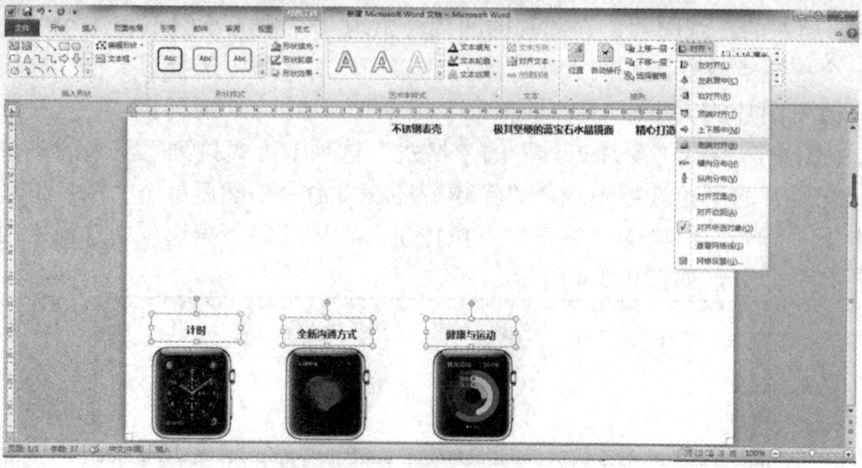

图 1-3-6　对齐命令设置

5. 插入矩形

(1) 将光标定位于文档的任意位置，单击“插入”选项卡上“插图”组中的“形状”下拉按钮，在展开的下拉选项中选择“矩形”命令，按住鼠标左键不放，拖动鼠标即可完成矩形的绘制。

(2) 选中矩形，单击“绘图工具”的“格式”选项卡上“形状样式”组中的“形状填充”下拉按钮，在展开的下拉选项中选择“渐变”命令下的“线性向下”命令(如图 1-3-1 所示)，单击“形状样式”组中的“形状轮廓”下拉按钮，在展开的下拉选项中选择“无轮廓”命令。

(3) 矩形设置完成后，复制 1 个矩形。如图 1-3-1 所示，一个放在页面的左上角，一个放在页面的右下角，并适当调整其大小。

6. 插入艺术字

将光标定位到文档的任意位置，单击“插入”选项卡上“文本”组中的“艺术字”下拉按钮，在展开的下拉选项中选择“填充-蓝色，强调文字颜色 1，金属棱台，映像”样式，如图 1-3-7 所示，弹出艺术字文字输入框。在输入框中输入文字“探索 APPLE WATCH 众多功能”，设置文字格式、调整艺术字大小、移动放置位置如图 1-3-1 所示。

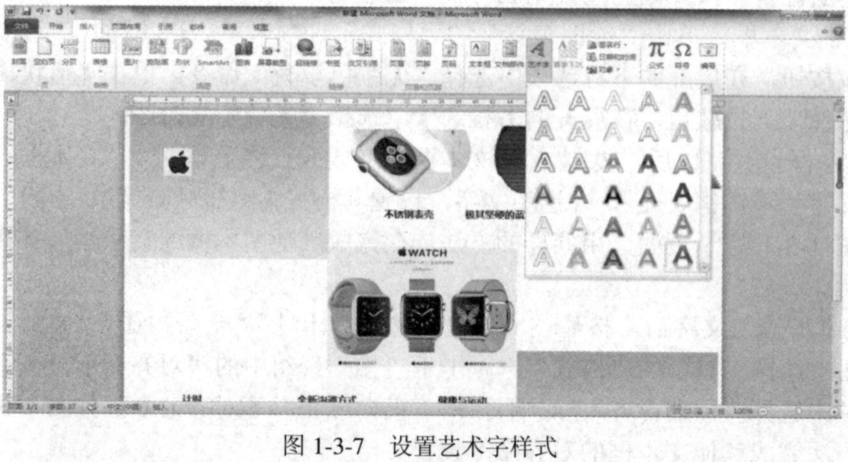

图 1-3-7　设置艺术字样式

7. 文本框、自绘图形组合

按住 Ctrl 键的同时选中需要组合的文本框和自绘图形，单击“绘图工具”的“格式”选项卡上“排列”组中的“组合”下拉按钮，在展开的下拉选项中选择“组合”命令，如图 1-3-8 所示。

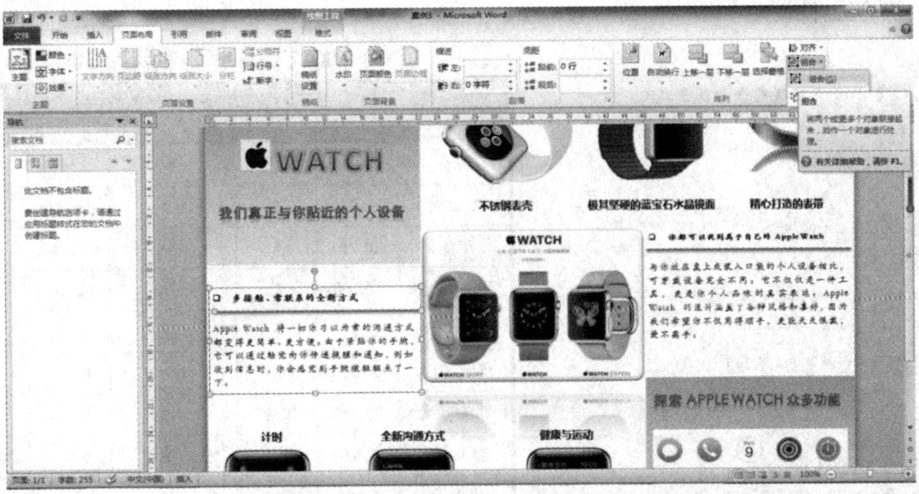

图 1-3-8 文本框、自绘图形组合

8. 保存文件

单击快速工具栏中的“保存”按钮保存文件。

任务 1.4 制作荔枝营养成分表

一、任务目的

(1) 掌握文本转换成表格的方法；

(2) 掌握表格的边框和底纹的设置方法；

(3) 学会表格行高和列宽的设置；

(4) 学会表格中数据的计算和单元格名称的引用。

二、任务内容

打开素材文件夹中的文档“荔枝营养成分.docx”，如图 1-4-1 所示，按照要求完成下列操作。

(1) 将文中第 2～16 行的文字转换成一个 15 行 7 列的表格。

(2) 删除表格中空白行，并为表格部分位置添加 3 磅宽度的边框，如图 1-4-2 所示。

(3) 设置表格第 1 行的高度为 1.5 厘米，第 4 列的宽度为 0.1 厘米，第 1 列和第 5 列的宽度为 3 厘米。

(4) 为表格填充底纹，第 4 列样式为 10%、自动颜色，第 1 行颜色为橙色。

(5) 设置表内数据对齐方式为中部居中。

(6) 在 F12 单元格中运用公式，利用 B2 单元格中的数值计算食用荔枝 210 克所获得的热量。

(7) 保存文件。

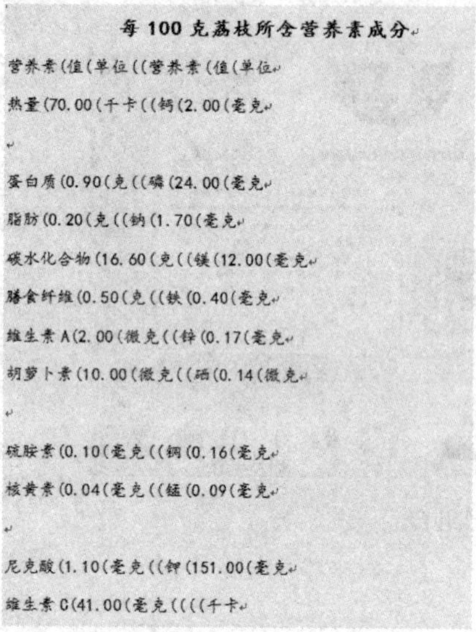
每100克荔枝所含营养素成分
营养素(值(单位((营养素(值(单位
热量(70.00(千卡((钙(2.00(毫克

蛋白质(0.90(克((磷(24.00(毫克
脂肪(0.20(克((钠(1.70(毫克
碳水化合物(16.60(克((镁(12.00(毫克
膳食纤维(0.50(克((铁(0.40(毫克
维生素A(2.00(微克((锌(0.17(毫克
胡萝卜素(10.00(微克((硒(0.14(微克

硫胺素(0.10(毫克((铜(0.16(毫克
核黄素(0.04(毫克((锰(0.09(毫克

尼克酸(1.10(毫克((钾(151.00(毫克
维生素C(41.00(毫克((((千卡

图 1-4-1 “荔枝营养成分.docx”文档

每 100 克荔枝所含营养素成分

营养素	值	单位		营养素	值	单位
热量	70.00	千卡		钙	2.00	毫克
蛋白质	0.90	克		磷	24.00	毫克
脂肪	0.20	克		钠	1.70	毫克
碳水化合物	16.60	克		镁	12.00	毫克
膳食纤维	0.50	克		铁	0.40	毫克
维生素 A	2.00	微克		锌	0.17	毫克
胡萝卜素	10.00	微克		硒	0.14	微克
硫胺素	0.10	毫克		铜	0.16	毫克
核黄素	0.04	毫克		锰	0.09	毫克
尼克酸	1.10	毫克		钾	151.00	毫克
维生素 C	41.00	毫克			147	千卡

图 1-4-2 实际效果图

三、操作步骤

(1) 打开“荔枝营养成分.docx”文件，选定文档的第 2～16 行文本，单击“插入”选项卡上“表格”下拉选项中“文本转换成表格”命令，如图 1-4-3 所示，在弹出的“将文字转换成表格”对话框中，设置“表格尺寸”中“列数”和“行数”分别设置为“7”和“15”，“文字分隔位置”的“其他字符”设置为“(”，如图 1-4-4 所示。

图 1-4-3 “表格”下拉菜单

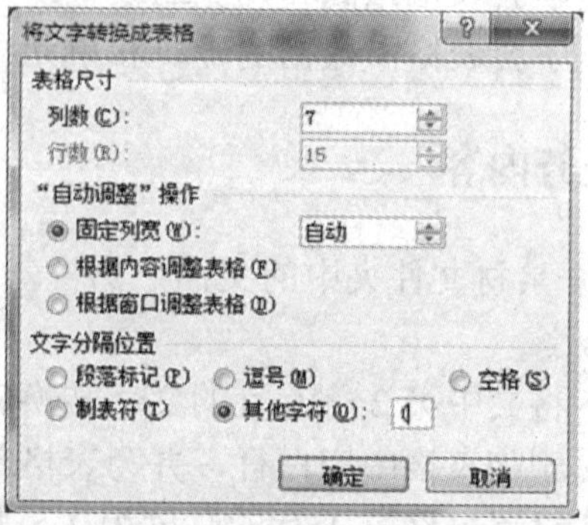

图 1-4-4 “将文字转换成表格”对话框

(2) 选定表格第 3 行，单击“布局”选项卡上“删除”下拉列表中的“删除行”命令，如图 1-4-5 所示，按照此步骤依次删除其他空白行。

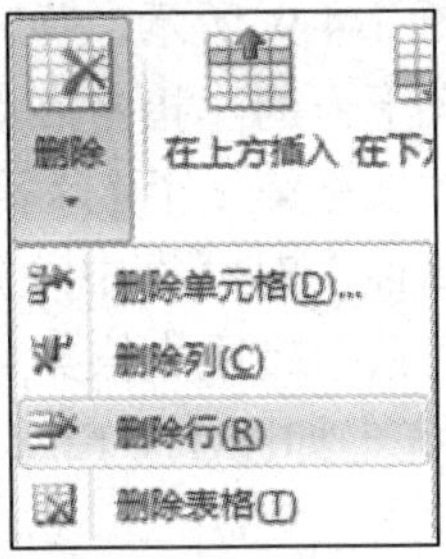

图 1-4-5　“删除”下拉菜单

(3) 单击表格左上角的按钮，选中整个表格，单击“设计”选项卡上“绘图边框”组中的对话框启动器按钮，如图 1-4-6 所示，弹出“边框和底纹”对话框。在此对话框的“边框”选项卡中设置“设置”为“虚框”，“样式”为“________”，“宽度”为“3.0 磅”，然后单击“确定”按钮完成整个表格边框设置，如图 1-4-7 所示。选定表格第一行，单击“设计”选项卡上“绘图边框”组中的对话框启动器按钮，弹出“边框和底纹”对话框。在此对话框的“边框”选项卡中设置“设置”为“自定义”，“样式”为“________”，“宽度”为“3.0 磅”，在“预览”项中，单击两次按钮，最后单击“确定”按钮完成表格第一行边框设置，如图 1-4-8 所示。

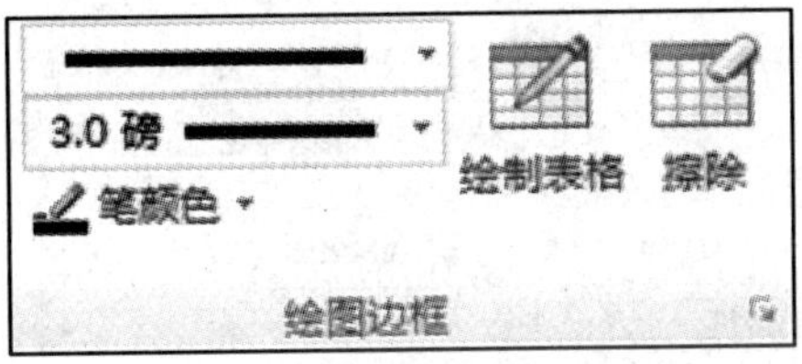

图 1-4-6　“绘图边框”组

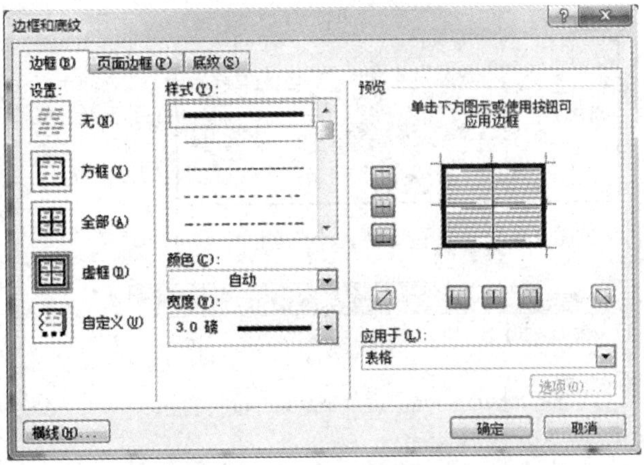

图 1-4-7　“边框和底纹”对话框

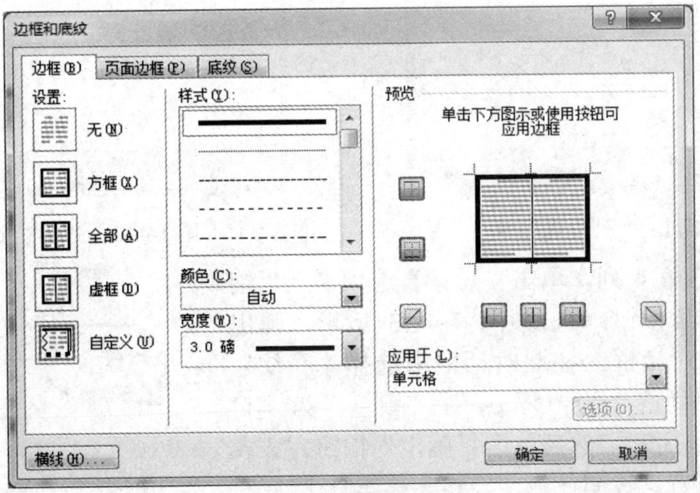

图 1-4-8　“边框”选项卡

(4) 选定表格第 1 行，单击“布局”选项卡上“单元格大小”组右下角的按钮，如图 1-4-9 所示，弹出“表格属性”对话框。在此对话框中选择“行”选项卡，勾选“尺寸”下方的“指定高度”选项，设置“指定高度”为“1.5 厘米”，然后单击“确定”按钮完成表格第 1 行行高设置，如图 1-4-10 所示。选定表格第 4 列，在图 1-4-11 所示的“表格属性”对话框中选择“列”选项卡，设置“指定宽度”为“0.1 厘米”，最后单击“确定”按钮完成表格第 4 列列宽设置。按照同样步骤设置表格第 1 列和第 5 列的宽度为“3 厘米”，如图 1-4-12 所示。

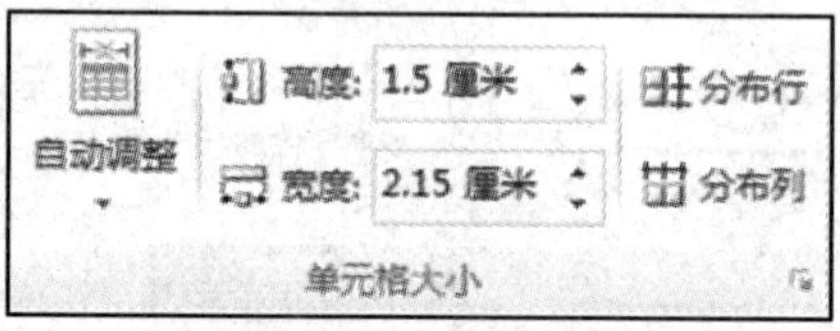

图 1-4-9 “单元格大小”组

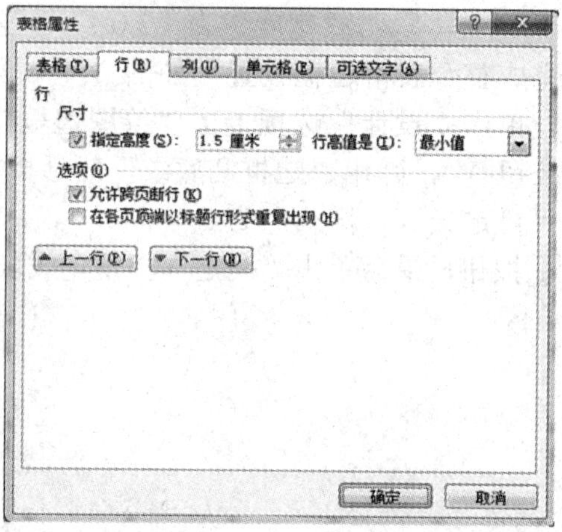

图 1-4-10 “表格属性”对话框

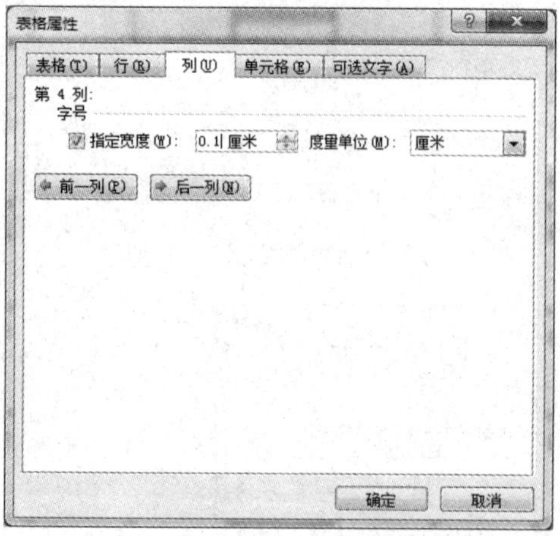

图 1-4-11 “列”选项卡

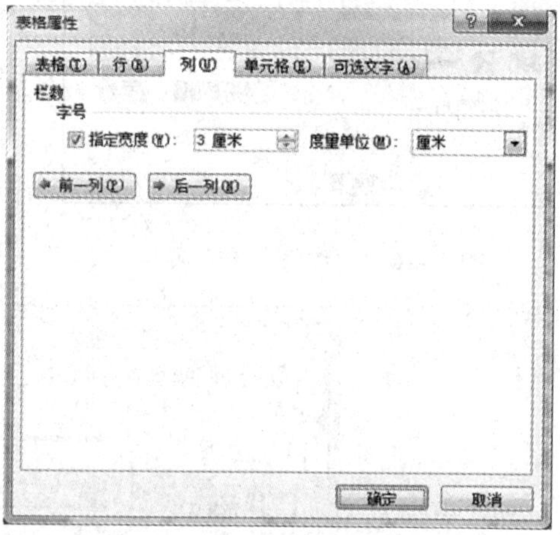

图 1-4-12 “列”选项卡

(5) 选中表格第 4 列，单击“设计”选项卡上“绘图边框”组右下角按钮，如图 1-4-13 所示，弹出“边框和底纹”对话框。在此对话框中选择“底纹”选项卡，设置“样式”为“10%”，“颜色”为“自动”，如图 1-4-14 所示，然后单击“确定”按钮完成表格第 4 列底纹设置。按照此方法，将表格第 1 行底纹填充色设置为“橙色”，如图 1-4-15 所示。

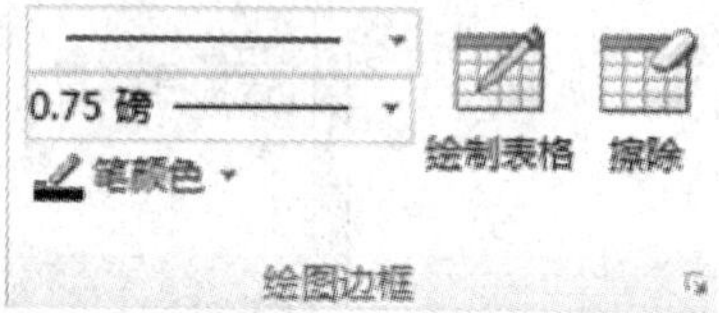

图 1-4-13 “绘图边框”分组

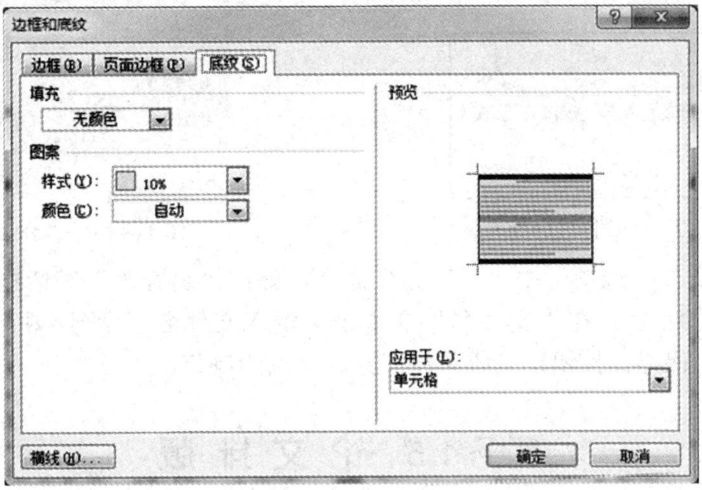

图 1-4-14　“边框和底纹”对话框

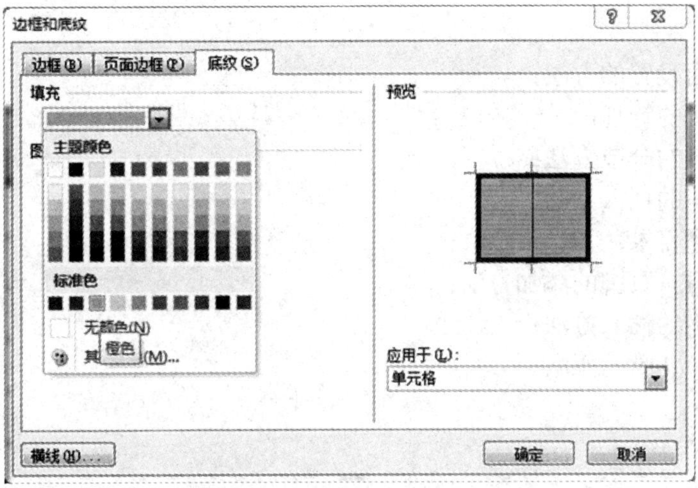

图 1-4-15　“边框和底纹”对话框

(6) 选定整个表格，单击“布局”选项卡上“对齐方式”组中水平居中按钮，如图 1-4-16 所示，完成对表格对齐方式的设置。

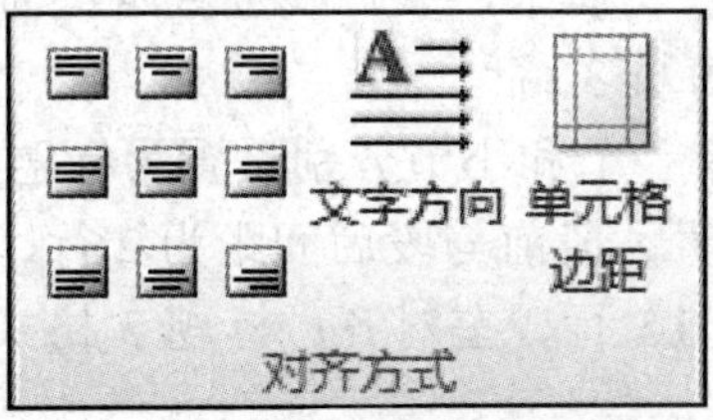

图 1-4-16　“对齐方式”组

(7) 单击表格中第 12 行第 6 列的单元格，即 F12 单元格，再单击“布局”选项卡上“数据”组中的“公式”按钮，如图 1-4-17 所示，打开“公式”对话框。在此对话框“公式”下方的文本框中输入“=210*B2/100”，如图 1-4-18 所示。最后单击“确定”按钮，完成计算公式输入。

图 1-4-17　“数据”分组

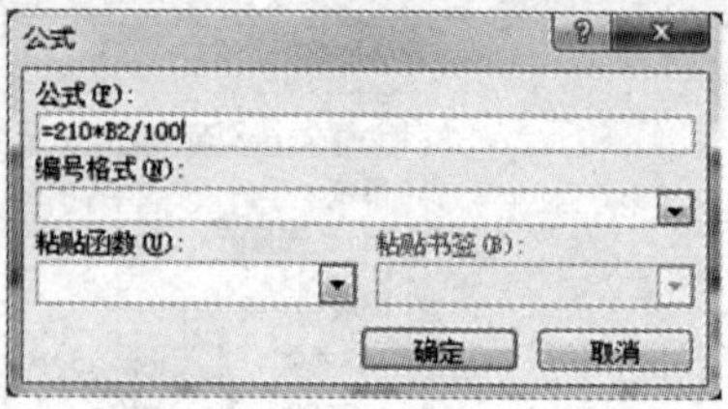

图 1-4-18　“公式”对话框

(8) 单击“文件”选项卡中“另存为”命令，弹出“另存为”对话框。在此对话框中保存位置选择“D：\”，在“文件名”文本框中输入文件名“学号+姓名+荔枝营养成分表”，最后单击“保存”按钮，完成荔枝营养成分表的制作。

任务 1.5　论 文 排 版

一、任务目标

(1) 掌握页面设置的方法；
(2) 掌握样式的管理；
(3) 掌握文档的分节方法；
(4) 掌握页码的插入方法；
(5) 学会制作目录；
(6) 掌握页眉、页脚的添加方法；
(7) 掌握表格的插入方法；
(8) 掌握参考文献的排版。

二、任务内容

现有一篇论文原文“绩效管理.txt”，请在 Word 中按要求进行排版后，得到样文“绩效管理.docx”，排版要求如下：

(1) 设置文档页面的纸张大小为 A4，页边距上边距为 3.2 厘米、下边距为 3.0 厘米、左边距为 2.6 厘米，右边距为 2.5 厘米，装订线位置定义为 0 厘米，页眉距边界为 1.5 厘米，页脚距边界为 2.2 厘米，每页 36 行。

(2) 样式管理。将其中的章、节和小节分别设置为标题 1、标题 2 和标题 3 样式，其中，标题 1 格式为：黑体、二号、段前与段后间距为 2 行、居中显示；标题 2 格式为：黑体、三号、段前与段后间距为 0.5 行、左对齐；标题 3 格式为：黑体、四号、段前与段后间距为 0.5 行、左对齐。

(3) 对论文的每一章进行分节。

(4) 插入页码。正文页码格式为阿拉伯数字(1，2，…)，页码放置在页面底端居中位置；目录的页码格式为大写的罗马字符(Ⅰ，Ⅱ，Ⅲ，…)，居中显示。

(5) 对论文添加页眉。页眉为文章标题，用五号宋体，居中放置；目录页没有页眉和页脚。

(6) 生成论文目录。目录标题设置为三号黑体，居中显示，隔行书写目录内容，目录内容编到 3 级标题，为小四号宋体字，1.5 倍行距。

(7) 插入表格。在样文所示位置插入表 1-1，表格采取三线制，不加左、右边框，上、下底为粗实线(1 磅)，中间为细实线(0.75 磅)。表序与表名置于表上，设为黑体五号字，居中对齐。表格文字为宋体五号字，对齐方式为中部两端对齐，表格居中排列。

(8) 参考文献的排版。正文中按顺序在引用文献处的文字右上角用“[]”标明，“[]”中序号应与参考文献中序号一致，参考文献字体为五号宋体。

三、操作步骤

1. 页面设置

(1) 打开“绩效管理.txt”文件，按下组合键 Ctrl+A 选择所有内容，再按组合键 Ctrl+C 复制内容，然后打开 Word 2010，新建一个空白文档，按组合键 Ctrl+V 将复制的内容粘贴到 Word 中。

(2) 单击“页面布局”选项卡上“页面设置”组右下角的对话框启动器按钮，或双击水平标尺的灰色区域，打开“页面设置”对话框。

(3) 在“页面设置”对话框的“纸张”选项卡中，设置纸张大小为“A4”；切换到“页边距”选项卡，分别设置上边距为“3.2 厘米”、下边距为“3.0 厘米”、左边距为“2.6 厘米”、右边距为“2.5 厘米”，装订线为“0 厘米”，如图 1-5-1 所示。切换到“版式”选项卡，设置页眉距边界为“1.5 厘米”，页脚距边界为“2.2 厘米”。切换到“文档网络”选项卡，选择“只指定行网格”选项，将“行数”下的“每页”设置为“36”，如图 1-5-2 所示，最后单击“确定”按钮。

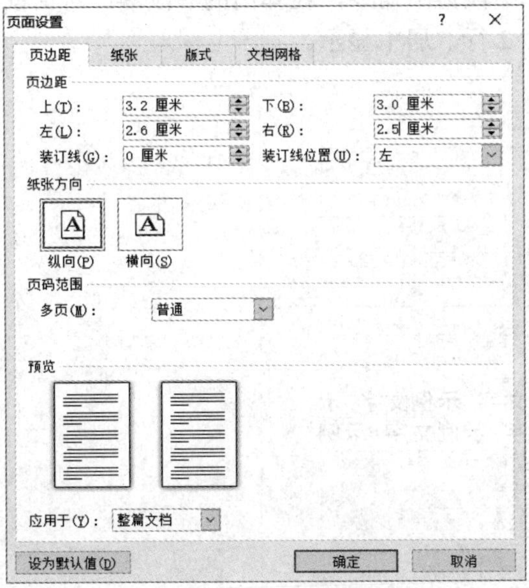

图 1-5-1　“边距”设置

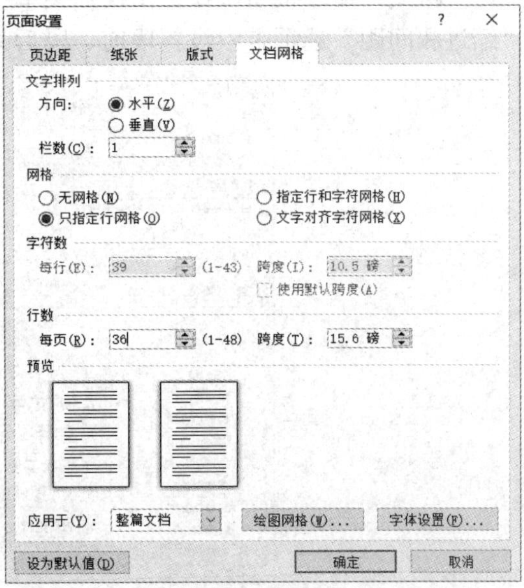

图 1-5-2　“行数”设置

2. 样式管理

样式管理主要是设置并应用各级标题样式。

(1) 在“开始”选项卡的“样式”组中，查看标题 1、标题 2、标题 3 样式是否显示。若没有，单击“样式”组中最右侧的对话框启动器 按钮，在展开的下拉选项中再单击“管理样式”命令按钮，打开“管理样式”对话框，并切换到“推荐”选项卡，从列表中选择标题 1、标题 2、标题 3 样式，单击“显示”按钮，如图 1-5-3 所示。最后单击“确定”按钮，完成各级标题样式设置。

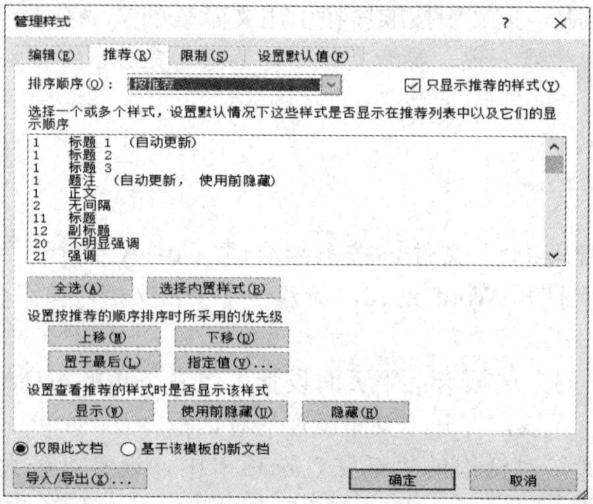

图 1-5-3　管理样式

(2) 修改样式，在“样式”组中，鼠标右键单击“标题 1”，在弹出快捷菜单中选择“修改”命令，弹出“修改样式”对话框，如图 1-5-4 所示。单击“格式”命令按钮，在弹出快捷菜单中选择“字体”命令，在弹出的“字体”对话框中设置字体为黑体、二号；单击“格式”命令按钮，在弹出快捷菜单中选择“段落”命令，在弹出的“段落”对话框“缩进和间距”选项卡中设置段前、段后间距为 2 行、居中显示。

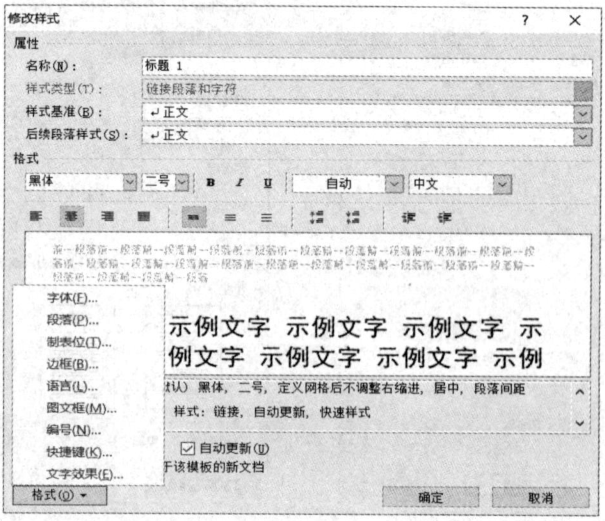

图 1-5-4　修改样式

同理，修改标题 2 格式为黑体、三号、段前与段后间距为 0.5 行、左对齐；标题 3 格式为黑体、四号、段前与段后间距为 0.5 行、左对齐。

(3) 选中文本“第 1 章 理论基础”，单击“开始”选项卡上“样式”组中的“标题 1”命令，将“第 1 章 理论基础”设置为标题 1 格式；选中“1.1 研发人员绩效管理理论”，单击“标题 2”；选中“1.1.1 研发人员的特点”，单击“标题 3”。同理将文档中的其他章、节、小节标题分别设置为标题 1、标题 2、标题 3 样式。

3. 分节

将光标置于第 1 章的最前面，单击“页面布局”选项卡上“页面设置”组中的“分隔符”选项中“下一页”命令，如图 1-5-5 所示。第 1 章前面的空白页作为目录页，同时，第 1 章从第 2 节开始。同理，将光标置于第 2 章的最前面，采用同样的方法进行分节。

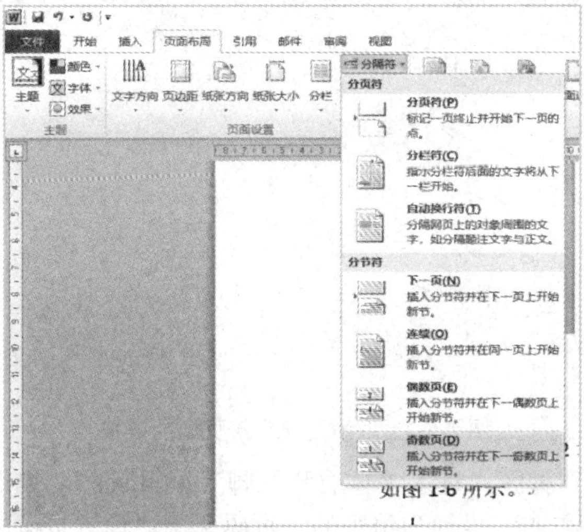

图 1-5-5　插入“分节”符

4. 插入页码

1) 正文页码的插入

单击“插入”选项卡上“页眉和页脚”组中“页码”下“页面底端”选项中的“普通数字 2”，如图 1-5-6 所示。页码格式默认为数字“1, 2, 3, …”的格式，如不是数字格式，双击页码，弹出“页眉页脚工具”选项卡，单击“设计”组中的“页码”选项中的“设置页码格式”命令，弹出“页码格式”对话框，在对话框中设置“编号格式”为“1, 2, 3, …”格式，最后单击“确定”按钮。

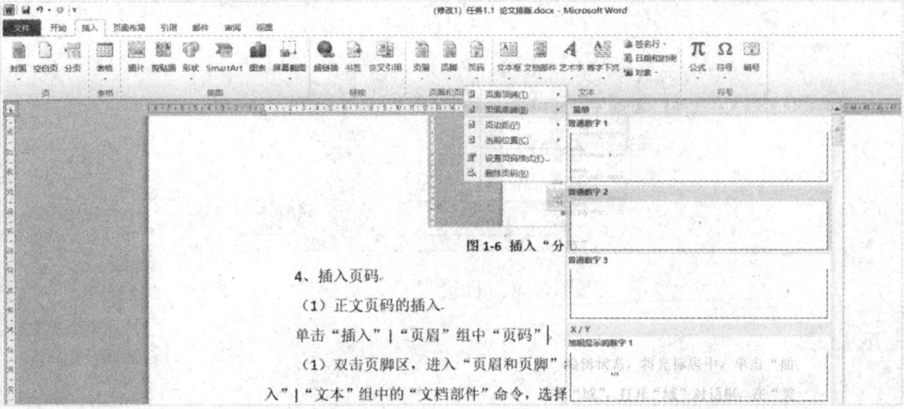

图 1-5-6　插入页码

2) 设置目录页的页码

(1) 因为目录页的页码格式与正文不同，因此需要取消与前一条页眉的链接。双击正文页脚区，弹出“页眉页脚工具”选项卡，如果“链接到前一条页眉”命令按钮是黄色高亮度显示的，则要单击“链接到前一条页眉”命令按钮，取消与前一条页眉的链接，如图1-5-7所示，最后单击“设计”选项卡上的“关闭页眉和页脚”按钮。

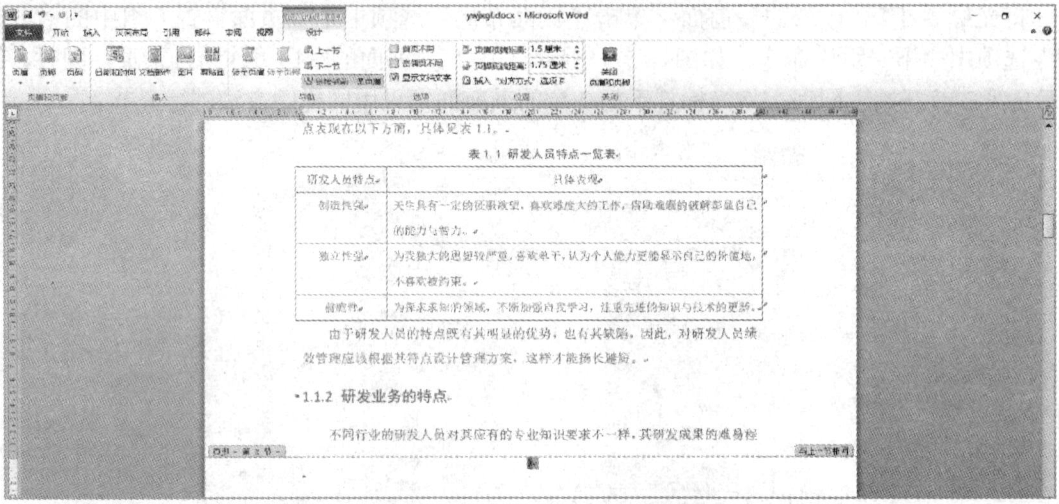

图 1-5-7 取消与前一条页眉的链接

(2) 双击目录页的页脚区，进入“页眉和页脚”编辑状态，弹出“页眉页脚工具”选项卡。选中页码，然后单击“设计”组中的“页码”下“设置页码格式”命令，弹出“页码格式”设置对话框。在此对话框的“编号格式”中选择大写罗马字符“Ⅰ，Ⅱ，Ⅲ，…”格式，如图1-5-8所示，最后单击“确定”按钮。

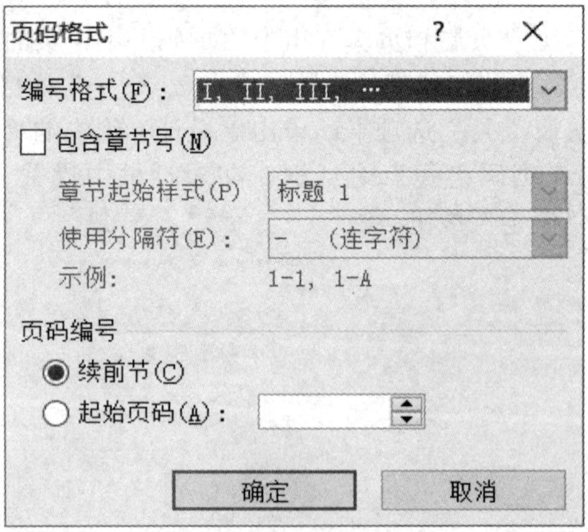

图 1-5-8 目录页插入页码

5. 生成目录

1) 输入目录标题

在论文的第一页目录页输入“目录”两字，设置格式为黑体、三号。

2) 生成目录

(1) 单击“引用”选项卡上“目录”组中的“目录”下“插入目录”命令，弹出目录对话框，各选项设置图 1-5-9 所示，单击“确定”按钮，完成论文的目录生成。

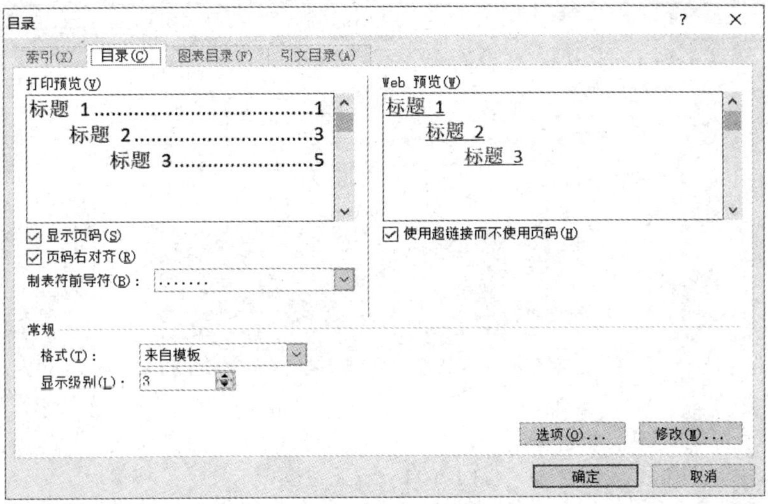

图 1-5-9　生成目录

(2) 选中除标题外的所有目录内容，设置字体格式为宋体、小四号，设置段落行间距为 1.5 倍。

3) 更新目录

如果后期对论文进行了修改，目录也应该相应修改。鼠标右键单击目录，再单击弹出的“更新域”命令按钮，弹出“更新目录”对话框，如图 1-5-10 所示。在此对话框中可以选择“只更新页码”或“更新整个目录”选项，对目录进行更新。

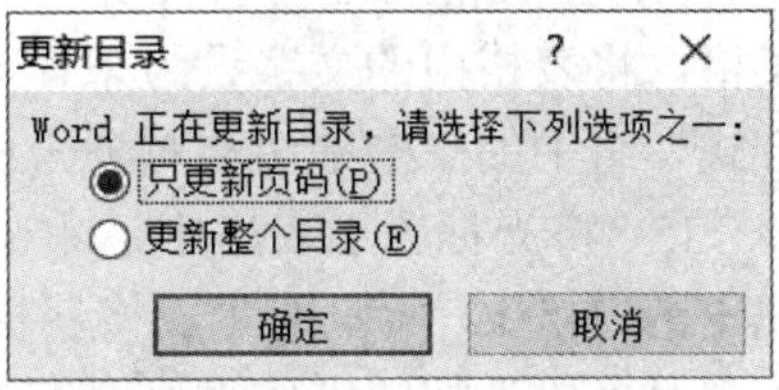

图 1-5-10　更新目录

6. 添加页眉

1) 取消与上一条页眉的链接

由于目录没有页眉，因此在正文第 1 章第 1 页页眉区，首先要断开“链接到前一条页眉”。双击正文页眉区，在弹出的“页眉页脚工具”选项卡中单击“链接到前一条页眉”命令按钮，取消与前一条页眉的链接。

2) 设置正文页眉

在第 1 章页眉区输入文字“第 1 章　理论基础”，设置字体为宋体五号，段落为居中对齐。同理设置第 2 章等其他章节的页眉，最后单击“设计”选项卡上的“关闭页眉和页脚”按钮。

7. 表格的插入及设置

(1) 将光标移到第 1 章正文第 3 段的最前面，再单击“插入”选项卡上“表格”组中的“表格”下的“插入表格”命令，输入列数为 2，行数为 4，建立一个 4 行 2 列的表格。然后，输入表格中的文字。

(2) 选中整个表格，单击“表格工具”的“设计”选项卡，在“边框”组中选择“笔样式”为“无边框”。然后单击“边框”按钮，在展开的下拉选项中选择“左框线”“右框线”和“内部边框”命令，如图 1-5-11 所示，将表格的左、右边框和内容边框均设置为无边框。

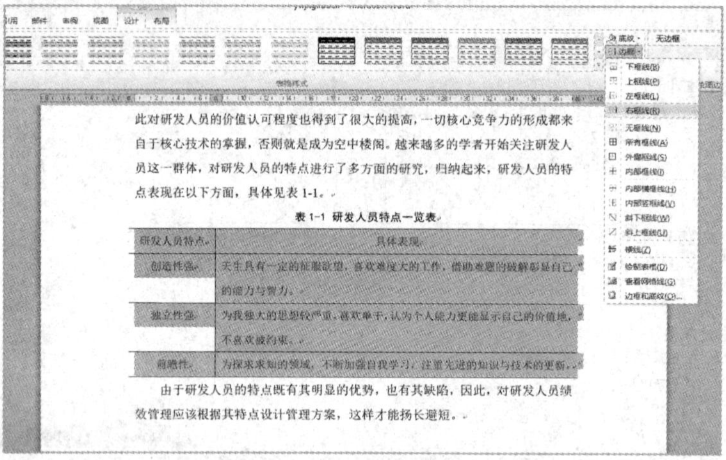

图 1-5-11　设置边框

(3) 选中整个表格，选择“笔样式”为“单实线”，“笔画粗细”为 1 磅，然后单击“边框”按钮，在展开的下拉选项中选择“上框线”和“下框线”命令。同理选择表格的第一行，将第一行的下边框设置为细实线、0.75 磅。

(4) 在表格上方输入表格的标题，设置标题文字为黑体五号字、居中对齐。选中整个表格，将表格中的文字设为宋体五号字。再单击“表格工具”的“布局”选项卡上“对齐方式”组中的“中部两端对齐”命令，完成表格中文字对齐方式的设置。

(5) 将光标置于表格中，单击“表格工具”选项卡上“布局”组中的“属性”按钮，弹出图 1-5-12 所示的“表格属性”对话框，在“对齐方式”中单击“居中”按钮，最后单击“确定”按钮完成表格对齐方式的设置。

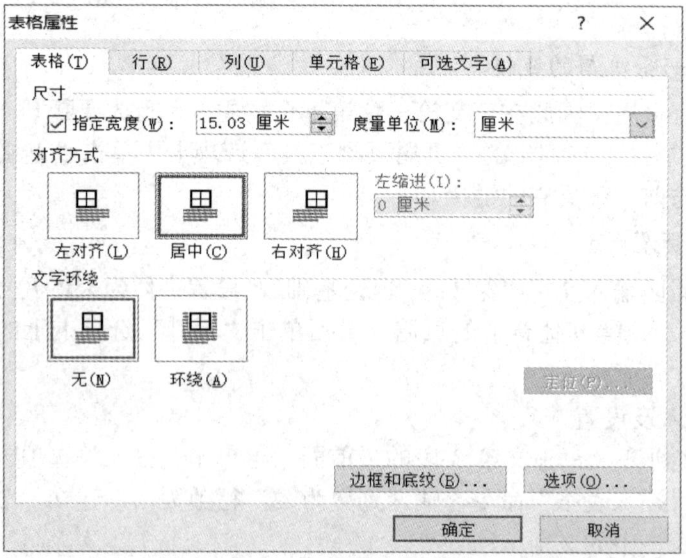

图 1-5-12　表格属性设置

8. 参考文献排版

(1) 首先，在文章的最后输入所有的参考文献，参考文献的编号为“[i]”，“i”为 1、2、3、…等数字。

(2) 将光标定位到正文第一段文字“有效管理制度”的后面，输入“[1]”，然后选中“[1]”，单击“开始”选项卡上“字体”组的 x^2 按钮，将“[1]”设置为上标。

(3) 同理设置正文中其他的参考文献，如样文“绩效管理.pdf”所示。

(4) 选中全部参考文献，将字体设置为宋体五号字、1.5 倍行距，最后得到的排版效果如图 1-5-13 所示。

参考文献

[1] Per J.,Agrell, Peter Bogetoft. Incentive Plans for Productive Efficiency, Innovation and Learning[J].Journal of Production Economics,2002(78):1-11.

[2] GaylordReagan.Total Quality Management Inventory[A].Sah Diego.The1992 Developing Human Resources[C].Pfeiffer Company，1992:213-245.

[3]禹红霞，孙万刚 科研机构研究人员绩效指标体系研究[J].中国市场，2017(5):218-220.

[4]王沫，梁巍 基于企业战略目标的研发项目绩效管理研究[J].商场现代化，2017(10):125-126.

[5]宛小伟.高新技术企业研发人员绩效考核指标的有效设定[J].中外企业家，2016(25):148-149.

图 1-5-13　参考文献

(5) 单击工具栏上的“保存”按钮，在“另存为”对话框中选择保存位置为“D:\”，输入文件名为“绩效管理”，最后单击“保存”按钮进行保存。

任务 1.6　稿件的修订

一、任务目的

(1) 学会对文档进行拼写检查；
(2) 掌握插入批注的方法；
(3) 掌握审阅文档的方法；
(4) 掌握修订文档的方法；
(5) 学会比较修订前后两个文档的方法。

二、任务内容

某学生写好了一篇论文，文件名为“高校建筑设计研究院发展对策研究.docx”，交给他的导师进行审阅。导师需要指出论文中的错误，并要修改部分错误内容。现在请你帮助导师审阅学生提交的论文，然后以学生身份接受导师提出的意见并进行修改。最后将修改前后的论文进行比较。具体要求如下：

(1) 对论文进行拼写检查；

(2) 给论文添加批注，内容为：在此页面的页脚处给两位作者添加简介；

(3) 修订论文中的错误内容；

(4) 学生按照导师意见修改论文；

(5) 最后比较修改前后的两篇论文。

三、操作步骤

1. 拼写检查

(1) 双击“D:\素材\高校建筑设计研究院发展对策研究.docx”文件，打开论文，将光标定于论文的最前面。

(2) 单击“审阅”选项卡上“校对”组的“拼写和语法”按钮，打开“拼写和语法”对话框，如图 1-6-1 所示。

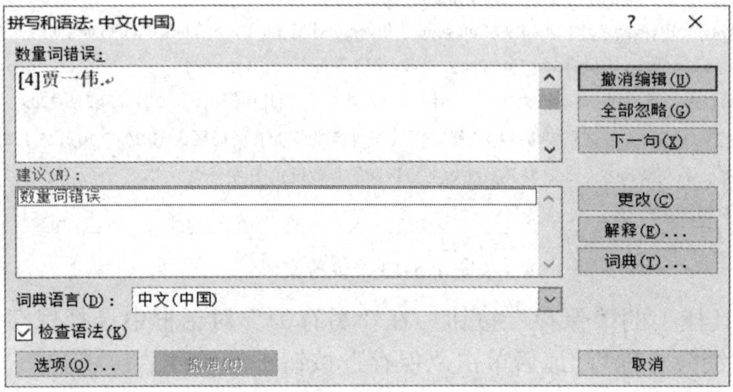

图 1-6-1 “拼写和语法”对话框

(3) 根据建议内容进行修改，如果认为建议是正确的，单击“更改”按钮进行更改，如果是错误的，单击“下一句”按钮，继续检查，或者单击“全部忽略”按钮，不进行拼写检查。

2. 添加批注

拖动鼠标选中文字“向晓华 曹文”，单击“审阅”选项卡上“批注”组的“新建批注”按钮，在批注窗口输入文字“在此页面的页脚处给两位作者添加简介”，如图 1-6-2 所示。

图 1-6-2 添加批注

3. 修订论文错误内容

(1) 单击“审阅”选项卡上“修订”组右下角的按钮，弹出“修订选项”对话框。在此对话框设置修订标记：插入内容为“单下划线”“粉红”；删除内容为“删除线”“红色”；其他采用默认设置，如图 1-6-3 所示。然后单击“确定”按钮完成修订选项设置。

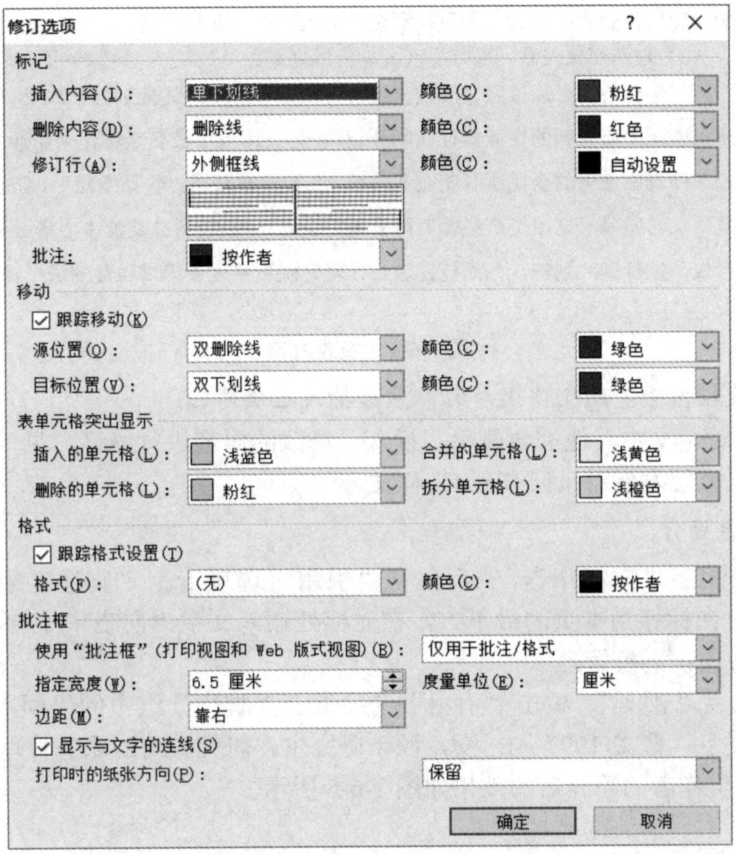

图 1-6-3　“修订选项”对话框

(2) 单击“审阅”选项卡上“修订”组的“修订”下拉按钮，在展开的下拉选项中选择“修订”命令，进入修订模式。

(3) 删除多余内容。发现标题“1 构建…”对应的正文第一段中文字“是新形势下高校必须真正思考的问题。”重复了，选中此句话，单击“delete”键删除。则可以看到删除的内容为红色删除线。

(4) 插入相关内容。将光标定位到标题“1.1 “一校两制”模式…”对应的正文中的文字“公司所有权”的后面，输入文字“归属学校”。则可以看到插入的内容为粉色单下线。

(5) 修改错误内容。发现标题“1.2 高校建筑…”对应的文字“(2)…资源规划”表述错误，选中文字“资源规划”，输入文字“资产划转”。则可以看到文字“资源规划”加上了红色的删除线，文字“资产规划”加上了粉色的单下划线，如图 1-6-4 所示。

1.2 高校建筑设计研究院“一校两制”防火墙发展新模式的构建

（1）成立高校资产经营公司。

依据《公司法》等法律法规，成立高校资产经营有限公司，高校作为公司的唯一出资人，具备独立法人资格，对经营性资产进行全权管理。高校资产经营有限公司的主要职责是：对公司内部管理的各项制度进行制定并促进实施，进一步监督管理投资企业；对公司和所投资企业的人事管理有权负责。

（2）理清产权关系，进行资产规划资源规划。

资产经营公司必须按照《高校全民所有制企业改制总体规划方案》，引导各个所出资全民所有制的企业修订改制计划，不再使用冠用校名全称作为企业全称。在已关停仍在使用的全民所有制企业方面，高校授权公司“收章缴照”，防止风险发生。对归属于高校资产经营有限公司的企业：高校科技交流中心等公司明确产权，进行资产划转，为高校建筑设计研究院正常运营提供运营的资产保障。

图 1-6-4　修改内容

提示：修改相当于先删除错误内容，然后插入正确内容。

(6) 同理，对论文中其他需要删除、插入、修改的内容进行修订，见“D:\素材\(样文)高校建筑设计研究院发展对策研究.pdf”样文。

4. 添加作者简介

(1) 先选中文字“向晓华”，然后单击“引用”选项卡上“脚注”组中的“插入脚注”按钮，此时光标移到本页的最下方，在光标处输入文字“向晓华(1998—)：男，硕士研究生，研究方向：高校管理”。

(2) 选中文字“曹文”，单击“引用”选项卡上“脚注”组中的“插入脚注”按钮，在光标处输入文字“曹文(1997—)：女，硕士研究生，研究方向：账务管理”。

(3) 添加两位作者的简介后的效果如图 1-6-5 所示。

1.1“一校两制”模式核心：组建资产经营有限公司

高校实行“一校两制”管理模式，核心是成立资产经营有限公司，公司成立由两种途径，一种是学校依法独立成立国有独资企业，学校作为校办企业的唯一股东，公司所有权；第二种是高校对于学校现有的校办产业从根本上进行变革，校企分开管理，校办产业实行企业化体制进行管理。

[1]向晓华（1998—）：男，硕士研究生，研究方向：高校管理

[2]曹文（1997—）：女，硕士研究生，研究方向：账务管理

图 1-6-5　插入脚注

(4) 用鼠标右键单击论文中的批注，在弹出的快捷菜单中选择“删除批注”命令，删除批注符号。

5. 接受或拒绝修订

(1) 标题“1.2 高校建筑设计研究院…”中的文字“收章缴照”不应该删除，单击“收章缴照”，然后单击“审阅”选项卡上“更改”组中“拒绝”选项“拒绝并移到下一条”命令，不做修改。

(2) 如果其他的修订意见要全部接受，则单击“审阅”选项卡上“更改”组中的“接受”项下“接受所有修订”命令。

(3) 单击“文件”选项卡中“另存为”命令，在弹出“另存为”对话框中位置选择“D:\素材”，文件名为“(修改)高校建筑设计研究院发展对策研究.docx”，单击“保存”按钮，完成对论文的修订工作。

6. 比较修改前后的两个文档区别

方法一：利用“并排查看”命令进行比较。

(1) 关闭其他所有打开的 Word 文档，然后打开“高校建筑设计研究院发展对策研究.docx”与“(修改)高校建筑设计研究院发展对策研究.docx”两个文档；

(2) 在其中一个文档上单击“视图”选项卡上“窗口”组中的“并排查看”和“同步滚动”两个命令按钮，如图 1-6-6 所示。

(3) 此时两个文件的内容并排显示在左右两个窗口中，上下或左右滚动其中一个文件内容时，另一个文件也会对应滚动，则可以左右对比查看两个文件的不同之处。

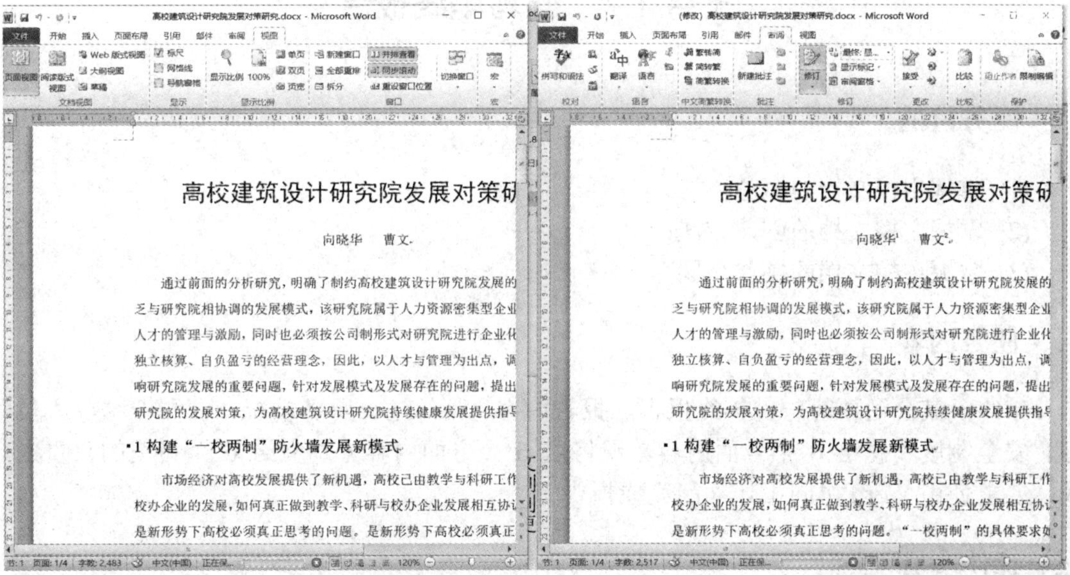

图 1-6-6 并排比较文档

方法二：利用比较文档命令进行比较。

(1) 单击“审阅”选项卡上“比较”组中“比较”下拉按钮，在展开的下拉选项中选择“比较”命令，弹出“比较文档”对话框。

(2) 在对话框“原文档”中选择文档“高校设计研究院发展对策研究.docx”，在“修订的文档”中选择文档“(修改)高校设计研究院发展对策研究.docx”，然后单击“确定”

按钮，进入自动比对模式，如图 1-6-7 所示。从中可以查看文档哪些地方进行了修改。

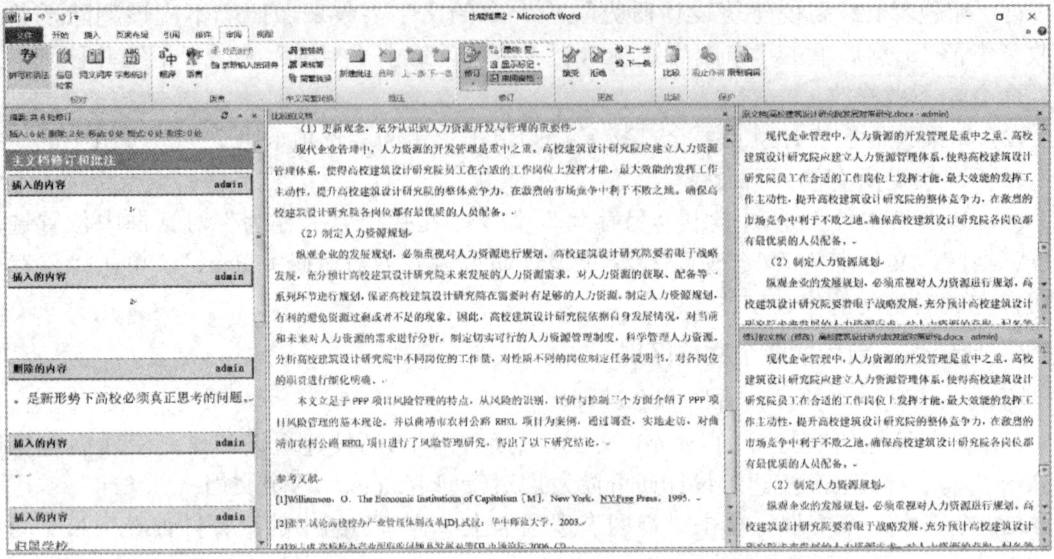

图 1-6-7　比较文档

任务 1.7　编写年终报告

一、任务目的

(1) 掌握主控文档的概念；
(2) 掌握主控文档的创建方法；
(3) 掌握主控文档的操作步骤。

二、任务内容

年终，某公司要写一份年终报告，报告内容包括综述、财务情况、公司业绩、人员管理、安全制度和总结 6 个方面内容。现将这 6 个方面内容分别交给 6 个科室的负责人完成，要求使用 Word 协同工作功能完成报告。

三、操作步骤

1. 快速拆分子文档

(1) 单击“开始”按钮，选择“所有程序”组中“Microsoft Office”下“Microsoft Word 2010”命令，则 Word 自动创建了一个名为“文档 1”的空白文档。再单击“文件”选项卡下“保存”命令，在打开的“另存为”对话框中输入文件名为“学号+姓名+主控文档”，保存位置为 D 盘根目录，默认保存类型，Word 2010 默认文件扩展名为“.docx”，然后单击“保存”按钮保存文档。

(2) 在文档中输入文字“综述”，然后单击“开始”选项卡上“样式”组中的“标题 1”样式，把它设置为标题 1 样式；按“Enter”键依次换行，分别输入“财务情况”“公司业绩”“人员管理”“安全制度”“总结”5 行，并均设置为“标题 1”样式。

(3) 单击“视图”选项卡上“视图”组中的“大纲视图”按钮，切换到“大纲视图”模式。在“大纲”选项卡上“主控文档”组中单击“显示文档”命令按钮，展开子命令，如图 1-7-1 所示。

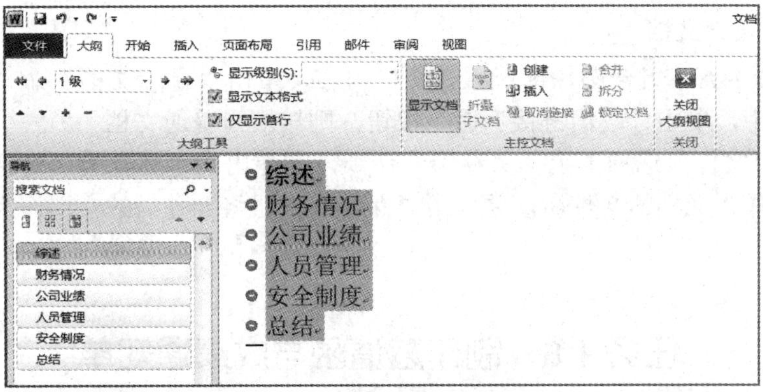

图 1-7-1　“大纲视图”下的子命令

(4) 按“Ctrl+A”组合键，选中全文，然后单击“主控文档”组中的“创建”命令按钮，即可把文档拆分成 6 个子文档。系统会将拆分开的 6 个子文档内容分别用框线包围起来，如图 1-7-2 所示。

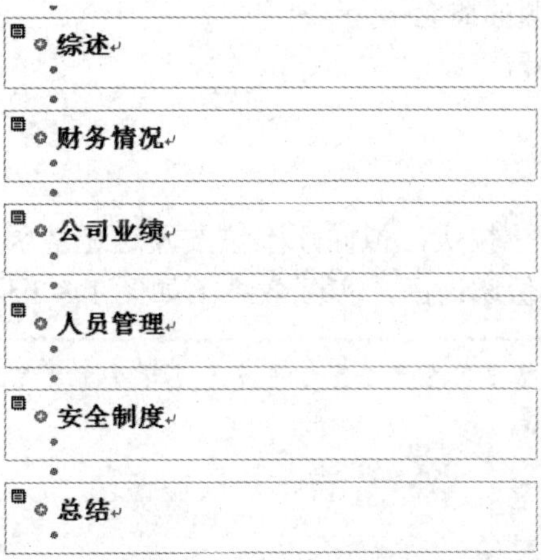

图 1-7-2　子文档的创建

(5) 单击“文件”选项卡中“另存为”命令，在弹出的“另存为”对话框中将文件保存在“D：\年终总结”目录下，命名为“学号+姓名+年终总结”，然后退出 Word。

(6) 打开“D：\年终总结”文件夹，就会发现，在保存主文档后，Word 会根据主文档中各子文档的标题自动创建“综述.docx”“财务情况.docx”“公司业绩.docx”“人员管理.docx”“安全制度.docx 和总结.docx”等 6 个子文档。

(7) 把“D：\年终总结”文件夹下的 6 个子文档按分工分别发给 6 个部门负责人进行编写。编辑完成 6 个子文档对应的内容后，把这些文档再复制到“D：\年终总结”文件夹下，覆盖同名文件。

(8) 打开以“学号+姓名+年终总结.docx”的主文档，文档中显示的是子文档的地址链接。切换到大纲视图，单击“大纲”选项卡上“主控文档”组中的“展开子文档”命令按钮，则主文档显示各新子文档内容。

(9) 至此主文档已经是合并好的总结报告了，可以直接在该文档中进行编辑和修改，修改的内容、修订记录和批注等都会同时保存到对应子文档中。

2. 转换成普通文档

(1) 按“Ctrl+A”组合键，选择所有文档内容，单击“显示文档”命令按钮，然后在展开的子命令中，单击“取消链接”命令按钮，则转换为普通文档。

(2) 单击“文件”选项卡上“另存为”命令，在弹出的“另存为”对话框中输入文字“年终总结”作为文档的文件名，并单击“保存”按钮将合并后的文档作为普通文档进行保存。

任务 1.8　制作邀请函与成绩通知单

一、任务目的

(1) 掌握邮件合并的概念；

(2) 掌握主文档和数据源的概念；

(3) 掌握邮件合并的步骤。

二、任务内容

(1) 今年是 XX 大学百年校庆，拟向众多校友发送邀请函，请为“通讯录.xlsx”数据源文件中的各位校友制作一份邀请函，实际效果图如图 1-8-1 所示。

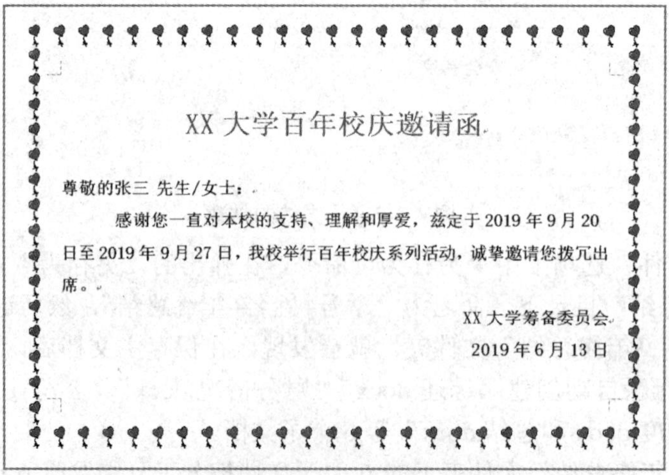
XX 大学百年校庆邀请函

尊敬的张三 先生/女士：

感谢您一直对本校的支持、理解和厚爱，兹定于 2019 年 9 月 20 日至 2019 年 9 月 27 日，我校举行百年校庆系列活动，诚挚邀请您拨冗出席。

XX 大学筹备委员会

2019 年 6 月 13 日

图 1-8-1　邀请函效果图

(2) 通过“学生信息表.xlsx”数据源文件中的数据，为每位学生制作一份成绩通知书，其效果图如图 1-8-2 所示。

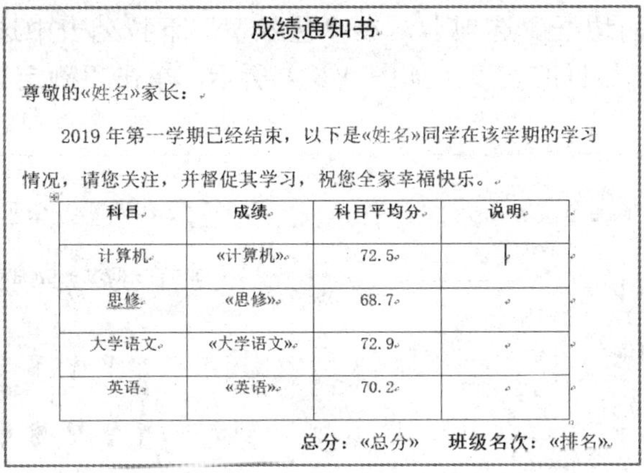
成绩通知书

尊敬的«姓名»家长：

2019 年第一学期已经结束，以下是«姓名»同学在该学期的学习情况，请您关注，并督促其学习，祝您全家幸福快乐。

科目	成绩	科目平均分	说明
计算机	«计算机»	72.5	
思修	«思修»	68.7	
大学语文	«大学语文»	72.9	
英语	«英语»	70.2	

总分：«总分»　班级名次：«排名»

图 1-8-2　成绩通知书效果图

三、操作步骤

1. 制作邀请函

(1) 设置主文档页面大小。打开 Word 新建一个空白文档，然后单击“页面布局”选项卡上“页面设置”组的对话框启动器按钮(右下角)，打开“页面设置”对话框。在此对话框中单击“页边距”选项卡，将“纸张方向”设置为“横向”；切换到“文档网格”选项卡，选择“指定行和字符网格”选项，在“每行”后的文本框中输入字符个数为“30”，“每页”后的文本框中输入行数为“10”，如图 1-8-3 所示；然后单击对话框中“字体设置”按钮，打开“字体”对话框，设置“字号”为“二号”，字形为“加粗”，最后单击“确定”按钮，完成页面设置。

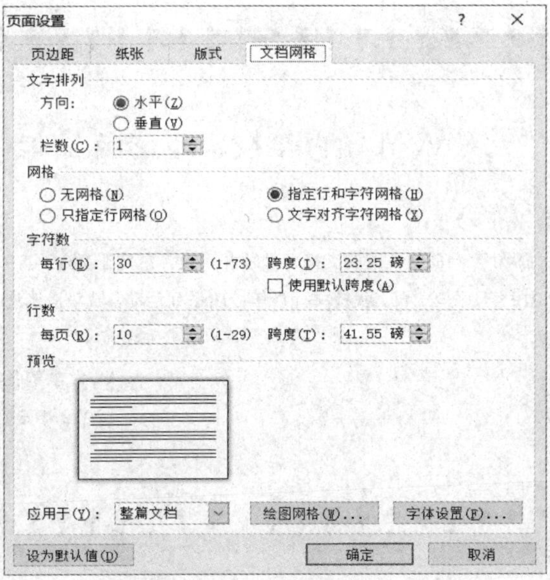

图 1-8-3　“页面设置”对话框

(2) 设置主文档页面边框。单击“开始”选项卡上“段落”组的“边框和底纹”下拉按钮，在展开的下拉选项中选择“边框和底纹”命令，打开“边框和底纹”对话框。然后单击此对话框的“页面边框”选项卡，在“艺术型”下拉列表中选择一种样式，在“宽度”下的文本框中设置边框的宽度，如图 1-8-4 所示，单击“确定”按钮完成文档页面边框设置。

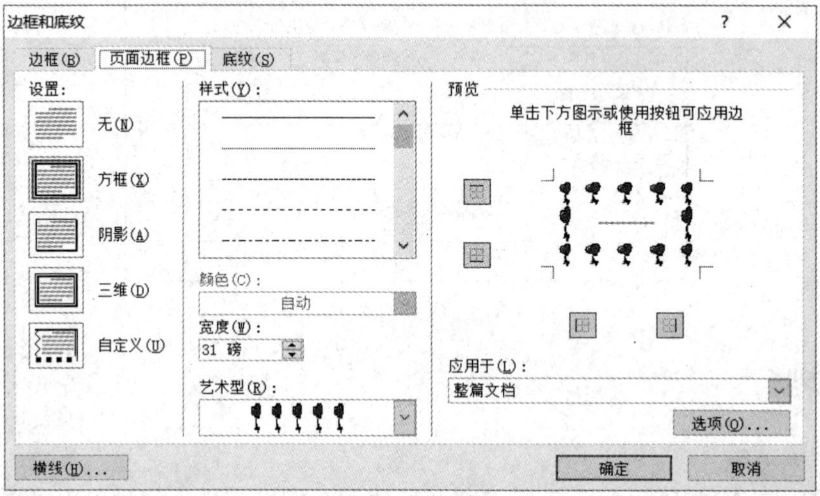

图 1-8-4　设置“页面边框”

(3) 设置主文档背景。单击“页面布局”选项卡上“页面背景”组中“页面颜色”下拉表的“填充效果”命令，弹出“填充效果”对话框。然后在此对话框的“纹理”选项卡中选择“蓝色面巾纸”纹理样式，最后单击“确定”按钮完成文档背景设置。

(4) 在文档中输入如图 1-8-5 所示文字，设置标题字体为宋体、二号，颜色为红色。正文字体为宋体、字号为二号。最终主文档的效果图如图 1-8-5 所示。

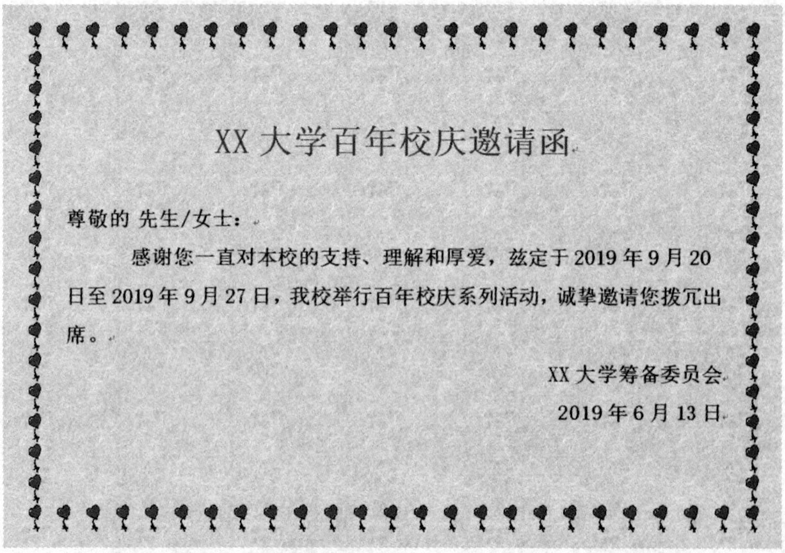

图 1-8-5　邀请函主文档效果图

(5) 建立数据源。数据源文件一般可以通过 Excel 或 Access 应用软件制作完成。本任务的数据源文件“通讯录.xlsx”具体格式与内容如图 1-8-6 所示。

序号	姓名	邮编	电话	地址
001	张三	421005	8591003	湖南
002	李平平	421006	8591003	湖南
003	吴雷吕	421007	8591003	湖南
004	黄华	421008	8591003	湖南
005	陈志	421009	8591003	湖南
006	江蝇中	421010	8591008	湖南
007	黄之大	421011	8591008	湖南
008	李晨	421012	8591008	湖南
009	李红	421013	8591008	湖南
010	廖品牌	421014	8591008	湖南
011	林琳	421015	8591008	湖南
012	陈洋漳	421016	8591008	湖南
013	曹杰凡	421017	8591015	湖南
014	李四	421018	8591016	湖南
015	张感觉	421019	8591017	湖南
016	王大胆	421020	8591018	湖南
017	王朋折	421021	8591019	湖南
018	吕文鹏	421022	8591020	湖南
019	文强	421023	8591021	湖南
020	品牌	421024	8591022	湖南

图 1-8-6　数据源文件格式

(6) 利用向导进行邮件合并。

① 将光标定位在主文档文字“尊敬的”之后，然后单击“邮件”选项卡上“开始邮件合并”组中的“开始邮件合并”下拉按钮，在展开的下拉选项中选择“邮件合并分步向导”命令，打开“邮件合并”，如图 1-8-7 所示。

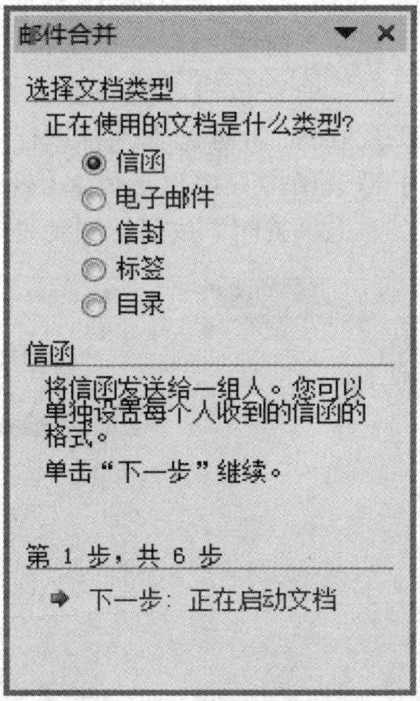

图 1-8-7　“邮件合并”窗格

② 在“邮件合并”窗格中选择“信函”选项，然后单击“下一步：正在启动文档”命令按钮，在邮件合并窗格中选择“使用当前文档”选项，继续单击“下一步：选取收件人”命令按钮。

③ 在“邮件合并”窗格中选择收件人，如图 1-8-8 所示，选择“使用现有列表”选项，然后单击“浏览”命令按钮。在弹出的“选取数据源”对话框中，从“D：\素材”文件夹中找到“通讯录.xlsx”数据源文件，并单击“打开”按钮，弹出“选择表格”对话框，如图 1-8-9 所示。从此对话框选择数据所在的工作表标签，本例通讯录内容保存在 Sheet1 中，选择“Sheet1$”，单击“确定”按钮，再单击“选取数据源”对话框“确定”按钮。

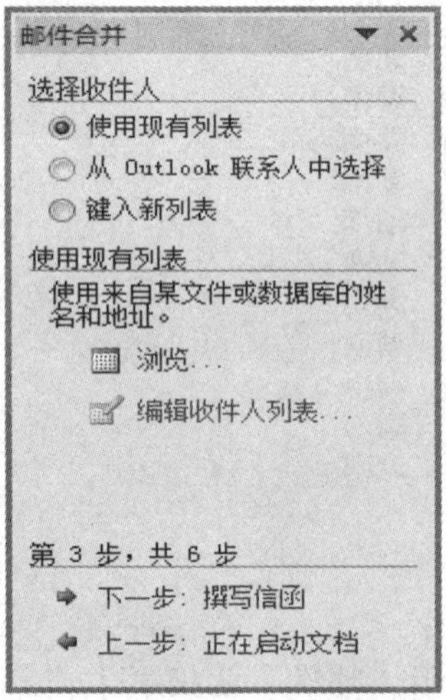

图 1-8-8 “邮件合并”选择收件人窗格

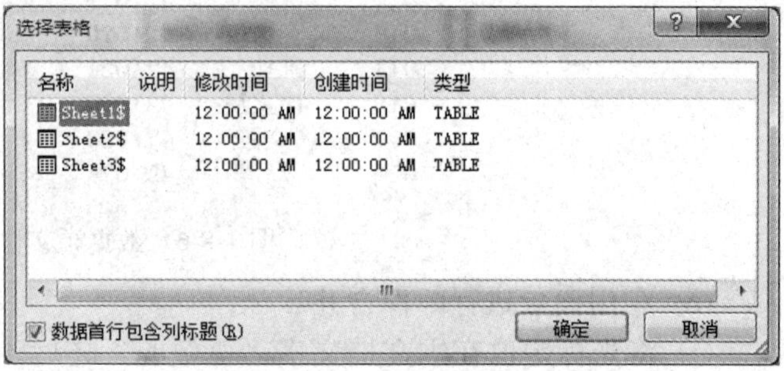

图 1-8-9 选择表格对话框

④ 弹出“邮件合并收件人”对话框，如图 1-8-10 所示。若不需要进行调整，直接单击“确定”按钮，返回到“邮件合并”窗格。

⑤ 单击“下一步：撰写信函”命令按钮，然后单击“其他项目”命令按钮，打开“插入合并域”对话框。“通讯录.xlsx”数据源文件标题行中各标题(字段名)显示在对话框里，如图 1-8-11 所示。由于邀请函中只需显示姓名信息，因此，选择“姓名”合并域，再单击“插入”按钮，然后单击“关闭”按钮返回到“邮件合并”窗格。

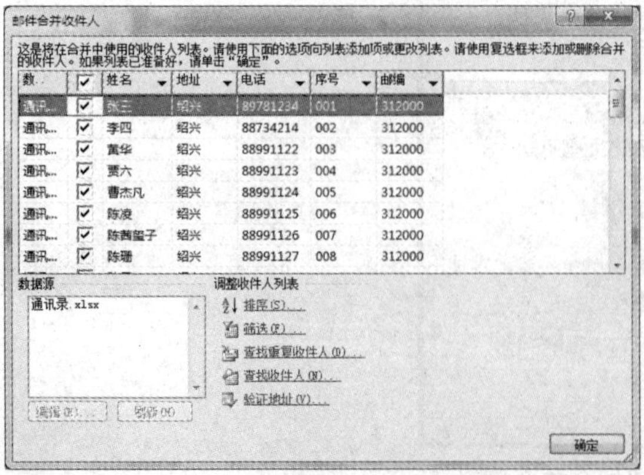

图 1-8-10 “邮件合并收件人”对话框

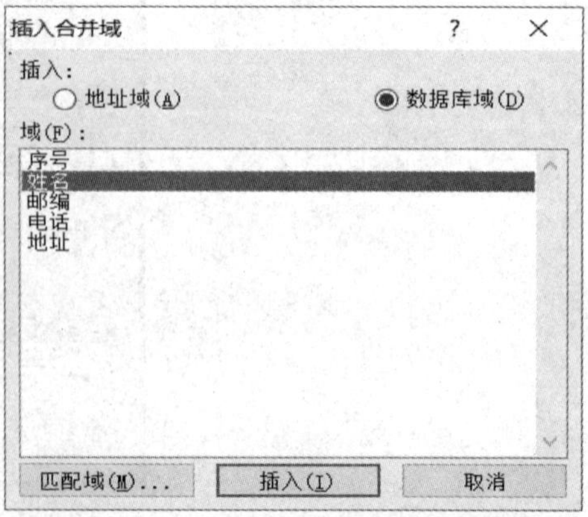

图 1-8-11 “插入合并域”对话框

⑥ 单击“下一步：预览信函”命令按钮，此时 “通讯录.xlsx”数据源文件中的姓名被绑定到主文档中，显示在文字“尊敬的”后面，然后单击[<<]或[>>]按钮，逐一浏览，如图 1-8-12 所示。

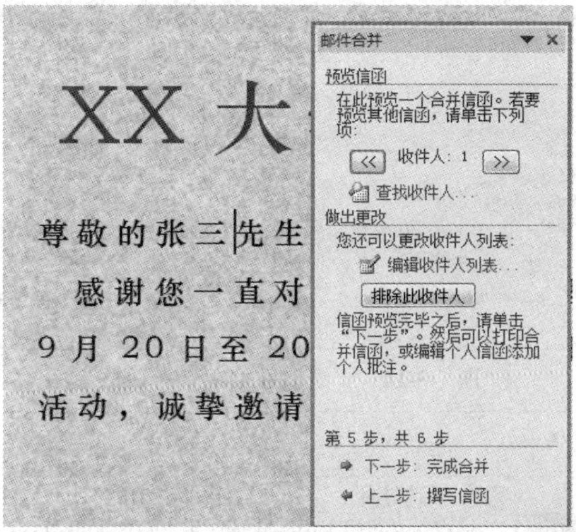

图 1-8-12　“邮件合并”预览信函窗格

⑦ 单击“下一步：完成合并”命令按钮。若需要将这些邀请函逐一打印出来，则在“邮件合并”窗格中单击“打印”命令，打开“合并到打印机”对话框，如图 1-8-13 左图所示。在该对话框中可以设置打印记录的范围。

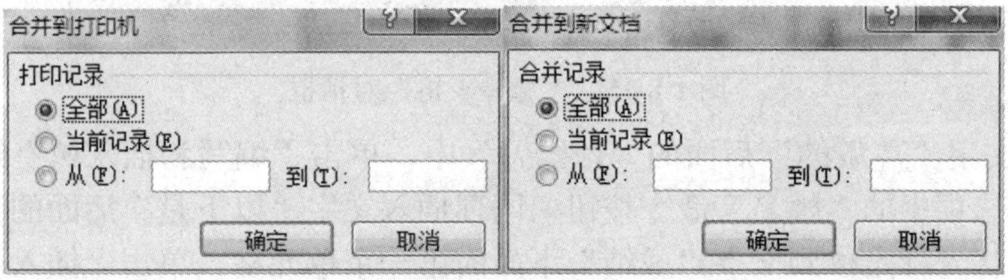

图 1-8-13　合并文档

⑧ 若无需打印，则可以单击“编辑单个信函”命令按钮，打开“合并到新文档”对话框，如图 1-8-13 右图所示。选择“全部”选项，然后单击“确定”按钮，则创建了一个新文档。

⑨ 单击“文件”选项卡中“保存”命令，在弹出的“另存为”对话框中选择 D 盘根目录，并命名为“学号+姓名+邀请函”，将合并后的新文档保存下来。数据源中有多少个姓名，合并的文档中就有多少封邀请函文档。

2．成绩通知单的制作

(1) 打开“D：\素材\成绩通知单”主文档，单击“邮件”选项卡上“开始邮件合并”组中的“开始邮件合并”下拉按钮，在展开的下拉选项中选择“信函”命令，然后单击“选择收件人”下拉按钮，在展开的下拉选项中选择“使用现有列表”命令，打开“选取数据源”对话框，如图 1-8-14 所示。然后在此对话框中单击“打开”按钮，弹出“选择表格”对话框，如图 1-8-15 所示选择“成绩单.xlsx”工作簿。再在“选择表格”对话框中选择“Sheet1$”工作表，最后依次单击“确定”按钮两次。

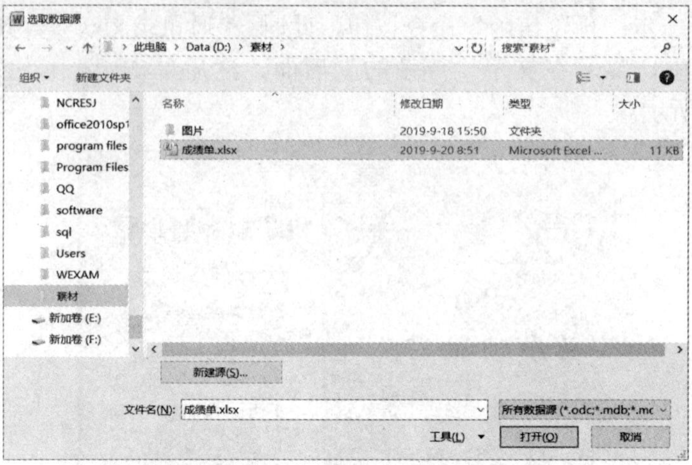

图 1-8-14　“选取数据源”对话框

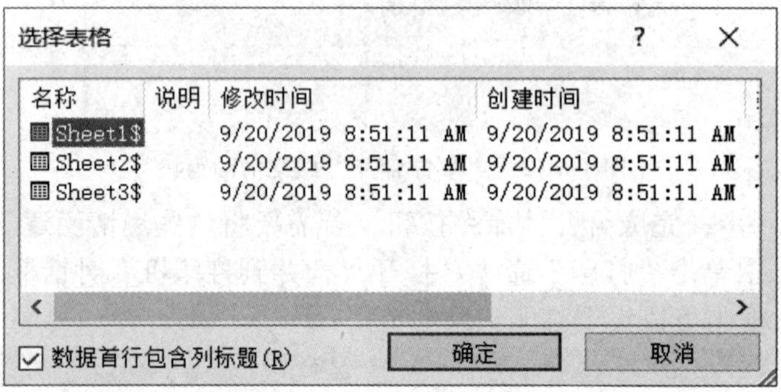

图 1-8-15　“选择表格”对话框

(2) 选中文字“尊敬的”后面的“《姓名》”中，单击“编写和插入域”组中的“插入合并域”下拉选项中的“姓名”命令按钮，同理插入文字“以下是”后面的“《姓名》”的合并域。然后将光标定位到文字“成绩”下面的第一个单元格，单击“插入合并域”下拉选项中的“计算机”命令按钮。以同样的方法插入“思修”“大学语言”“英语”“总分”的成绩以及班级的名次合并域，插入合并域后的效果图 1-8-16 所示。

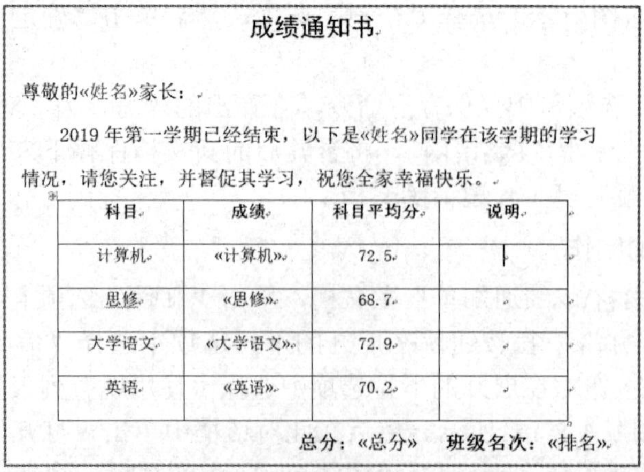

成绩通知书

尊敬的«姓名»家长：

2019 年第一学期已经结束，以下是«姓名»同学在该学期的学习情况，请您关注，并督促其学习，祝您全家幸福快乐。

科目	成绩	科目平均分	说明
计算机	«计算机»	72.5	
思修	«思修»	68.7	
大学语文	«大学语文»	72.9	
英语	«英语»	70.2	

总分：«总分»　班级名次：«排名»

图 1-8-16　插入合并域后的效果图

(3) 将光标定位到文字“说明”下的第一个单元格，然后单击“邮件”选项卡下“编写和插入域”组中的“规则”下拉按钮，在展开的下拉选项中选择“如果…那么…否则”命令，打开“插入 Word 域：IF”对话框，图 1-8-17 所示。

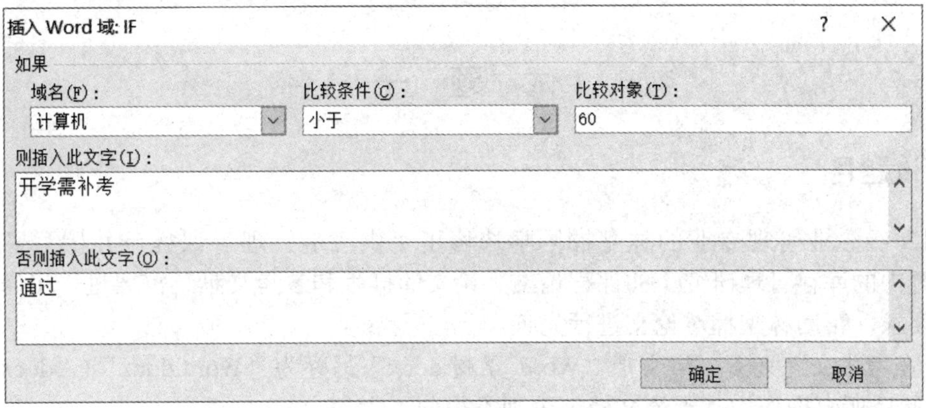

图 1-8-17 插入 Word 域对话框

(4) 在对话框“域名”下选择“计算机”，“比较条件”下选择“小于”，“比较对象”下输入“60”，然后输入满足条件和不满足条件的文字内容，如图 1-8-17 所示。

(5) 同样，依次设置其他课程 Word 域 If 的条件。插入规则后的效果如图 1-8-18 所示。

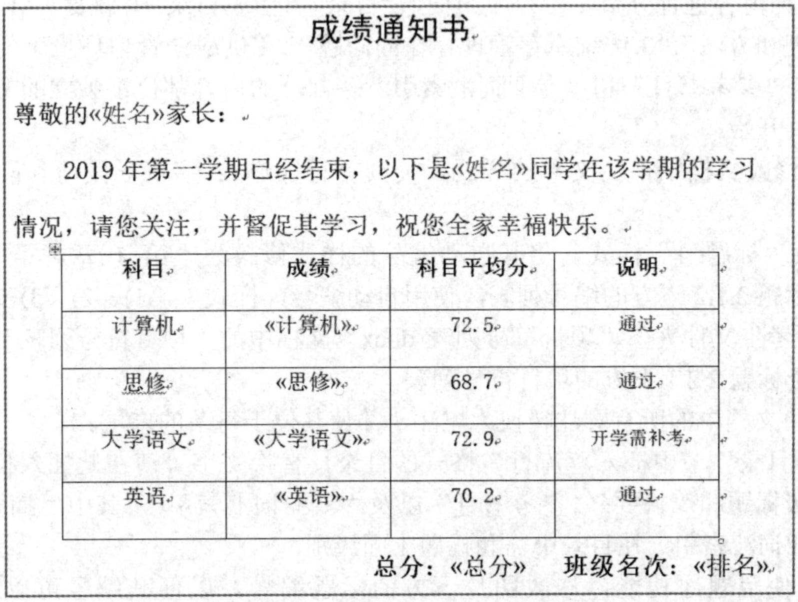

成绩通知书

尊敬的«姓名»家长：

2019 年第一学期已经结束，以下是«姓名»同学在该学期的学习情况，请您关注，并督促其学习，祝您全家幸福快乐。

科目	成绩	科目平均分	说明
计算机	«计算机»	72.5	通过
思修	«思修»	68.7	通过
大学语文	«大学语文»	72.9	开学需补考
英语	«英语»	70.2	通过

总分：«总分» 班级名次：«排名»

图 1-8-18 插入规则后的效果图

(6) 单击“完成”组中“完成并合并”下拉按钮，在展开的下拉选项中选择“编辑单个文档”命令，打开“合并到新文档”对话框。在此对话框中选择“全部”，单击“确定”按钮，系统会自动创建一个“信函 1”的新文档，

(7) 单击“文件”选项卡中“保存”命令，弹出“另存为”对话框。在此对话框中以文件名“学号+姓名+成绩单”将文件保存到 D 盘根目录下。

任务 1.9　二级考试真题

试　题　一

一、考试题目

2012 级企业管理专业的林楚楠同学选修了“供应链管理”课程，并撰写了题目为“供应链中的库存管理研究”的课程论文。论文的排版和参考文献还需要进一步修改，根据以下要求，帮助林楚楠对论文进行完善。

1．在考生文件夹下，将文档“Word 素材.docx”另存为“Word.docx”(“docx”为扩展名)。此后所有操作均基于该文档，否则不得分。

2．为论文创建封面。将论文题目、作者姓名和作者专业名称放置在文本框中，并居中对齐；文本框的环绕方式为四周型，在页面中的对齐方式为左右居中。在页面的下侧插入图片“图片 1.jpg”，环绕方式为四周型，并应用一种映像效果。整体效果可参考示例文件“封面效果.docx”。

3．对文档内容进行分节，使得“封面”“目录”“图表目录”“摘要”“1.引言”“2.库存管理的原理和方法”“3.传统库存管理存在的问题”“4.供应链管理环境下的常用库存管理”“5.结论”“参考书目”和“专业词汇索引”各部分的内容都位于独立的节中，且每节都从新的一页开始。

4．(1) 修改文档中正文文本的样式，使其首行缩进 2 字符，段前和段后的间距为 0.5 行。

(2) 修改“标题 1”样式，将其自动编号的样式修改为“第 1 章，第 2 章，第 3 章…”修改标题 2.1.2 下方的编号列表，使用自动编号，样式为“1)、2)、3)…”。

(3) 复制考生文件夹下“项目符号列表 docx”文档中的“项目符号列表”样式到论文中，并应用于标题 2.2.1 下方的项目符号列表。

5．(1) 将文档中的所有脚注转换为尾注，并使其位于每节的末尾。

(2) 在“目录”节中插入“流行”格式的目录，替换文字“请在此插入目录!”，目录中需包含各级标题和“摘要”“参考书目”以及“专业词汇索引”，其中“摘要”“参考书目”和“专业词汇索引”在目录中需和标题 1 同级别。

6．(1) 使用题注功能，修改图片下方的标题编号，以便其编号可以自动排序和更新。

(2) 在“图表目录”节中插入格式为“正式”的图表目录。

(3) 使用交叉引用功能，修改图表上方正文中对于图表标题编号的引用(已经用黄色底纹标记)，以便这些引用能够在图表标题的编号发生变化时可以自动更新。

7．(1) 将文档中所有的文本“ABC 分类法”都标记为索引项。

(2) 删除文档中文本“供应链”的索引项标记；更新索引。

8. (1) 在文档的页脚正中插入页码，要求封面页无页码，目录和图表目录部分使用“Ⅰ、Ⅱ、Ⅲ、…”格式；

(2) 正文以及“参考书目”和“专业词汇索引”部分使用“1、2、3…”格式。

9. 删除文档中的所有空行。

二、参考答案

1. 【解题步骤】

打开考生文件夹下文件“Word 素材.docx”，在“文件”选项卡上单击“另存为”命令，打开“另存为”对话框。在此对话框中输入文件名“Word.docx”(注：“.docx”为扩展名，请查看本机是否隐藏了扩展名)，并将保存的路径设置为考生文件夹，单击“保存”按钮。

2. 【解题步骤】

(1) 将光标定位在文本“目录”上方的自动换行符处，单击“插入”选项卡上“页面”分组中的“空白页”按钮，添加一个新的空白页面。然后单击“文本”分组中的“文本框”下拉按钮，在展开的下拉列表中选择“绘制文本框”命令，此时光标会变成黑十字状，在空白页面中适当的位置画出一个文本框区域。参考考生文件夹下“页面效果.docx”文件，将论文题目、作者姓名、作者专业名称输入文本框中，并调整字体、字号，在“开始”选项卡下“段落”组中设置居中对齐方式。

(2) 选择步骤(1)画的文本框，在“绘图工具”的“格式”选项卡下“形状样式”分组中单击“形状轮廓”下拉按钮，在展开的下拉菜单中选择“无轮廓”命令。在“排列”分组中单击“位置”下拉按钮，在展开的下拉菜单中选择“其他布局选项”命令，打开“布局”对话框，在“文字环绕”选项卡下选择“四周型”选项，然后单击“确定”按钮。单击“排列”分组中“对齐”下拉按钮下的“左右居中”命令。

(3) 将光标定位在页面下方，单击“插入”选项卡下“插图”分组中的“图片”按钮，打开“插入图片”对话框，选择考生文件夹下图片“图片 1.jpg”，单击“插入”按钮。选中插入的图片，在“绘图工具”中“格式”选项卡下“排列”分组中单击“位置”下拉按钮，在展开的下拉菜单中选择“其他布局选项”命令，打开“布局”对话框，在“文字环绕”选项卡下选择“四周型”选项；在“图片样式”分组中单击“图片效果”下拉按钮。在展开的下拉菜单中选择一种映像效果。参考考生文件夹下“页面效果.docx”文件，对整体效果进行适当调整。

3. 【解题步骤】

将光标定位于文字“目录”上方的自动换行符处，在“页面布局”选项卡上“页面设置”分组中单击“分隔符”下拉按钮，在展开的下拉菜单中选择“分节符”“下一页”命令。同理设置其他部分的分节。

4. 【解题步骤】

(1) 将光标定位在正文文本段落中，然后用鼠标右键单击“开始”选项上的“样式”分组中的快速样式 “正文文字”，在弹出的快捷菜单中单击“修改”命令。在弹出的“修改样式”对话框中单击“格式”按钮，在弹出的下拉菜单中，单击“段落”命令；在弹出的“段落”对话框中，设置段前间距为“0.5 行”、段后间距为“0.5 行”，首行缩进为“2 字符”。然后依次单击两次“确定”按钮，完成设置。

(2) 选中“标题 1”样式文本，在“开始”选项卡下“样式”分组中的“标题 1”样式上单击鼠标右键，在弹出的快捷菜单中选择“修改”命令，打开“修改样式”对话框。在“修改样式”对话框中单击“格式”按钮，在弹出的下拉菜单中选择“编号”命令，打开“编号和项目符号”对话框。在“编号和项目符号”对话框中单击“定义新编号格式”命令，打开“定义新编号格式”对话框。在“定义新编号格式”对话框的“编号格式”中输入文字“第章”，将光标定位于两个文字中间，在“编号样式”中选择“1、2、3…”样式，依次单击 3 次“确定”按钮，完成设置。

(3) 选中标题“2.1.2”下方的列表，在“开始”选项卡下“段落”分组中单击“编号”下拉按钮，在弹出的下拉列表中选择“1)、2)、3)”样式。

(4) 在“文件”选项卡下单击“选项”命令，打开“Word 选项”对话框，在“Word 选项”对话框中单击“加载项”命令，再在“管理”选项中选择“模板”，然后单击“转到”按钮，打开“模板和加载项”对话框。在“模板和加载项”对话框的“模板”选项卡下单击“管理器”按钮，打开“管理器”对话框。在“管理器”对话框的“样式”分组中单击左侧的“关闭文件”按钮，此时按钮会变成“打开文件”按钮，然后单击此“打开文件”按钮，打开“打开”对话框。在“打开”对话框的“文件类型”中选择“Word 文档(*. docx)”选项，并选择考生文件夹下的文件“项目符号列表.docx”，然后单击“打开”按钮，返回到“管理器”对话框。单击此对话框右侧的“关闭文件”按钮，此时按钮会变成“打开文件”按钮，然后单击此“打开文件”按钮，打开“打开”对话框。在“打开”对话框的“文件类型”中选择“Word 文档(*docx)”选项，并选择考生文件夹下的文件“Word.docx”，然后单击“打开”按钮返回到“管理器”对话框。在此对话框左侧选中“项目符号列表”选项，并单击“复制”按钮，然后依次单击“关闭”按钮。此时在“开始”选项卡下“样式”分组中会出现“项目符号列表”样式。选中标题“2.2.1”下方的项目符号列表，单击“样式”分组中的“项目符号列表”样式，完成设置。

5. **【解题步骤】**

(1) 将文档中的所有脚注转换为尾注，并使其位于每节的末尾，其设置操作步骤如下：

① 选中任意脚注，然后单击鼠标右键，在弹出的快捷菜单中单击“便笺选项”命令；然后在弹出的“脚注和尾注”对话框中单击“转换”按钮。

② 在弹出的“转换注释”对话框中选中“脚注全部转换成尾注”选项，然后单击“确定”按钮；在“将更改应用于”下拉列表中选择“整篇文档”选项，最后单击“应用”按钮。

③ 选中任意尾注，然后单击鼠标右键，在弹出的快捷菜单中单击“便笺选项”命令；然后在弹出的“脚注和尾注”对话框中的“尾注”下拉框中选中“节的结尾”选项；再“将更改应用于”下拉列表中选择“整篇文档”选项，然后单击“应用”按钮。

(2) 将光标定位在“摘要”段落，然后单击鼠标右键，单击弹出快捷菜单中的“段落”命令；在弹出的“段落”对话框中设置段落大纲级别为“1 级”；用同样的方法设置“参考书目”和“专业词汇索引”段落大纲级别为“1 级”。选中目录页中的文字“请在此插入目录!”，然后单击“引用”选项卡上“目录”分组中的“目录”下拉按钮，在下拉菜单中选择“插入目录”命令，打开“目录”对话框；在此对话框的“目录”选项卡下设置“格式”为“流行”，设置显示级别为“3”；最后单击“确定”按钮。

6. 【解题步骤】

(1) 找到正文中第一张图片，删除图注中的“图 1”字样。然后在“引用”选项卡下“题注”分组中单击“插入题注”按钮，打开“题注”对话框。在此对话框的“标签”的中输入文字“图 1”，再单击“确定”按钮，则会在图注文字前自动生成“图 1”字样。同理，设置其他图片的文字。

(2) 将光标定位在“图表目录”下方，在“引用”选项卡的“题注”分组中单击“插入表目录”按钮，打开“图表目录”对话框。在此对话框的“图表目录”选项卡下，将“格式”设置为“正式”，“题注标签”设置为“图”，然后单击“确定”按钮。

(3) 找到正文中黄色底纹的“图 1”字样，将其删除，然后将光标定位于原“图 1”位置，单击“引用”选项卡下“题注”分组中的“交叉引用”按钮，打开“交叉引用”对话框。在此对话框中将“引用类型”设置为“图”，“引用内容”设置为“只有标题和编号”，在“引用哪一个编号项”中选择“图 1 库存的分类”，最后单击“插入”按钮。同理，设置其他图注的交叉引用。

7. 【解题步骤】

(1) 在“开始”选项卡下“编辑”组中单击“替换”按钮，打开“查找和替换”对话框。在“替换”选项卡下“查找内容”文本输入框中输入文字“ABC 分类法”，再将光标定位在“替换为”文本框中并输入文字“ABC 分类法”，然后单击“格式”按钮，在打开的列表选项中选择“字体”命令，打开“查找字体”对话框。在“查找字体”对话框中为字体选择一种颜色，然后单击“确定”按钮及单击“全部替换”按钮，关闭对话框。

选择“ABC 分类法”字样，然后在“引用”选项卡下“索引”分组中单击“标记索引项”按钮，打开“标记索引项”对话框。在此对话框的“主索引项”文本框中输入文字“ABC 分类法”，最后单击“标记全部”。

(2) 更改或删除索引的步骤如下：

如果文档中的索引项没有显示出来，单击常用工具栏中的“显示/隐藏编辑标记”按钮，然后定位到要更改或删除的索引项。

要删除索引项“供应链”，则选中连同“{}”符号在内的整个索引项，然后按<Delete>键。如果要更改索引项，则更改索引项引号内的文字即可。

8. 【解题步骤】

(1) 在“插入”选项卡下“页眉和页脚”组中单击“页码”下拉按钮，在展开的下拉菜单中选择“页面底端”的“普通数字 2”命令，则在页脚正中插入了页码。再在弹出的“页眉和页脚工具”的“设计”选项卡下的“选项”分组中勾选“首页不同”则可去除封面页码。

选中“目录”页码，在“页眉和页脚工具”的“设计”选项卡下“导航”分组中单击

"链接达到前一条页眉"按钮，取消其选中状态。接着在"页眉和页脚"分组中单击"页码"下拉按钮，在展开的下拉菜单中选择"设置页码格式"命令，打开"设置页码格式"对话框。在此对话框的"编号格式"中选择"Ⅰ、Ⅱ、Ⅲ....."样式，并将"起始页码"设置为"Ⅰ"，然后单击"确定"按钮。

选中图表目录页的页码，在"页眉和页脚工具"的"设计"选项卡下"导航"分组中单击"链接达到前一条页眉"按钮，取消其选中状态。在"页眉和页脚"分组中单击"页码"下拉按钮，在展开的下拉菜单中选择"设置页码格式"命令，打开"设置页码格式"对话框。在此对话框的"编号格式"中选择"Ⅰ、Ⅱ、Ⅲ....."样式，并选中"续前节"单选按钮，最后单击"确定"按钮。

(2) 选中正文第一页的页码，然后在"页眉和页脚工具"的"设计"选项卡下"导航"分组中单击"链接到前一条页眉"按钮，取消其选中状态。接着在"页眉和页脚"分组中单击"页码"下拉按钮，在展开的下拉菜单中选择"设置页码格式"命令，打开"设置页码格式"对话框。在此对话框的"编号格式"中选择"1, 2,3......"样式，并将"起始页码"设置为"1"，然后单击"确定"按钮。

要在分节处出现页码从 1 开始，则选中错误页码，在"页眉和页脚工具"的"设计"选项卡下"导航"分组中单击"链接达到前一条页眉"按钮，取消其选中状态。接着在"页眉和页脚"分组中单击"页码"下拉按钮，在展开的下拉菜单中选择"设置页码格式"命令，打开"设置页码格式"对话框。在此对话框的"编号格式"中选择"1, 2, 3......"并样式，选中"续前节"单选按钮，最后单击"确定"按钮。

9. **【解题步骤】**

按"Ctr1+H"组合键，弹出"查找和替换"对话框。然后将光标定位到"查找内容"输入框中，并单击"特殊格式"按钮下拉菜单中的"段落标记"命令，再次单击"特殊格式"按钮中的"段落标记"命令。接着将光标定位在"替换为"输入框中，单击"特殊格式"按钮下拉菜单中的"段落标记"命令，并连续 3 次单击"全部替换"按钮，则可删除所有空白行。

试 题 二

一、考试题目

北京明华中学学生发展中心的小刘老师负责向校本部及相关分校的学生家长传达有关学生儿童医保扣款方式更新的通知。该通知需要下发至每位学生，并请家长填写回执。参照图片"结果示例 1.png-结果示例 4.png"，按下列要求帮助小刘老师编排家长信及回执。

1．在考生文件夹下，将文件"Word 素材.docx"另存为"Word.docx"(".docx"为扩展名)。后续操作均基于此文件，否则不得分。

2．进行页面设置：纸张方向为横向、大小为 A3(宽 42 厘米×高 29.7 厘米)，上、下边距均为 2.5 厘米，左、右边距均为 2.0 厘米，页眉、页脚分别距边界 1.2 厘米。要求每张 A3 纸上从左到右按顺序打印两页内容，左右两页均在页面底部中间位置显示格式为"-1-、-2-"类型的页码，页码自 1 开始。

3．插入“空白(三栏)”型页眉，在左侧的内容控件中输入学校名称“北京明华中学”，删除中间的内容控件，在右侧插入考生文件夹下的图片“Logo.jpg”代替原来的内容控件，适当缩小图片，使其与学校名称高度匹配。将页眉下方的分隔线设置为标准红色、2.25 磅、上宽下细的双线型。

4．将文中所有的空白段落删除，然后按下表所列要求为指定段落应用相应格式：

段　落	样式或格式
文章标题“致学生儿童家长的一封信”	标题
“一、二、三、四、五”所示标题段落	标题 1
“附件 1、附件 2、附件 3、附件 4”所示标题段落	标题 2
除上述标题行及蓝色的信件抬头段外，其他正文格式	仿宋、小四号，首行缩进 2 字符，段前间距 0.5 行，行间距 1.25 倍
信件的落款(三行)	居右显示

5．利用“附件 1：学校、托幼机构‘一小’缴费经办流程图”下面用灰色底纹标出的文字，参考样例图绘制相关的流程图。要求：除右侧的两个图形之外，其他各个图形之间使用连接线，连接线将会随图形的移动而自动伸缩，中间的图形应沿垂直方向，左右居中。

6．将“附件 3：学生儿童‘一小’银行缴费常见问题”下的绿色文本转换为表格，并参照素材中的样例图片进行版式设置。调整其字体、字号、颜色、对齐方式和缩进方式，使其有别于正文。合并表格同类项，套用一个合适的表格样式，然后将表格整体居中。

7．令每个附件标题所在的段段前自动分页，调整流程图使其与附件 1 标题行合计占用一页。然后在信件正文之后(黄色底纹标示处)插入有关附件的目录，不显示页码，且目录内容能够随文档变化而自动更新。最后删除素材中用于提示的多余文字。

8．在信件抬头的文字“尊敬的”和“学生儿童家长”之间插入学生姓名，再在文字“附件 4：关于办理学生医保缴费银行卡通知的回执”下方的“学校：”“年级和班级：”(显示为“初三一班”格式)、“学号：”“学生姓名：”后分别插入相关信息，学校、年级、班级、学号、学生姓名等信息存放在考生文件夹下的 Excel 文档“学生档案.xlsx”中。然后在制作好的回执下方复制一份，将其中文字“(此联家长留存)”改为“(此联学校留存)”，在两份回执之间绘制一条剪裁线，并使两份回执在同一页上。

9．为所有学校初三年级的每位在校状态为“在读”的学生生成家长信，包含家长信的主体、所有附件、回执，并要求每封信中只能包含 1 位学生的信息。然后将所有家长信以文件名“正式通知.docx”保存在考生文件下(如果有必要，应删除文档中的空白页面)。

二、参考答案

1．【解题步骤】

打开考生文件夹下的文件“Word 素材 docx”，然后单击“文件”选项卡中的“另存为”命令，打开“另存为”对话框。在此对话框的“文件名”文本框中输入文字

“Word.docx”(注：“.docx”是扩展名，请查看本机是否隐藏了扩展名)，将保存路径设置为考生文件夹，最后单击“确定”按钮。

2. 【解题步骤】

(1) 在“页面布局”选项卡上“页面设置”分组中单击右下角的启动器，打开“页面设置”对话框。在此对话框的“页边距”选项卡下，设置“纸张方向”为“横向”，设置“页码范围”的“多页”选项为“拼页”，上、下页边距均为“2.5 厘米”，左、右页边距均为“2.0 厘米”。在“纸张”选项卡下设置“纸张大小”的“宽度”为“42 厘米”、“高度”为“29.7 厘米”。在“版式”选项卡下设置“距边界”的页眉、页脚均为 1.2 厘米，最后单击“确定”按钮，完成页面设置。

(2) 在“插入”选项卡上“页眉和页脚”分组中单击“页码”下拉按钮，在展开的下拉菜单中选择“页面底端”下的“普通数字 2”命令，插入页码。

(3) 选中第一页页码，然后在“页眉和页脚工具”的“设计”选项卡上“页脚和页眉”分组中单击“页码”下拉按钮，在展开的下拉菜单中选择“设置页码格式”命令，打开“页码格式”对话框。将此对话框的“编码格式”设置为“-1-，-2-, -3-.....”格式，“起始页”设置为“-1-”，最后在“关闭”分组中单击“关闭页眉和页脚”按钮，完成设置。

3. 【解题步骤】

(1) 在“插入”选项卡上“页眉和页脚”分组中单击“页眉”下拉按钮，在展开的下拉菜单中选择“空白(三栏)”命令按钮，则光标定位于页眉位置。在页眉左侧的内容控件中输入文字“北京明华中学”，并删除中间的内容控件。然后将光标定位于右侧的内容控件中，在“插入”选项卡下“插图”分组中单击“图片”按钮，打开“插入图片”对话框。在此对话框中选择考生文件夹下的图片文件“Logo.jpg”，单击“插入”按钮插入图片，并适当调整图片大小与学校名称高度匹配。

(2) 选择文档页眉区域，在“开始”选项卡上“段落”分组中单击“边框和底纹”下拉菜单，在展开的下拉菜单中选择“边框和底纹”命令，打开“边框和底纹”对话框。在此对话框的“边框”选项卡上设置“样式”为上宽下细双线型样式，“颜色”为标准红色，宽度为 2.25 磅，在“预览“选项中只设置下边框为选中状态，然后单击“确定”按钮。最后关闭页眉的编辑状态。

4. 【解题步骤】

(1) 按“Ctrl+H”组合键，弹出“查找和替换”对话框。然后将光标定位在对话框的“查找内容”输入框中，并连续单击两次“特殊格式”下拉按钮中的“段落标记”命令，接着将光标定位在“替换为”输入框中，然后单击“特殊格式”按钮中的“段落标记”命令，并连续 3 次单击“全部替换”按钮，则可删除文档所有空白段落。

(2) 选中文档标题“致学生儿童家长的一封信”段落，在“开始”选项卡上“样式”分组中选择“标题”样式。接着选中“一、二、三、四、五”所示标题段落，在“样式”分组中选择“标题 1”样式。然后选中“附件 1、附件 2、附件 3、附件 4”所示标题段落，在“样式”分组中选择“标题 2”样式。

(3) 设置正文样式，由于内容较多，不适合一个一个部分设置，这里使用快速方法设置，操作步骤如下：

① 单击“开始”选项卡上“样式”分组右下角的分组启动器按钮，则弹出“样式”对话框。在“样式”对话框中，单击“正文”右侧的下拉按钮，然后在弹出的快捷菜单中选择“修改”命令，弹出“修改样式”对话框。

② 在“修改样式”对话框中，将“格式”中的字体设置为“仿宋”，字号设为“小四”。

③ 在“修改样式”对话框中单击“格式”下拉按钮，在弹出的快捷菜单中选择“段落”命令，打开“段落”对话框。在此对话框的“缩进和间距”选项卡中将“特殊格式”设置为“首行缩进”，“缩进值”为“2 字符”，“段前”间距为“0.5 行”，“行距”为“1.25 倍”，然后依次单击两次“确定”按钮。

(4) 选中信件的落款(三行)，在“开始”选项卡上“段落”分组中设置对齐方式为“右对齐”。

5. 【解题步骤】

(1) 首先在将光标定位在文字“附件 1”下面的灰色底纹文字下方，单击“插入”选项卡上“插图”分组中的“形状”下拉按钮，在展开的下拉列表中单击“新建绘图画布”命令，则新建了一个绘图区域。

(2) 在“插图”分组中单击“形状”下拉按钮，在下拉列表中选择“流程图”中的“准备”形状，在文档空白区域画出形状。

(3) 选择已画的形状，在“绘图工具”的“格式”选项卡上单击“形状样式”分组中的“形状填充”下拉按钮，再在下拉列表中选择“无填充颜色”命令，然后单击“形状轮廓”下拉按钮，在下拉列表中选择“标准色”中的“浅绿”命令按钮。

(4) 继续在“插入”选项卡上的“插图”分组中单击“形状”下拉按钮，在下拉列表中选择“流程图”中的“过程”形状，然后在文档空白区域画出形状。选择已画的形状，在“绘图工具”的“格式”选项卡上单击“形状填充”下拉按钮，再在下拉列表中选择“无填充颜色”命令，接着在“插入形状”分组中单击“其他”按钮，在下拉列表中选择“线条”中的“箭头”形状回到文档，在已画好的两个图形的吸附点之间绘制一个带箭头的连接线，此连接线可以随图形移动而伸缩。

(5) 同理，可以添加其他的流程图形和连接线。

(6) 选中所有中间的图形，单击“绘图工具”的“格式”选项卡中的“排列”分组中的“对齐”下拉按钮中的“左右居中”选项。再选择第一个图形，单击鼠标右键，在弹出的快捷菜单中选择“添加文字”命令，则可在形状中添加文字。按照参考样例，将灰色底纹的文字填入相应的形状中，并适当的调整字体、字号。

(7) 在“插入”选项卡上“文本”分组中单击“文本框”下拉按钮，在展开下拉列表中选择“绘制文本框”命令，此时光标会变成黑十字状。在文字“是否扣款成功”右侧带箭头的直线上，绘制一个文本框；然后选择文本框，在“绘图工具”的“格式”选项卡下“形状样式”分组中单击“形状轮廓”下拉按钮，在展开的下拉列表中选择“无轮廓”命令，最后在文本框中输入文字。

(8) 删除灰色底纹和蓝色底纹的文字，以及参考样例图片，使附件 1 和流程图共同占用一页。

6. 【解题步骤】

(1) 选择“附件 3”中的绿色文本，在“插入”选项卡上“表格”分组中单击“表格”下拉按钮，在展开的下拉列表中选择“文本转换成表格”命令，打开“将文字转换成表格”对话框。在对话框中参照素材中的样例图片进行设置，然后单击“确定”按钮，则将文本转换成 7 行 3 列的表格。

(2) 选中表格，在“开始”选项卡上“字体”分组中设置字体、字号、颜色，使其不同于正文；在“段落”分组中设置对齐方式和缩进方式，使其不同于正文。

(3) 参照给出的参考样例，选中内容相同的单元格，在“表格工具”的“布局”选项卡上“合并”分组中单击“合并单元格”按钮，然后删除重复的文字。

(4) 选中表格，在“表格工具”的“设计”选项卡上“表格样式”分组中为表格套用一个适当的表格样式；然后在“开始”选项卡下“段落”分组中设置表格对齐方式为居中。最后删除表格样例。

7. 【解题步骤】

(1) 将光标定位在文本“附件 1”上一行，然后单击“开始”选项卡中“段落”分组中的启动器按钮。在弹出的“段落”对话框中单击“换行和分页”选项卡，再选中“分页”选项中的“段前分页”复选框，然后单击“确定”按钮。(注意：流程图和附件 1 共同占一页)

(2) 将光标定位在黄色底纹文字的前方，然后单击“引用”选项卡上“目录”分组中“目录”下拉按钮，在展开的下拉列表中单击“插入目录”命令，打开“目录”对话框。在“目录”选项卡上单击“选项”按钮，打开“目录选项”对话框，将目录级别中删除“标题 2”数字外其他的数字，再单击“确定”按钮回到“目录”对话框。在“目录”对话框中取消“显示页码”复选框的选中状态，最后单击“确定”按钮。

(3) 删除素材中用于提示的文字。

8. 【解题步骤】

(1) 在“邮件”选项卡上的“开始邮件合并”分组中单击“邮件合并分步向导”，打开“邮件合并”窗格。

(2) 在“邮件合并”任务窗格中“选择文档类型”保持默认选项“信函”，单击“下一步：正在启动文档”命令按钮，进入下一步窗格。

(3) 在“邮件合并”任务窗格“选择开始文档”中保持默认选项“使用当前文档”，单击“下一步：选取收件人”命令按钮，进入下一步窗格。

(4) 在“邮件合并”任务窗格“选择收件人”中保持默认选项“使用现有列表”，单击“浏览”命令按钮，打开“选取数据源”对话框。在此对话框中考生文件夹下选择文件“学生档案 xlsx”，单击“打开”按钮，打开“邮件合并收件人”对话框。保持对话框中的默认设置(勾选所有收件人)，然后单击“确定”按钮回到 Word 文档界面，再单击“下一步：撰写信函”命令按钮。

(5) 将光标定位于文字“尊敬的”与“学生儿童家长”之间，然后在“邮件”选项卡下“编写和插入域”分组中单击“插入合并域”下拉按钮，在展开的下拉选项中选择“姓名”，则在文档的相应位置插入姓名域。

(6) 同理，插入其他的域。

(7) 单击“下一步：预览信函”命令按钮，在下一步窗格“预览信函”选项区域中单击“<<”和“>>”按钮查看不同信息的信函。然后单击“下一步：完成合并”命令按钮。

(8) 选中制作好的回执，按“Ctrl+C”组合键复制，然后在已有的回执下方按“Ctrl+V”组合键粘贴。再将其中文字“(此联家长留存)”改为“(此联学校留存)”。

(9) 在“插入”选项卡下“插图”分组中单击“形状”下拉按钮，在展开的下拉选项中选择“线条”中的“直线”形状，在两份回执之间画一条直线，然后选择这条直线，再在“绘图工具”的“格式”选项卡下“形状样式”分组中单击“形状轮廓”下拉按钮，在下拉选项中选择“虚线”中的合适的虚线样式即可。

9. **【解题步骤】**

(1) 单击“邮件”选项中“开始邮件合并”分组中的“编辑收件人列表”按钮，在弹出的“邮件合并收件人”对话框中设置筛选条件：年级为“初三”，在校状态为“在读”，然后单击“确定”按钮。

(2) 在“邮件合并”任务窗格中单击“编辑单个信函”命令按钮或在 Word 文档的“邮件”选项卡“完成”分组中单击“完成并合并”下的“编辑单个文档”命令，都可以启动“合并到新文档”对话框。在“合并到新文档”对话框中勾选“全部”选项，然后单击“确定”按钮即可按不同的收件人生成一个多页文档。最后按要求以“正式通知.docx”为文件名将文档保存在考生文件夹下。

第 2 章　Excel 高级应用

任务 2.1　制作公司员工基本信息表

一、任务目的

(1) 掌握创建及保存工作簿的方法；

(2) 掌握数据的输入技巧；

(3) 掌握工作表及数据的格式化方法。

二、任务内容

某公司董事长为了能够了解员工的基本情况，需要人事部利用 Excel 2010 软件制作一个“公司员工基本信息表”工作表，样文如图 2-1-1 所示。

员工基本信息表

员工编号	姓名	性别	出生日期	学历	部门	职务	入职时间	联系电话
0001	李晨辉	男	1981年5月7日	研究生	机关	总经理	2003年7月20日	13821475689
0002	吕冠琛	男	1984年7月29日	研究生	销售部	部门经理	2006年9月5日	13974758971
0003	关俊民	男	1981年8月8日	本科	客服中心	部门经理	2003年5月4日	15147892132
0004	曾丝华	男	1989年9月3日	本科	客服中心	普通员工	2011年10月9日	13155287419
0005	张辰哲	男	1981年12月30日	大专	技术部	部门经理	2003年7月20日	13745123254
0006	孙娜	女	1993年10月14日	大专	客服中心	普通员工	2015年11月4日	15514725865
0007	丁怡瑾	女	1982年7月18日	研究生	业务部	部门经理	2005年4月17日	13874562178
0008	蔡少娜	女	1983年12月5日	研究生	后勤部	部门经理	2005年10月20日	13728020247
0009	刘小杰	女	1982年11月17日	本科	机关	部门经理	2005年9月28日	13907341254
0010	肖羽雅	女	1994年12月1日	大专	后勤部	文员	2016年6月18日	13807314785
0011	刘军	男	1990年1月27日	中专	机关	文员	2011年5月16日	13707355641
0012	齐萌	女	1989年1月24日	大专	后勤部	技工	2012年10月19日	13955174893
0013	郑浩	男	1984年7月21日	研究生	产品开发部	部门经理	2006年7月4日	13875673237
0014	陈芳芳	女	1987年7月30日	本科	销售部	业务员	2008年9月5日	15578941258
0015	韩世伟	男	1983年10月7日	研究生	技术部	总工程师	2005年9月1日	13507332574
0016	赵玉涵	男	1981年1月7日	研究生	技术部	工程师	2003年4月5日	18147142366
0017	何军	男	1990年6月26日	本科	销售部	业务员	2012年6月28日	18012365487
0018	郑丽君	女	1982年12月15日	本科	人事部	部门经理	2004年5月29日	13307345218
0019	罗益美	女	1985年3月9日	本科	销售部	业务员	2007年11月20日	13907315279
0020	张天阳	男	1983年4月14日	本科	销售部	业务员	2005年12月8日	13714579832

图 2-1-1　“公司员工基本信息表”样文

要完成本项工作任务，需要进行如下操作：

(1) 新建工作簿，命名并保存。

(2) 将默认的“Sheet1”工作表重命名。

(3) 输入员工的基本信息到相应的单元格中，并利用数据的输入技巧加快“员工基本信息表”中数据的输入速度。

(4) 设置自定义下拉列表，实现“性别”“学历”“部门”“职务”等栏目内容在下拉列表中的选择性输入。

(5) 将整个表格数据所在的单元格区域加上框线。

(6) 将第一行表格标题区域中的单元格合并居中，行高设置为 40，标题文字字体设置为楷体、字号为 20、加粗、红色，并为表格标题区域填充黄色底纹。

(7) 将表格字段所在的第二行的行高设置为 35，各字段名称的格式设置为宋体、字号 14、加粗、居中对齐，并为表格字段区域填充浅绿色底纹。

(8) 将表格中各记录行的行高设置为 25，数据格式设置为宋体、字号 12、居中对齐。

(9) “公司员工基本信息表”制作完成后以工作簿文件的形式保存到磁盘中。

三、操作步骤

1. 创建工作簿并命名

在 D 盘根目录中新建名为“公司员工基本信息表.xlsx”的工作簿，并将该工作簿中的“Sheet1”工作表标签重命名为“基本信息表”。

(1) 单击“开始”按钮，选择“所有程序”组中“Microsoft Office”命令中“Microsoft Excel 2010”子命令，Excel 2010 便自动创建一个名为“工作簿 1”的空白工作簿。

(2) 双击工作表标签“Sheet1”，在文本框中输入新的工作表名称“基本信息表”，然后按 Enter 键确认，则可将系统默认的工作表“Sheet1”重命名(也可鼠标右键单击“Sheet1”工作表标签，在弹出的快捷菜单中选择“重命名”命令来完成重命名操作)。

(3) 单击“文件”选项卡中“另存为”命令，在打开的如图 2-1-2 所示的“另存为”对话框中将保存路径选择为 D 盘根目录，并输入文件名“公司员工基本信息表”，保存类型选择默认的“Excel 工作簿”(Excel 2010 默认文件扩展名为“.xlsx”)，然后单击“保存”按钮即可将“公司员工基本信息表.xlsx”工作簿保存在 D 盘根目录中。

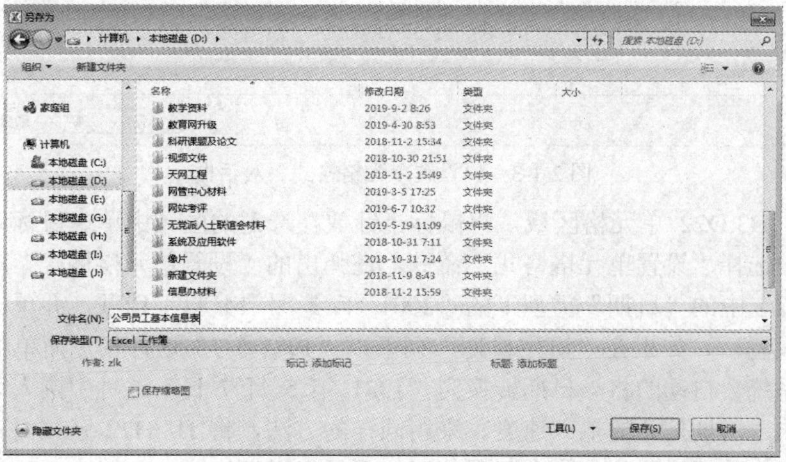

图 2-1-2　“另存为”对话框

2. 输入表格中的数据

为了提高工作效率，可以通过一定的数据输入技巧来加快数据的输入速度。具体方法为：将“员工编号”与“联系电话”对应的单元格内的数据格式设置为“文本”类型；将“出生日期”及“入职时间”对应的单元格内的数据格式设置为中国人习惯的“年月日”日期格式；使用拖动填充柄的方式实现“员工编号”列中规律数据的自动填充；设置自定义下拉列表，实现“性别”“学历”“部门”和“职务”等列内容在下拉列表中的选择性输入。具体步骤介绍如下。

(1) 在“基本信息表”工作表的 A1 单元格中输入文字“员工基本信息表”作为表的标题，在 A2：I2 单元格中分别输入文字“员工编号”“姓名”“性别”“出生日期”“学历”“部门”“职务”“入职时间”和“联系电话”作为表的表头。

(2) 选中 A3：A22 单元格区域，将鼠标指针放在选定的区域中单击鼠标右键，在弹出的快捷菜单中选择“设置单元格格式”命令，在弹出的如图 2-1-3 所示的“设置单元格格式”对话框中选择“数字”选项卡中的“文本”选项，并单击“确定”按钮，完成该设置。然后在“员工编号”栏目中输入文本字符形式的数字，避免出现输入“0001”员工编号时，对应的单元格中却显示“1”的现象。采用同样的方法，将 I3:I22 区域内的“联系电话”列对应的单元格内的数据设置为“文本”类型。

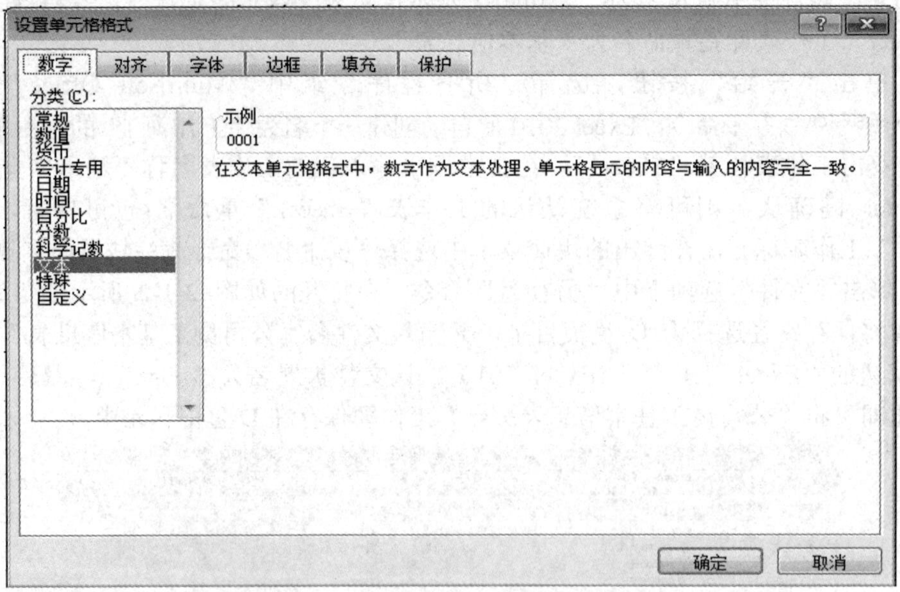

图 2-1-3 “设置单元格格式”对话框

(3) 选中 D3:D22 单元格区域，将鼠标指针放在选定的区域中单击鼠标右键，在弹出的快捷菜单中选择“设置单元格格式”命令，在弹出的“设置单元格格式”对话框中选择“数字”选项卡中的“日期”类型下的“2001 年 3 月 14 日”选项，并单击“确定”按钮。完成该设置后，如果在“出生日期”列下以“1981-5-7”这种相对简单的形式输入出生日期时，系统会自动的将该日期转换为“1981 年 5 月 7 日”这种中国人习惯的日期格式，从而加快了日期信息的输入速度。采用同样的方法，将 H3:H22 区域内“入职时间”列对应的单元格数据设置为中国人习惯的“年月日”日期格式。

(4) 选择“性别”所在的 C 列，单击“数据”选项卡下的“数据工具”组中的“数据有效性”命令，打开“数据有效性”对话框，在“允许”下拉列表中选择“序列”选项，在“来源”文本框中输入文字“男,女”(注意：“男”和“女”之间的逗号分隔符需半角英文逗号)，如图 2-1-4 所示。单击“确定”按钮，返回工作表，然后单击“性别”列中的任意单元格，在其右侧均会显示一个下拉按钮，在下拉列表中即可实现性别的选择输入。“学历”“部门”“职务”等列自定义下拉列表的设置与“性别”自定义下拉列表的设置方法大同小异，所不同的是“学历”选择 E 列，“来源”文本框中输入“研究生，本科，大专，中专，高中，初中”；“部门”选择 F 列，“来源”文本框中输入“机关，销售部，技术部，业务部，人事部，客服中心，后勤部，产品开发部”；“职务”选择 G 列，“来源”文本框中输入“总经理，部门经理，总工程师，工程师，技工，业务员，文员，普通员工”。(注意：以上所有“来源”输入框中的逗号一定要用半角英文逗号。)

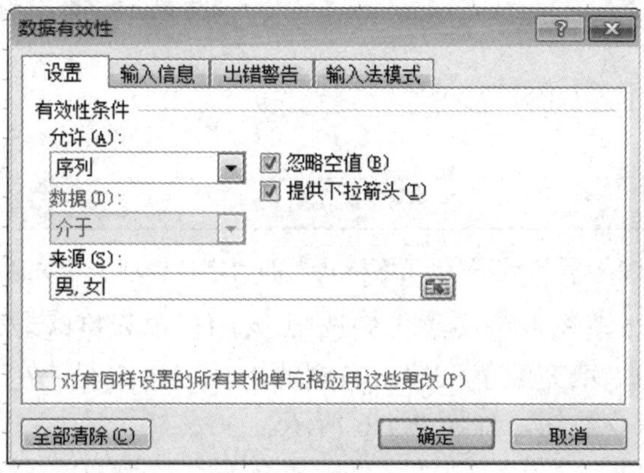

图 2-1-4　“数据有效性”对话框

(5) 先在 A3 单元格中输入“0001”，并选中 A3 单元格为活动单元格，然后将鼠标指针指向活动单元格右下角的填充柄位置，当其变为黑色“+”形状时，按住鼠标左键并向下拖动到 A22 单元格，松开鼠标左键，完成员工编号的自动填充。

(6) 完成员工其他列对应信息的输入。(其中“性别”“学历”“部门”“职务”等列内容在下拉列表中选择性输入；日期数据以“1981-5-7”这种形式输入即可。)

3. 工作表的格式设置

(1) 为整个表格数据所在的单元格区域加上框线。先选中 A1:I22 单元格区域，然后单击“开始”选项卡下的“字体”组中的“所有框线”按钮，则将 A1:I22 单元格区域加上框线。

(2) 表格标题区域的格式设置。

① 设置表格标题区域单元格“合并后居中”。先选中 A1:I1 单元格区域，然后单击“开始”选项卡下的“对齐方式”组中的“合并后居中”按钮，则将 A1:I1 单元格合并成一个单元格，并将表格的标题“员工基本信息表”居中。

② 设置表格标题行的行高。先选定表格第 1 行，然后单击“开始”选项卡的“单元格”组中的“格式”按钮，在下拉选项中选择“行高”命令，并在弹出的对话框中输入行高值“40”，最后单击“确定”按钮。

③ 设置表格标题文字格式。选定表格标题文字“员工基本信息表”，并将鼠标指针定位在选定区域，单击鼠标右键，然后在弹出的快捷菜单中选择“设置单元格格式”命令，打开如图 2-1-5 所示的“设置单元格格式”的“字体选项卡”对话框。在此对话框中选择“楷体”“字号 20”“加粗”“红色”等参数，最后单击“确定”按钮。

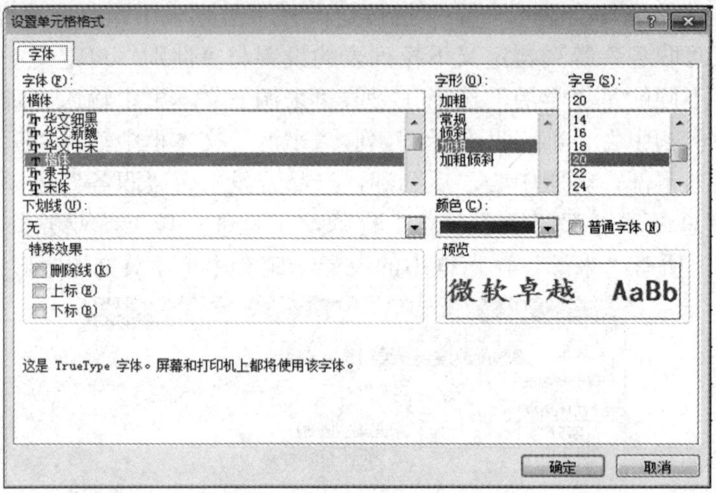

图 2-1-5　“设置单元格格式”的“字体选项卡”对话框

④ 为表格标题区域填充黄色底纹。先选中 A1:I1 单元格区域，然后单击“开始”选项卡的“字体”组中的“填充颜色”按钮右侧的下拉三角按钮，在下拉选项中选择“标准色”组中的“黄色”命令按钮，如图 2-1-6 所示。

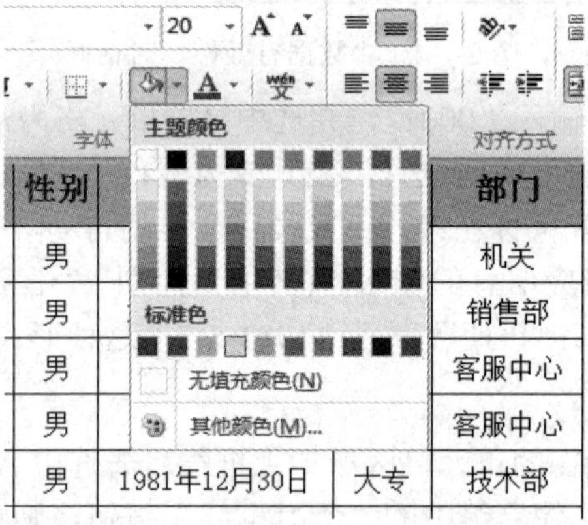

图 2-1-6　“填充颜色”对话框

(3) 表格字段区域的格式设置。

① 设置表格字段行的行高。选定表格第 2 行，将光标定位在选定的区域上，然后单击鼠标右键，在弹出的快捷菜单中选择“行高”命令，并在弹出的对话框中输入行高值“35”，最后单击“确定”按钮。

② 设置表格字段名称格式。选定表格各字段名称，选中 A2:I2 单元格区域，单击鼠标右键，在弹出的快捷菜单中选择“设置单元格格式”命令，打开“设置单元格格式”对话框，并在对话框中选择“宋体”“字号 14”“加粗”“居中对齐”等参数，最后单击“确

定”按钮。

③ 为表格字段区域填充浅绿色底纹。选中 A2:I2 单元格区域，然后单击“开始”选项卡的“字体”组中的“填充颜色”按钮右侧的下拉三角按钮，在下拉选项中选择“标准色”组中的“浅绿”命令按钮。

(4) 表格记录区的格式设置。

① 设置表格各记录行的行高。在表格行号区单击第 3 行行标，并按下鼠标左键不放，将光标拖动到第 22 行松手，则可将表格中的记录行区域选定。然后将光标放在选定的记录区域内单击鼠标右键，在弹出的快捷菜单中选择“行高”命令，再在弹出的对话框中输入行高值“25”，最后单击“确定”按钮。

② 设置表格记录区域的格式。选定 A3:I22 单元格区域，并将鼠标放在选定区域单击鼠标右键，然后在弹出的快捷菜单中选择“设置单元格格式”命令，打开“设置单元格格式”对话框，并在此对话框中选择“宋体”“字号 12”“居中对齐”等参数。最后单击“确定”按钮。

4. 保存工作簿

单击快速工具栏的“保存”按钮保存工作簿，完成“公司员工基本信息表”的制作。

任务 2.2　统计分析学生成绩并建立图表

一、任务目的

(1) 掌握 SUM、AVERAGE、COUNTIF 函数的使用方法；

(2) 掌握用填充柄拖动复制公式的方法；

(3) 掌握创建图表的方法。

二、任务内容

某学校教务处为了检查教学质量，需用 Excel 2010 软件对已有的如图 2-2-1 所示的学生成绩表进行统计分析，并建立相关图表。

	A	B	C	D	E	F
1	学生成绩表					
2	姓名	语文	数学	英语	政治	总分
3	刘志平	91	88	78	95	
4	吕秀玲	75	95	88	69	
5	王建芳	98	92	80	90	
6	赵思念	78	92	96	87	
7	廖军	68	85	78	90	
8	姚玉耀	84	91	82	88	
9	曾宪智	93	74	87	97	
10	李先俊	69	89	84	94	
11	课程平均分					
12	课程大于90的人数					

图 2-2-1　学生成绩表

要完成本项工作任务，需要进行如下操作：

(1) 用 SUM 函数计算总分。

(2) 用 AVERAGE 函数计算每门课程的平均分。

(3) 用 COUNTIF 函数统计每门课程成绩大于 90 分的人数。

(4) 以姓名为 X 轴，以语文、数学、英语、政治列为数据区域，在表的下方插入簇状柱形图。

三、操作步骤

1. 计算总分

(1) 打开素材库中的工作簿文件“学生成绩表.xlsx”，选择“学生成绩表”工作表为当前工作表。在 F3 单元格中输入公式“=SUM(B3:E3)”(注意：Excel 中所有公式中的冒号、双引号、逗号等一定要为英文标点符号)，按回车键确认后，则计算出表中第一位同学的成绩总分，如图 2-2-2 所示。

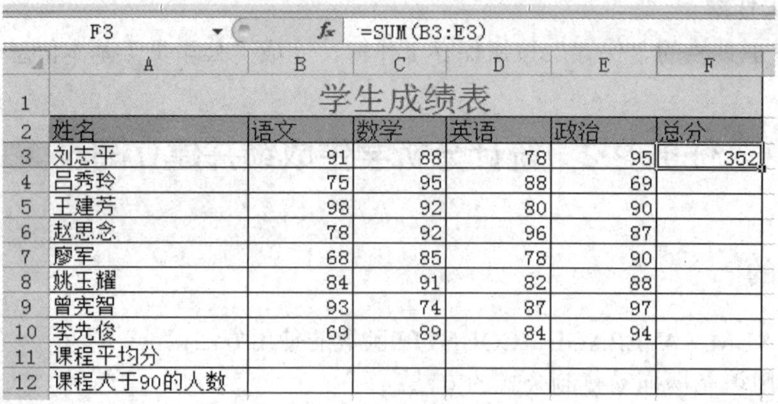

F3　=SUM(B3:E3)

	A	B	C	D	E	F
1	学生成绩表					
2	姓名	语文	数学	英语	政治	总分
3	刘志平	91	88	78	95	352
4	吕秀玲	75	95	88	69	
5	王建芳	98	92	80	90	
6	赵思念	78	92	96	87	
7	廖军	68	85	78	90	
8	姚玉耀	84	91	82	88	
9	曾宪智	93	74	87	97	
10	李先俊	69	89	84	94	
11	课程平均分					
12	课程大于90的人数					

图 2-2-2　计算总分

(2) 单击选中 F3 为活动单元格，并将光标移动到该单元格右下角。当光标变为黑色的“+”形状时，按住鼠标左键不放，向下拖动到 F10 单元格后松开，则可利用填充柄复制公式的方式自动计算出该表中所有同学的总分，如图 2-2-3 所示。

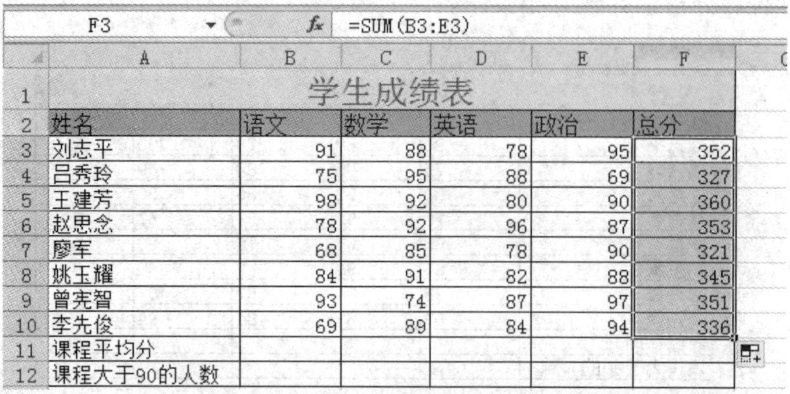

F3　=SUM(B3:E3)

	A	B	C	D	E	F
1	学生成绩表					
2	姓名	语文	数学	英语	政治	总分
3	刘志平	91	88	78	95	352
4	吕秀玲	75	95	88	69	327
5	王建芳	98	92	80	90	360
6	赵思念	78	92	96	87	353
7	廖军	68	85	78	90	321
8	姚玉耀	84	91	82	88	345
9	曾宪智	93	74	87	97	351
10	李先俊	69	89	84	94	336
11	课程平均分					
12	课程大于90的人数					

图 2-2-3　计算出所有同学的总分

2. 计算课程平均分

(1) 在 B11 单元格中输入公式“=AVERAGE(B3:B10)”，按回车键确认后，则计算出第一门课程的平均分，如图 2-2-4 所示。

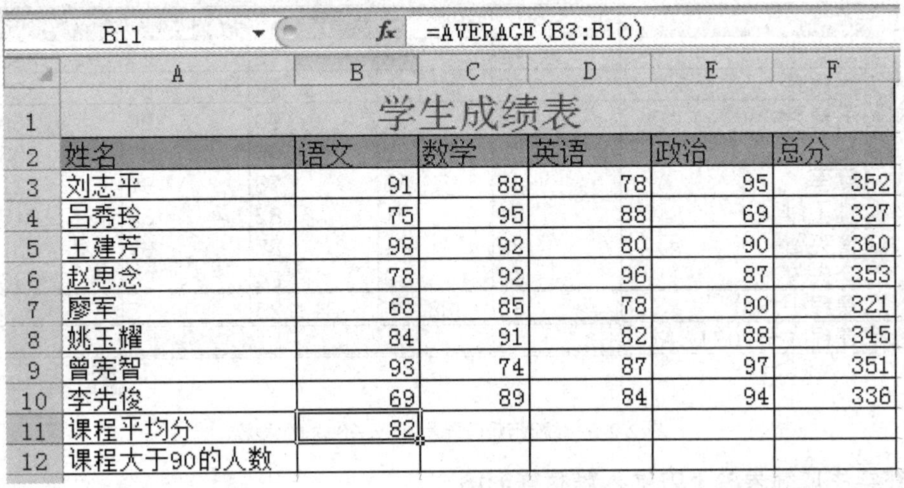
B11　=AVERAGE(B3:B10)

	A	B	C	D	E	F
1	学生成绩表					
2	姓名	语文	数学	英语	政治	总分
3	刘志平	91	88	78	95	352
4	吕秀玲	75	95	88	69	327
5	王建芳	98	92	80	90	360
6	赵思念	78	92	96	87	353
7	廖军	68	85	78	90	321
8	姚玉耀	84	91	82	88	345
9	曾宪智	93	74	87	97	351
10	李先俊	69	89	84	94	336
11	课程平均分	82				
12	课程大于90的人数					

图 2-2-4　计算课程平均分

(2) 单击选中 B11 单元格，并将光标移动到该单元格右下角。当光标变为黑色的“+”形状时，按住鼠标左键不放，向右拖动到 E11 单元格后松开，则可利用填充柄复制公式的方式自动计算出该表中所有课程的平均分。

3. 统计每门课程成绩大于 90 分的人数

(1) 在 B12 单元格中输入公式“=COUNTIF(B3:B10,">90")”，按回车键确认后，则计算出第一门课程大于 90 分的人数，如图 2-2-5 所示。

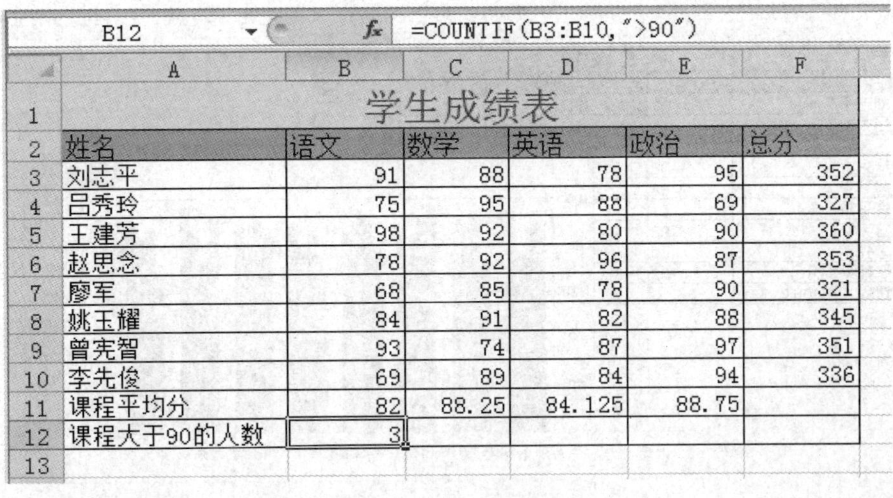
B12　=COUNTIF(B3:B10,">90")

	A	B	C	D	E	F
1	学生成绩表					
2	姓名	语文	数学	英语	政治	总分
3	刘志平	91	88	78	95	352
4	吕秀玲	75	95	88	69	327
5	王建芳	98	92	80	90	360
6	赵思念	78	92	96	87	353
7	廖军	68	85	78	90	321
8	姚玉耀	84	91	82	88	345
9	曾宪智	93	74	87	97	351
10	李先俊	69	89	84	94	336
11	课程平均分	82	88.25	84.125	88.75	
12	课程大于90的人数	3				
13						

图 2-2-5　计算课程大于 90 分的人数

(2) 单击选中 B12 单元格，并将光标移动到该单元格右下角。当光标变为黑色的“+”形状时，按住鼠标左键不放，向右拖动到 E12 单元格后松开，便可利用填充柄复制公式的方式自动计算出该表中所有课程中大于 90 分的人数。如图 2-2-6 所示。

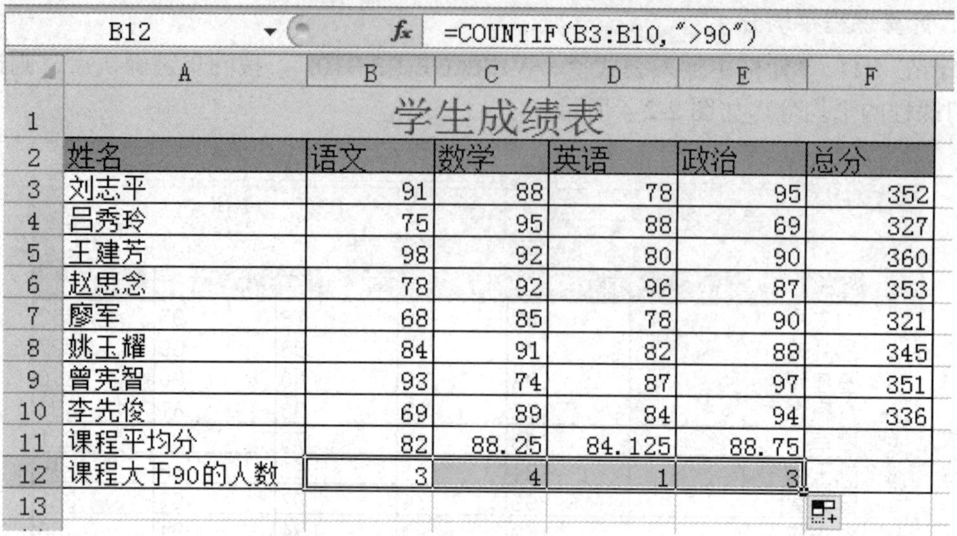

B12　=COUNTIF(B3:B10,">90")

学生成绩表					
姓名	语文	数学	英语	政治	总分
刘志平	91	88	78	95	352
吕秀玲	75	95	88	69	327
王建芳	98	92	80	90	360
赵思念	78	92	96	87	353
廖军	68	85	78	90	321
姚玉耀	84	91	82	88	345
曾宪智	93	74	87	97	351
李先俊	69	89	84	94	336
课程平均分	82	88.25	84.125	88.75	
课程大于90的人数	3	4	1	3	

图 2-2-6　统计所有课程大于 90 分的人数

4. 在学生成绩表的下方插入簇状柱形图

(1) 选中 A2:E10 单元格区域，单击“插入”选项卡的“图表”组中的“柱形图”下拉按钮，在展开的下拉选项中选择“簇状柱形图”命令按钮，则可创建以姓名为 X 轴，以语文、数学、英语、政治列为数据区域的簇状柱形图，如图 2-2-7 所示。

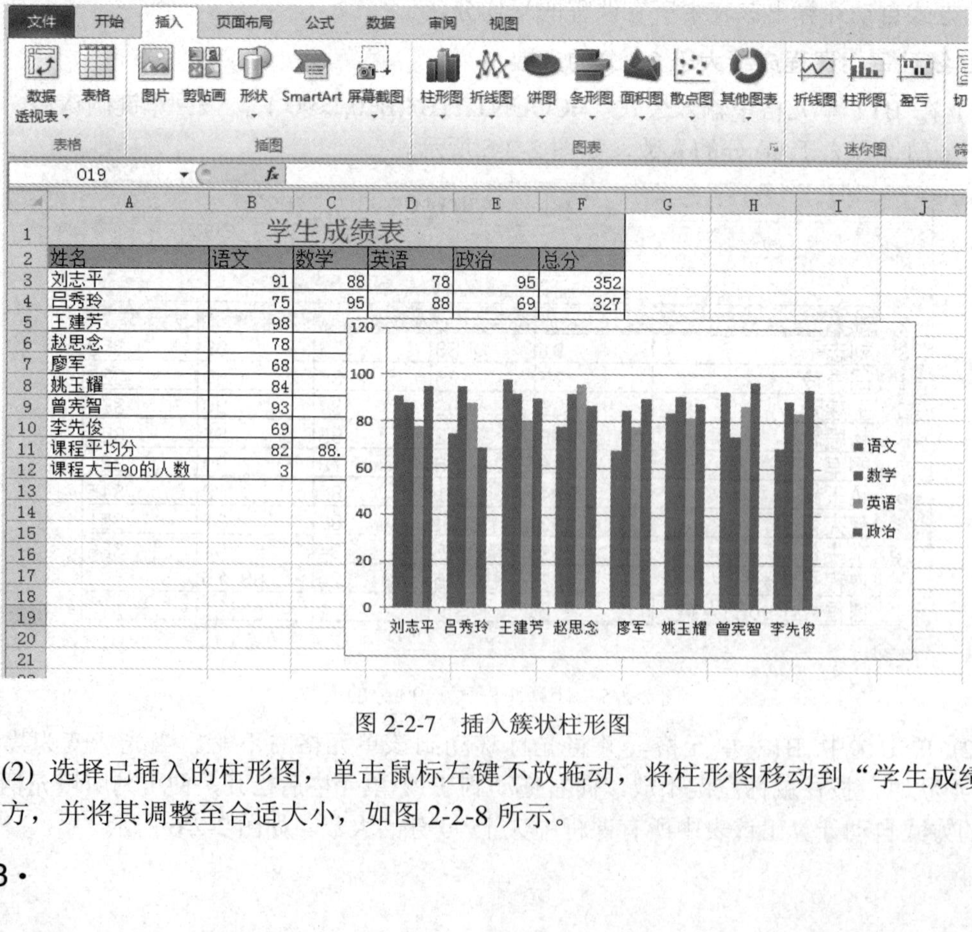

图 2-2-7　插入簇状柱形图

(2) 选择已插入的柱形图，单击鼠标左键不放拖动，将柱形图移动到“学生成绩表”的下方，并将其调整至合适大小，如图 2-2-8 所示。

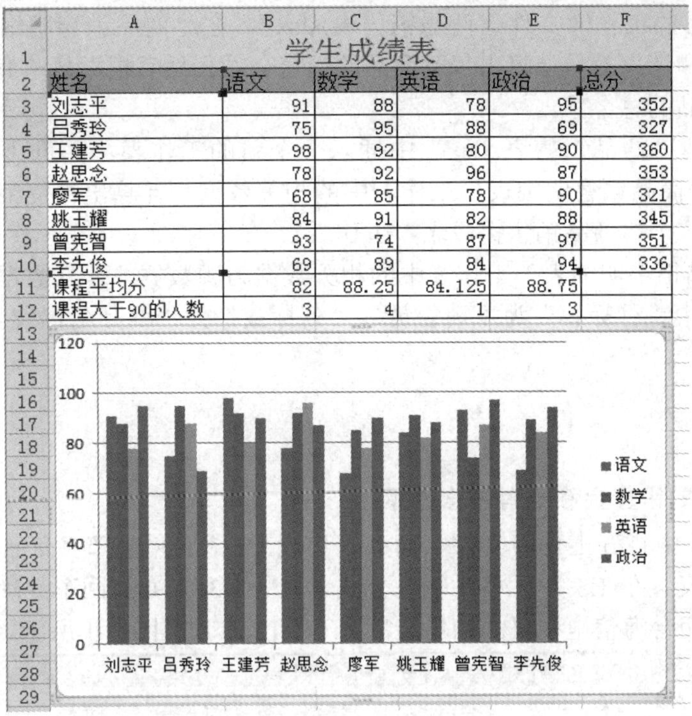

	A	B	C	D	E	F
1	学生成绩表					
2	姓名	语文	数学	英语	政治	总分
3	刘志平	91	88	78	95	352
4	吕秀玲	75	95	88	69	327
5	王建芳	98	92	80	90	360
6	赵思念	78	92	96	87	353
7	廖军	68	85	78	90	321
8	姚玉耀	84	91	82	88	345
9	曾宪智	93	74	87	97	351
10	李先俊	69	89	84	94	336
11	课程平均分	82	88.25	84.125	88.75	
12	课程大于90的人数	3	4	1	3	

图 2-2-8　图表移动到“学生成绩表”下方

5. 保存工作簿

单击快速工具栏的“保存”按钮保存工作簿，完成统计分析学生成绩并建立图表的操作。

任务 2.3　建立商品销售提成表

一、任务目的

(1) 掌握 SUM、SUMIF 函数的使用方法；

(2) 掌握在公式运算中引用多表单元格地址的方法；

(3) 掌握数据透视表的创建和设置方法；

(4) 掌握数据透视图的创建方法。

二、任务内容

某商场为了核算销售人员的销售提成，需用 Excel 2010 软件并利用已有的工作簿文件“商品销售表.xlsx”中相关的商品销售数据，按照 10%的标准建立“商品销售提成表”工作表。并利用数据透视表及数据透视图对各销售员销售的各种商品的销售金额等数据进行透视分析。

要完成本项工作任务，需要进行如下操作：

(1) 打开已有的工作簿文件“商品销售表.xlsx”，在“商品销售明细表”工作表中，根据商品的单价和销售数量计算出每笔商品的销售金额。然后根据每笔商品的销售金额统计出所有销售商品的总金额。

(2) 在工作簿“商品销售表.xlsx”中插入一个新的工作表，并重命名为“销售提成表”。通过引用“商品销售明细表”工作表中的相关数据，计算出每位销售人员的销售提成额，从而建立一个“商品销售提成表”工作表。

(3) 以“商品销售明细表”工作表中的相关数据为源数据，建立数据透视表和数据透视图，在透视表中“行标签”为“销售员”，“列标签”为“商品名称”，求和项为“销售金额”。

三、操作步骤

1. 计算商品的销售金额及销售总金额

(1) 在素材库中打开工作簿文件“商品销售表.xlsx”，并选择“商品销售明细表”工作表为当前工作表。在 E3 单元格中输入公式“=C3*D3”，并按回车键确认，则可计算出第一笔销售商品两台海信电视机的销售金额为 6100 元，如图 2-3-1 所示。

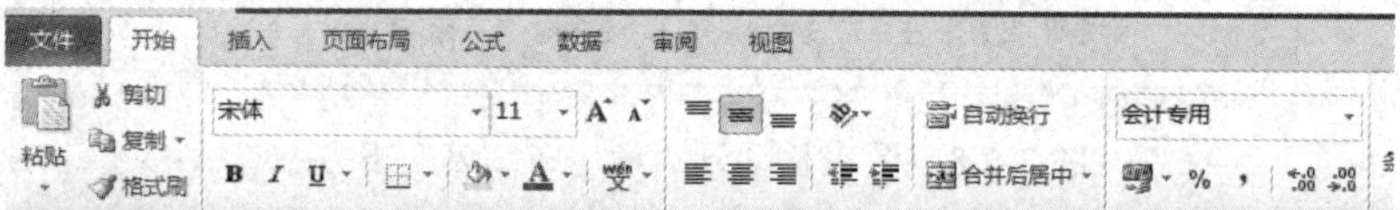

泰阳电器商城商品销售明细表

商品名称	规格型号	单价（元）	数量	销售金额（元）	销售员
电视机	海信H50E3A	¥ 3,050.00	2	¥ 6,100.00	张先军
电冰箱	海尔BCD-190WDPT	¥ 2,800.00	3		刘华生
空调器	格力KFR-35GW	¥ 3,000.00	5		吕丹阳
电饭煲	美的MB-FS4006	¥ 328.00	4		李俊敏
电风扇	艾美特CS35-R2	¥ 269.00	10		张先军
电热水器	海尔EC6991-GC	¥ 1,099.00	6		吕丹阳
电热水器	万家乐D60-H111B	¥ 698.00	5		刘华生
电冰箱	容声BCD-529WD11HP	¥ 3,299.00	2		张先军
电冰箱	西门子BCD-610W(KA92NV	¥ 7,188.00	1		李俊敏
电视机	康佳LED32E330C	¥ 749.00	6		李俊敏
电视机	长虹55D2S	¥ 1,699.00	2		刘华生
电视机	创维43X6	¥ 1,349.00	3		刘华生
电饭煲	苏泊尔CFXB40HC3T-120	¥ 398.00	4		张先军
电饭煲	大松GDCF-20X60C	¥ 1,298.00	2		张先军
电饭煲	九阳JYF-30FE08	¥ 139.00	8		吕丹阳
空调器	格力KFR-55GWF	¥ 4,800.00	2		吕丹阳
空调器	科龙KFR-50LW/EFLVA1	¥ 4,399.00	3		李俊敏
空调器	美的KFR-51LW/BP2DY-H	¥ 3,980.00	2		刘华生
电热水器	海尔ES60H-C6	¥ 4,100.00	3		李俊敏
电热水器	樱花DSZF-Y2501-60	¥ 3,000.00	2		张先军
电热水器	樱花DSZF-Y2501-60	¥ 3,000.00	6		李俊敏
电风扇	美的FT40-3F	¥ 88.00	10		刘华生
电风扇	美的FS40-A3F	¥ 120.00	15		吕丹阳
销售总金额：					

图 2-3-1 计算“销售金额”

(2) 单击选中 E3 单元格，并将光标移动到该单元格右下角。当光标变为黑色的“+”形状时，按住鼠标左键不放，使用填充柄向下拖动到 E25 单元格，则可自动计算出该表中每笔销售商品的销售金额。

(3) 在 B26 单元格中输入公式“=SUM(E3:E25)”，按回车键确认后，则可统计出该表中所有已销售商品的销售总金额，如图 2-3-2 所示。

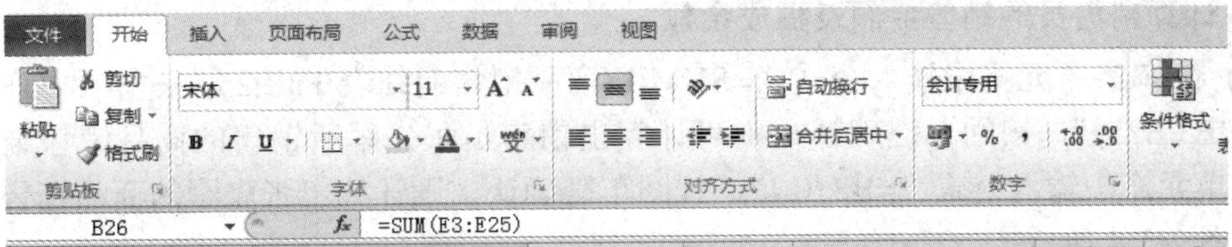

	A	B	C	D	E	F
1	泰阳电器商城商品销售明细表					
2	商品名称	规格型号	单价（元）	数量	销售金额（元）	销售员
3	电视机	海信H50E3A	¥ 3,050.00	2	¥ 6,100.00	张先军
4	电冰箱	海尔BCD-190WDPT	¥ 2,800.00	3	¥ 8,400.00	刘华生
5	空调器	格力KFR-35GW	¥ 3,000.00	5	¥ 15,000.00	吕丹阳
6	电饭煲	美的MB-FS4006	¥ 328.00	4	¥ 1,312.00	李俊敏
7	电风扇	艾美特CS35-R2	¥ 269.00	10	¥ 2,690.00	张先军
8	电热水器	海尔EC6991-GC	¥ 1,099.00	6	¥ 6,594.00	吕丹阳
9	电热水器	万家乐D60-H111B	¥ 698.00	5	¥ 3,490.00	刘华生
10	电冰箱	容声BCD-529WD11HP	¥ 3,299.00	2	¥ 6,598.00	张先军
11	电冰箱	西门子BCD-610W(KA92NV	¥ 7,188.00	1	¥ 7,188.00	李俊敏
12	电视机	康佳LED32E330C	¥ 749.00	6	¥ 4,494.00	李俊敏
13	电视机	长虹55D2S	¥ 1,699.00	2	¥ 3,398.00	刘华生
14	电视机	创维43X6	¥ 1,349.00	3	¥ 4,047.00	刘华生
15	电饭煲	苏泊尔CFXB40HC3T-120	¥ 398.00	4	¥ 1,592.00	张先军
16	电饭煲	大松GDCF-20X60C	¥ 1,298.00	2	¥ 2,596.00	张先军
17	电饭煲	九阳JYF-30FE08	¥ 139.00	8	¥ 1,112.00	吕丹阳
18	空调器	格力KFR-55GWF	¥ 4,800.00	2	¥ 9,600.00	吕丹阳
19	空调器	科龙KFR-50LW/EFLVA1	¥ 4,399.00	3	¥ 13,197.00	李俊敏
20	空调器	美的KFR-51LW/BP2DY-H	¥ 3,980.00	2	¥ 7,960.00	刘华生
21	电热水器	海尔ES60H-C6	¥ 4,100.00	3	¥ 12,300.00	李俊敏
22	电热水器	樱花DSZF-Y2501-60	¥ 3,000.00	2	¥ 6,000.00	张先军
23	电热水器	樱花DSZF-Y2501-60	¥ 3,000.00	6	¥ 18,000.00	李俊敏
24	电风扇	美的FT40-3F	¥ 88.00	10	¥ 880.00	刘华生
25	电风扇	美的FS40-A3F	¥ 120.00	15	¥ 1,800.00	吕丹阳
26	销售总金额：	¥ 144,348.00				
27						

图 2-3-2　计算“销售总金额”

2. 在工作簿“商品销售表.xlsx”中新建一个“销售提成表”

(1) 鼠标右键单击工作簿“商品销售表.xlsx”中的“商品销售明细表”工作表标签，在弹出的快捷菜单中选择“插入”命令，并在弹出的“插入”对话框中选择“工作表”选项，然后单击“确认”按钮则插入一个标签名为“Sheet2”工作表。

(2) 鼠标右键单击“Sheet2”工作表标签，在弹出的快捷菜单中选择“重命名”命令，并在弹出的“重命名”对话框中输入文字“销售提成表”，则新建一个名为“销售提成表”的工作表。

(3) 在“销售提成表”工作表的 A1:C1 单元格区域输入表格标题文字“商品销售提成表”，在 A2:C2 单元格区域输入字段名“销售员姓名”“销售金额”“提成金额”，在 A3:A6 单元格区域输入销售员姓名“张先军”“刘华生”“吕丹阳”“李俊敏”，如图 2-3-3 所示。

	A	B	C
1	商品销售提成表		
2	销售员姓名	销售金额	提成金额
3	张先军		
4	刘华生		
5	吕丹阳		
6	李俊敏		
7			

图 2-3-3　商品销售提成表

3. 计算销售员的销售金额及提成金额

(1) 在 B3 单元格中输入公式“=SUMIF(商品销售明细表!F3:F25,"张先军", 商品销售明细表!E3:E25)”，按回车键确认，则可计算出销售员张先军所销售的商品销售金额。再在 C3 单元格中输入公式“=B3*0.1”，按回车键确认，则计算出张先军的商品销售提成金额，如图 2-3-4 所示。

图 2-3-4 计算“销售金额”及“提成金额”

(2) 在 B4 单元格中输入公式“=SUMIF(商品销售明细表!F3:F25,"刘华生",商品销售明细表!E3:E25)”，按回车键确认，则计算出销售员刘华生的商品销售金额。

(3) 在 B5 单元格中输入公式“=SUMIF(商品销售明细表!F3:F25,"吕丹阳",商品销售明细表!E3:E25)”，按回车键确认，则计算出销售员吕丹阳的商品销售金额。

(4) 在 B6 单元格中输入公式“=SUMIF(商品销售明细表!F3:F25,"李俊敏",商品销售明细表!E3:E25)”，按回车键确认，则可计算出销售员李俊敏的商品销售金额。

(5) 单击选中“C3”单元格，并将光标移动到该单元格右下角。当光标变为黑色的“+”形状时，按住鼠标左键不放，使用填充柄向下拖动到 C6 单元格，则自动计算出该表中所有销售员的“提成金额”，如图 2-3-5 所示。

图 2-3-5 计算所有销售员的提成金额

4. 建立数据透视表和数据透视图

(1) 单击“商品销售明细表”工作表标签，使其成为当前工作表。选中工作表中的 A2:F25 单元格区域，然后单击“插入”选项卡的“表格”组的“数据透视表”下拉按钮，在展开的下拉选项中单击“数据透视表”命令，即打开“创建数据透视表”对话框。在该对话框的“表/区域”编辑框中可看到选择的数据源区域，并在“选择放置数据透视表的位置”选项下选择“新工作表”选项，如图 2-3-6 所示。

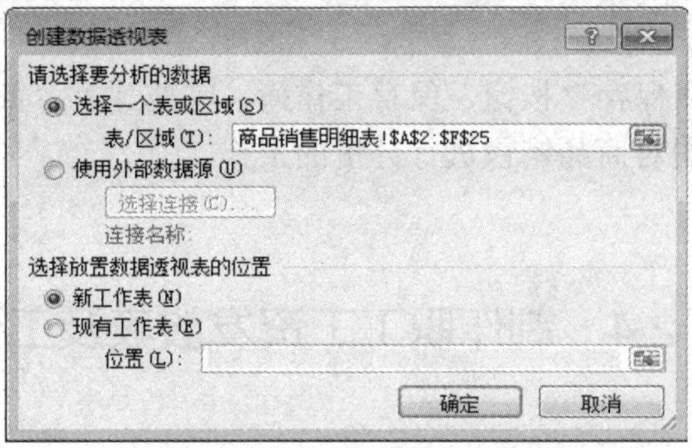

图 2-3-6　创建数据透视表

(2) 单击“确定”按钮，则在新建的工作表中显示出数据透视表框架，同时在功能区弹出“数据透视表工具|选项/设计”选项卡和在表格右侧弹出“数据透视表字段列表”窗格。将该工作表重命名为“商品销售分析表”。

(3) 在“数据透视表字段列表”窗格，设置“行标签”为“销售员”，“列标签”为“商品名称”，并将“销售金额”字段拖动到数值区域，默认数值“求和”，可看到数据透视表根据字段的设置显示出的统计结果，如图 2-3-7 所示。

求和项:销售金额（元）	列标签						
行标签	电冰箱	电饭煲	电风扇	电热水器	电视机	空调器	总计
李俊敏	7188	1312		30300	4494	13197	56491
刘华生	8400		880	3490	7445	7960	28175
吕丹阳		1112	1800	6594		24600	34106
张先军	6598	4188	2690	6000	6100		25576
总计	**22186**	**6612**	**5370**	**46384**	**18039**	**45757**	**144348**

图 2-3-7　数据透视表

(4) 在数据透视表中单击任一单元格，然后单击“数据透视表工具”的“选项”选项卡上“工具”组的“数据透视图”按钮，打开“插入图表”对话框。在此对话框中选择“柱形图”类别中的“簇状柱形图”选项。

(5) 单击“确定”按钮，则在“商品销售分析表”中插入数据透视图，如图 2-3-8 所示。

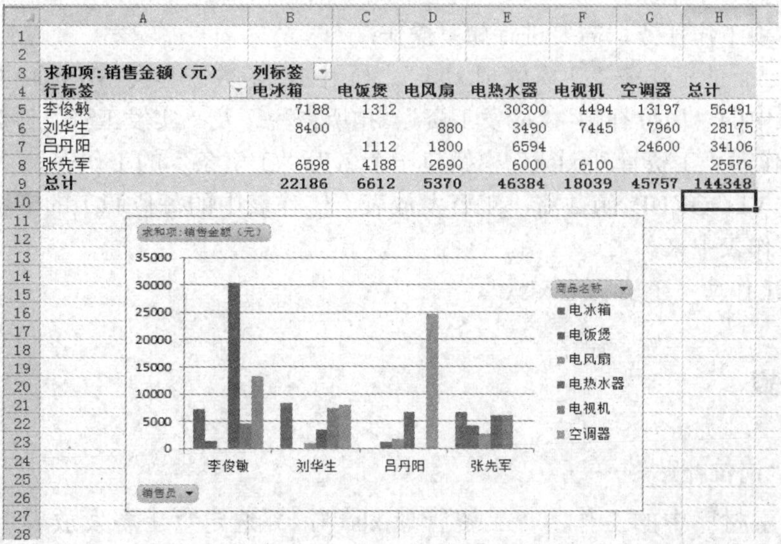

图 2-3-8　插入数据透视图

5. 保存工作簿

单击快速工具栏的“保存”按钮，保存工作簿，完成建立“商品销售提成表”及利用数据透视表及数据透视图对商品销售进行分析的工作。

任务 2.4　制作职工工资发放表及工资条

一、任务目的

(1) 掌握 SUM、IF、NOW、VLOOKUP 函数的使用方法；
(2) 掌握公式的使用方法；
(3) 理解并掌握相对地址与绝对地址的使用方法。

二、任务内容

某高校财务处每个月均需使用 Excel 2010 软件制作职工工资发放表及工资条。工资发放表包括了工号、姓名、岗位、基本工资、岗位补贴、应发工资、扣所得税、实发工资等栏目。其中岗位补贴的计算方法：专业技术岗位为其基本工资的 15%；行政管理岗位为其基本工资的 13%；工勤岗位为其基本工资的 12%；个人所得税的计算方法：个税起征点为 3500 元；应纳税所得额不超过 1500 元的，税率为 3%，速算扣除数为 0；超过 1500 元至 4500 元的部分，税率为 10%，速算扣除数为 105；超过 4500 元至 9000 元的部分，税率为 20%，速算扣除数为 555；超过 9000 元的部分，税率为 25%，速算扣除数为 1005。

要完成本项工作任务，需要进行如下操作：

(1) 打开已有的工作簿“工资管理.xlsx”。利用 IF 函数嵌套及 SUM 函数将“工资发放表”工作表中的“岗位补贴”“应发工资”“扣所得税”及“实发工资”计算出来。

(2) 在工作簿“工资管理.xlsx”中新建一个名为“工资条”的工作表。

(3) 使用 VLOOKUP 函数将“工资发放表”工作表中的每位职工的工资信息引用到“工资条”工作表中来。

(4) 保存工作簿“工资管理.xlsx”。

三、操作步骤

1. 计算“岗位补贴”

(1) 打开素材库中的工作簿“工资管理.xlsx”，并选定“工资发放表”为当前工作表，如图 2-4-1 所示。

工号	姓名	岗位	基本工资	岗位补贴	应发工资	扣所得税	实发工资
001	王宏达	专业技术	¥ 6,800.00				
002	赵国庆	工勤	¥ 4,200.00				
003	谢敦强	行政管理	¥ 5,000.00				
004	陈双雄	行政管理	¥ 6,700.00				
005	吕凡阳	专业技术	¥ 9,800.00				
006	曾国俊	专业技术	¥ 12,000.00				
007	刘烊烊	专业技术	¥ 7,600.00				
008	杨宝华	工勤	¥ 6,000.00				
009	孙强	工勤	¥ 4,500.00				
010	李学明	专业技术	¥ 10,000.00				
011	邓湘强	行政管理	¥ 8,600.00				
012	邵耀武	专业技术	¥ 7,000.00				
013	姚成华	专业技术	¥ 4,700.00				
014	钱守家	专业技术	¥ 16,000.00				
015	罗来福	专业技术	¥ 6,200.00				
016	肖哲成	行政管理	¥ 4,300.00				
017	朱军梅	行政管理	¥ 8,900.00				
018	雷小军	工勤	¥ 3,600.00				
019	屈润熙	专业技术	¥ 6,500.00				
020	文黎明	专业技术	¥ 4,800.00				

图 2-4-1　工资发放表

(2) 在 E3 单元格中输入公式“=IF(C3="专业技术",D3*0.15,IF(C3="行政管理", D3*0.13, D3*0.12))”，按回车键确认，则计算出第一位职工的岗位补贴，如图 2-4-2 所示。

工号	姓名	岗位	基本工资	岗位补贴	应发工资	扣所得税	实发工资
001	王宏达	专业技术	¥ 6,800.00	¥ 1,020.00			
002	赵国庆	工勤	¥ 4,200.00				
003	谢敦强	行政管理	¥ 5,000.00				
004	陈双雄	行政管理	¥ 6,700.00				
005	吕凡阳	专业技术	¥ 9,800.00				
006	曾国俊	专业技术	¥ 12,000.00				
007	刘烊烊	专业技术	¥ 7,600.00				
008	杨宝华	工勤	¥ 6,000.00				
009	孙强	工勤	¥ 4,500.00				
010	李学明	专业技术	¥ 10,000.00				
011	邓湘强	行政管理	¥ 8,600.00				
012	邵耀武	专业技术	¥ 7,000.00				
013	姚成华	专业技术	¥ 4,700.00				
014	钱守家	专业技术	¥ 16,000.00				
015	罗来福	专业技术	¥ 6,200.00				
016	肖哲成	行政管理	¥ 4,300.00				
017	朱军梅	行政管理	¥ 8,900.00				
018	雷小军	工勤	¥ 3,600.00				
019	屈润熙	专业技术	¥ 6,500.00				
020	文黎明	专业技术	¥ 4,800.00				

图 2-4-2　计算岗位补贴

(3) 单击选中“E3”单元格，并将光标移动到该单元格右下角。当光标变为黑色的“+”形状时，按住鼠标左键不放，使用填充柄向下拖动到 E22 单元格，则利用复制公式方式自动计算出所有职工的岗位补贴。

2. 计算“应发工资”

(1) 在 F3 单元格中输入公式“=SUM(D3:E3)”，按回车键确认，则计算出第一位职工的“应发工资”。

(2) 单击选中 F3 单元格，并将光标移动到该单元格右下角。当光标变为黑色的“+”形状时，按住鼠标左键不放，使用填充柄向下拖动到 F22 单元格，则利用复制公式方式自动计算出所有职工的“应发工资”。

3. 计算“扣所得税”

(1) 在 G3 单元格中输入公式 “=IF(F3<3500,0,IF(F3-3500<1500,(F3-3500)*0.03,IF(F3-3500<4500,(F3-3500)*0.1-105,IF(F3-3500<9000,(F3-3500)*0.2-555,(F3-3500)*0.25-1005))))”，按回车键确认，则计算出第一位职工的“扣所得税”。如图 2-4-3 所示。

G3 =IF(F3<3500,0,IF(F3-3500<1500,(F3-3500)*0.03,IF(F3-3500<4500,(F3-3500)*0.1-105,IF(F3-35

工资发放表							
工号	姓名	岗位	基本工资	岗位补贴	应发工资	扣所得税	实发工资
001	王宏达	专业技术	¥ 6,800.00	¥ 1,020.00	¥ 7,820.00	¥ 327.00	
002	赵国庆	工勤	¥ 4,200.00	¥ 504.00	¥ 4,704.00		
003	谢敦强	行政管理	¥ 5,000.00	¥ 650.00	¥ 5,650.00		
004	陈双雄	行政管理	¥ 6,700.00	¥ 871.00	¥ 7,571.00		
005	吕凡阳	专业技术	¥ 9,800.00	¥ 1,470.00	¥11,270.00		
006	曾国俊	专业技术	¥ 12,000.00	¥ 1,800.00	¥13,800.00		
007	刘烊烊	专业技术	¥ 7,600.00	¥ 1,140.00	¥ 8,740.00		
008	杨宝华	工勤	¥ 6,000.00	¥ 720.00	¥ 6,720.00		
009	孙强	工勤	¥ 4,500.00	¥ 540.00	¥ 5,040.00		
010	李学明	专业技术	¥ 10,000.00	¥ 1,500.00	¥11,500.00		
011	邓湘强	行政管理	¥ 8,600.00	¥ 1,118.00	¥ 9,718.00		
012	邵耀武	专业技术	¥ 7,000.00	¥ 1,050.00	¥ 8,050.00		
013	姚成华	专业技术	¥ 4,700.00	¥ 705.00	¥ 5,405.00		
014	钱守家	专业技术	¥ 16,000.00	¥ 2,400.00	¥18,400.00		
015	罗来福	专业技术	¥ 6,200.00	¥ 930.00	¥ 7,130.00		
016	肖哲成	行政管理	¥ 4,300.00	¥ 559.00	¥ 4,859.00		
017	朱军梅	行政管理	¥ 8,900.00	¥ 1,157.00	¥10,057.00		
018	雷小军	工勤	¥ 3,600.00	¥ 432.00	¥ 4,032.00		
019	屈润熙	专业技术	¥ 6,500.00	¥ 975.00	¥ 7,475.00		
020	文黎明	专业技术	¥ 4,800.00	¥ 720.00	¥ 5,520.00		

图 2-4-3　计算“扣所得税”

(2) 单击选中 G3 单元格，并将光标移动到该单元格右下角。当光标变为黑色的“+”形状时，按住鼠标左键不放，使用填充柄向下拖动到 G22 单元格，则利用复制公式方式自动计算出所有职工的“扣所得税”。

4. 计算“实发工资”

(1) 在 H3 单元格中输入公式“=F3-G3”，按回车键确认，则计算出第一位职工的“实发工资”。

(2) 单击选中 H3 单元格，并将光标移动到该单元格右下角。当光标变为黑色的“+”形状时，按住鼠标左键不放，使用填充柄向下拖动到 H22 单元格，则利用复制公式方式自动计算出所有职工的“实发工资”，如图 2-4-4 所示。

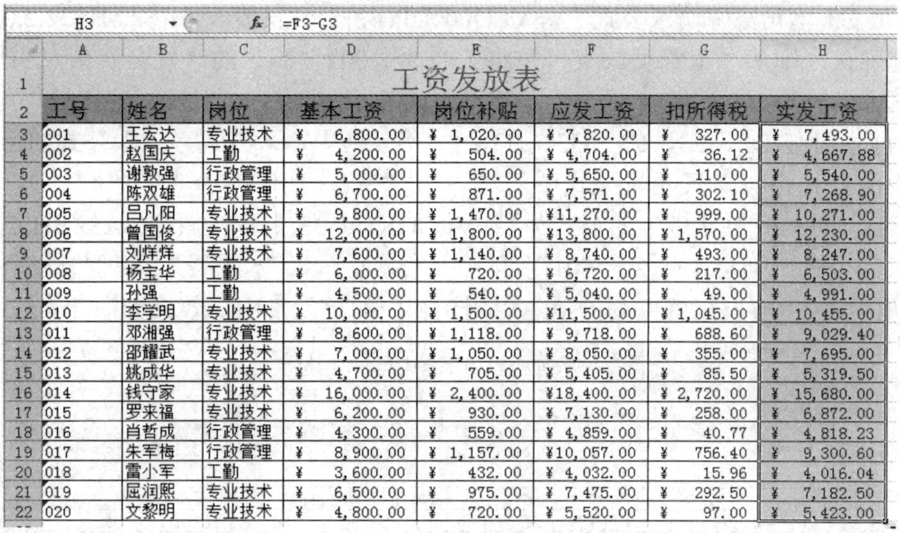

H3 =F3-G3

	A	B	C	D	E	F	G	H
1	工资发放表							
2	工号	姓名	岗位	基本工资	岗位补贴	应发工资	扣所得税	实发工资
3	001	王宏达	专业技术	¥ 6,800.00	¥ 1,020.00	¥ 7,820.00	¥ 327.00	¥ 7,493.00
4	002	赵国庆	工勤	¥ 4,200.00	¥ 504.00	¥ 4,704.00	¥ 36.12	¥ 4,667.88
5	003	谢敦强	行政管理	¥ 5,000.00	¥ 650.00	¥ 5,650.00	¥ 110.00	¥ 5,540.00
6	004	陈双雄	行政管理	¥ 6,700.00	¥ 871.00	¥ 7,571.00	¥ 302.10	¥ 7,268.90
7	005	吕凡阳	专业技术	¥ 9,800.00	¥ 1,470.00	¥11,270.00	¥ 999.00	¥ 10,271.00
8	006	曾国俊	专业技术	¥ 12,000.00	¥ 1,800.00	¥13,800.00	¥ 1,570.00	¥ 12,230.00
9	007	刘烊烊	专业技术	¥ 7,600.00	¥ 1,140.00	¥ 8,740.00	¥ 493.00	¥ 8,247.00
10	008	杨宝华	工勤	¥ 6,000.00	¥ 720.00	¥ 6,720.00	¥ 217.00	¥ 6,503.00
11	009	孙强	工勤	¥ 4,500.00	¥ 540.00	¥ 5,040.00	¥ 49.00	¥ 4,991.00
12	010	李学明	专业技术	¥ 10,000.00	¥ 1,500.00	¥11,500.00	¥ 1,045.00	¥ 10,455.00
13	011	邓湘强	行政管理	¥ 8,600.00	¥ 1,118.00	¥ 9,718.00	¥ 688.60	¥ 9,029.40
14	012	邵耀武	专业技术	¥ 7,000.00	¥ 1,050.00	¥ 8,050.00	¥ 355.00	¥ 7,695.00
15	013	姚成华	专业技术	¥ 4,700.00	¥ 705.00	¥ 5,405.00	¥ 85.50	¥ 5,319.50
16	014	钱守家	专业技术	¥ 16,000.00	¥ 2,400.00	¥18,400.00	¥ 2,720.00	¥ 15,680.00
17	015	罗来福	专业技术	¥ 6,200.00	¥ 930.00	¥ 7,130.00	¥ 258.00	¥ 6,872.00
18	016	肖哲成	行政管理	¥ 4,300.00	¥ 559.00	¥ 4,859.00	¥ 40.77	¥ 4,818.23
19	017	朱军梅	行政管理	¥ 8,900.00	¥ 1,157.00	¥10,057.00	¥ 756.40	¥ 9,300.60
20	018	雷小军	工勤	¥ 3,600.00	¥ 432.00	¥ 4,032.00	¥ 15.96	¥ 4,016.04
21	019	屈润熙	专业技术	¥ 6,500.00	¥ 975.00	¥ 7,475.00	¥ 292.50	¥ 7,182.50
22	020	文黎明	专业技术	¥ 4,800.00	¥ 720.00	¥ 5,520.00	¥ 97.00	¥ 5,423.00

图 2-4-4 计算“实发工资”

5. 新建“工资条”工作表

单击“工资发放表”工作表右侧的“插入工作表”按钮，然后鼠标右击“sheet2”工作表标签，在弹出的快捷菜单中选择“重命名”命令，在弹出的对话框中并输入文字“工资条”，则新建一个名为“工资条”的工作表。

6. 制作工资条

(1) 选定“工资条”工作表为当前工作表，在 A1:I2 单元格区域中输入工资条相应的标题和栏目名称，然后选中 A1:I2 单元格区域，单击“开始”选项卡“字体”组中的“所有框线”按钮，则为 A1:I2 单元格区域加上框线。

(2) 选中 A1:I1 单元格区域，单击“开始”选项卡的“对齐方式”组中的“合并后居中”按钮，则将 A1:I1 单元格合并成一个单元格，并将工资条的标题“工资条”居中，效果如图 2-4-5 所示。

A3

	A	B	C	D	E	F	G	H	I
1	工资条								
2	月份	工号	姓名	岗位	基本工资	岗位补贴	应发工资	扣所得税	实发工资
3									
4									
5									
6									
7									
8									

工资发放表 工资条

图 2-4-5 工资条效果图

(3) 将光标定位于 A3 单元格，然后单击鼠标右键，在弹出的“设置单元格格式”对话框中将 A3 单元格的格式设置为“日期 2001 年 3 月”，并在 A3 单元格中输入公式“=NOW()”，然后按回车键确认，则在 A3 单元格中显示当前日期。

(4) 将光标定位于 B3 单元格，然后单击鼠标右键，在弹出的“设置单元格格式”对话框中将 B3 单元格的格式设置为“文本”，并在 B3 单元格中输入工号“001”。

(5) 在 C3 单元格中输入公式 “=VLOOKUP(B3,工资发放表!$A$2:$H$22,2,0)”，然后按回车键确认，则从“工资发放表”中将工号为“001”职工的“姓名”信息引用到“工资条”工作表的 C3 单元格中。

(6) 再分别在 D3、E3、F3、G3、H3、I3 单元格中输入公式，输入公式的格式与 C3 单元格中的公式相似，只要将公式中的第 3 个参数分别修改为“3”“4”“5”“6”“7”“8”即可，如：I3 单元格中的公式为“=VLOOKUP(B3,工资发放表!$A$2:$H$22,8,0)”。分别输入完公式后则将工号为“001”职工的“岗位”“基本工资”“岗位补贴”“应发工资”“扣所得税”“实发工资”列的信息引用到相应的单元格中，效果如图 2-4-6 所示。

I3　　*fx*　=VLOOKUP(B3,工资发放表!$A$2:$H$22,8,0)

工资管理.xlsx

	A	B	C	D	E	F	G	H	I
1	工资条								
2	月份	工号	姓名	岗位	基本工资	岗位补贴	应发工资	扣所得税	实发工资
3	2019年10月	001	王宏达	专业技术	6800	1020	7820	327	7493
4									

图 2-4-6　工资条各列信息引用效果图

(7) 选中“工资条”工作表的 A1:I3 单元格区域，将鼠标移动到该单元格区域的右下角。当光标变成黑色“+”形状时，按住鼠标左键不放，拖动至 60 行，即可得到所有职工的工资条，如图 2-4-7 所示。

工资管理.xlsx

	A	B	C	D	E	F	G	H	I
1	工资条								
2	月份	工号	姓名	岗位	基本工资	岗位补贴	应发工资	扣所得税	实发工资
3	2019年10月	001	王宏达	专业技术	6800	1020	7820	327	7493
4	工资条								
5	月份	工号	姓名	岗位	基本工资	岗位补贴	应发工资	扣所得税	实发工资
6	2019年10月	002	赵国庆	工勤	4200	504	4704	36.12	4667.88
7	工资条								
8	月份	工号	姓名	岗位	基本工资	岗位补贴	应发工资	扣所得税	实发工资
9	2019年10月	003	谢敦强	行政管理	5000	650	5650	110	5540
10	工资条								
11	月份	工号	姓名	岗位	基本工资	岗位补贴	应发工资	扣所得税	实发工资
12	2019年10月	004	陈双雄	行政管理	6700	871	7571	302.1	7268.9
13	工资条								
14	月份	工号	姓名	岗位	基本工资	岗位补贴	应发工资	扣所得税	实发工资
15	2019年10月	005	吕凡阳	专业技术	9800	1470	11270	999	10271
16	工资条								
17	月份	工号	姓名	岗位	基本工资	岗位补贴	应发工资	扣所得税	实发工资
18	2019年10月	006	曾国俊	专业技术	12000	1800	13800	1570	12230
19	工资条								
20	月份	工号	姓名	岗位	基本工资	岗位补贴	应发工资	扣所得税	实发工资
21	2019年10月	007	刘烊烊	专业技术	7600	1140	8740	493	8247
22	工资条								
23	月份	工号	姓名	岗位	基本工资	岗位补贴	应发工资	扣所得税	实发工资
24	2019年10月	008	杨宝华	工勤	6000	720	6720	217	6503
25	工资条								
26	月份	工号	姓名	岗位	基本工资	岗位补贴	应发工资	扣所得税	实发工资
27	2019年10月	009	孙强	工勤	4500	540	5040	49	4991
28	工资条								
29	月份	工号	姓名	岗位	基本工资	岗位补贴	应发工资	扣所得税	实发工资

工资发放表　工资条　sheet3

图 2-4-7　制作好的工资条

7. 保存工作簿

单击快速工具栏的“保存”按钮保存工作簿，完成工资发放表及工资条的制作。

任务 2.5　师资结构信息的统计与分析

一、任务目的

(1) 掌握 AVERAGE、MAX、MIN、COUNTA、COUNTIF 函数的使用方法；

(2) 掌握引用多表单元格地址的方法；

(3) 掌握数据透视表的创建和设置方法。

二、任务内容

某高校人事处为了优化信息工程系的师资队伍结构，需使用 Excel 2010 软件在工作簿“信息工程系人员基本情况表.xlsx”中对该系现有人员的学历层次、职称及年龄情况进行统计、分析，以便科学配备师资。

要完成本项工作任务，需要进行如下操作：

(1) 在工作簿“信息工程系人员基本情况表.xlsx”的“信息工程系师资结构信息表”工作表中，分别使用 COUNTA、MAX、MIN 及 AVERAGE 函数通过引用本工作簿中的“信息工程系人员基本情况表”工作表中的相关数据，计算出“总人数”“最大年龄”“最小年龄”及“平均年龄”等数据。

(2) 使用 COUNTIF 函数分别统计出不同性别、各学历层次及各职称级别的人数。

(3) 以“信息工程系人员基本情况表”工作表中的相关数据为源数据，建立数据透视表。在透视表中将“行标签”设置为“姓名”,“列标签”设置为“学历”、“报表筛选”设置为“性别”和“职称”,“数值项”设置为“学历”。

三、操作步骤

1. 打开工作簿

打开素材库中的工作簿“信息工程系人员基本情况表.xlsx”，该工作簿包含了“信息工程系人员基本情况表”及“信息工程系师资结构信息表”工作表，分别如图 2-5-1、图 2-5-2 所示。

	A	B	C	D	E	F
1	信息工程系人员基本情况表					
2	职工号	姓名	性别	年龄	学历	职称
3	001	赵红斌	男	56	博士	教授
4	002	刘发军	男	32	硕士	讲师
5	003	吕丹	女	24	本科	助教
6	004	王国华	男	50	本科	副教授
7	005	易春秀	女	40	硕士	副教授
8	006	李晶晶	女	46	硕士	教授
9	007	曾宜红	男	54	本科	副教授
10	008	姚成功	男	30	本科	讲师
11	009	彭兴平	男	36	本科	讲师
12	010	陈超	男	37	硕士	副教授
13	011	肖金国	男	52	本科	副教授
14	012	许超俊	男	35	硕士	副教授
15	013	王晓萍	女	30	博士	讲师
16	014	邓丽芳	女	58	本科	副教授
17	015	廖志辉	男	26	硕士	助教
18	016	夏明	男	23	本科	助教
19	017	龚惠	女	48	硕士	教授
20	018	苏国君	男	41	硕士	教授
21	019	申锦群	男	33	博士	副教授
22	020	祝小明	男	44	硕士	副教授

图 2-5-1　信息工程系人员基本情况表

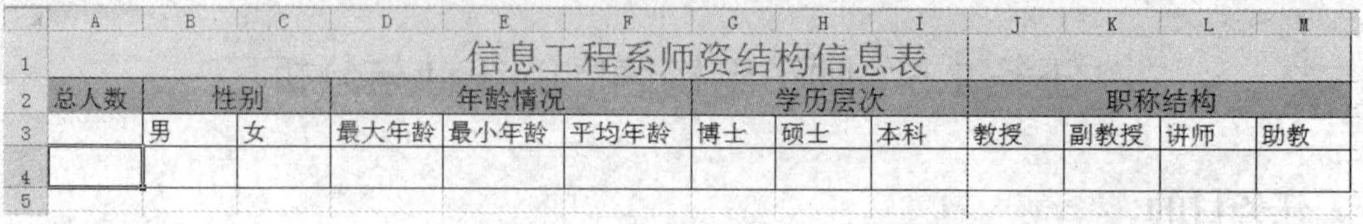

信息工程系师资结构信息表												
总人数	性别		年龄情况			学历层次			职称结构			
	男	女	最大年龄	最小年龄	平均年龄	博士	硕士	本科	教授	副教授	讲师	助教

图 2-5-2 信息工程系师资结构信息表

2. 统计总人数

选择“信息工程系师资结构信息表”为当前工作表，在 A4 单元格中输入公式“=COUNTA(信息工程系人员基本情况表!C3:C22)”，按回车键确认，则计算出总人数并显示在 A4 单元格中，如图 2-5-3 所示。

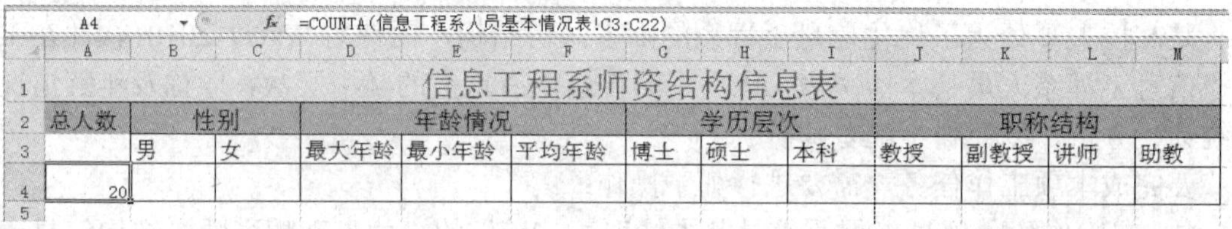

A4 =COUNTA(信息工程系人员基本情况表!C3:C22)

信息工程系师资结构信息表												
总人数	性别		年龄情况			学历层次			职称结构			
	男	女	最大年龄	最小年龄	平均年龄	博士	硕士	本科	教授	副教授	讲师	助教
20												

图 2-5-3 计算总人数

3. 统计不同性别的人数

(1) 在 B4 单元格中输入公式“=COUNTIF(信息工程系人员基本情况表!C3:C22，"男")”，按回车键确认，则计算出男性的人数并显示在 B4 单元格中。

(2) 在 C4 单元格中输入公式“=COUNTIF(信息工程系人员基本情况表!C3:C22，"女")”，按回车键确认，则计算出女性的人数并显示在 C4 单元格中。

4. 统计最大、最小和平均年龄值

(1) 在 D4 单元格中输入公式“=MAX(信息工程系人员基本情况表!D3:D22)”，按回车键确认，则计算出最大年龄的值并显示在 D4 单元格中。

(2) 在 E4 单元格中输入公式“=MIN(信息工程系人员基本情况表!D3:D22)”，按回车键确认，则计算出最小年龄的值并显示在 E4 单元格中。

(3) 在 F4 单元格中输入公式“=AVERAGE(信息工程系人员基本情况表!D3:D22)”，按回车键确认，则计算出平均年龄的值并显示在 F4 单元格中。

5. 统计不同学历层次的人数

(1) 在 G4 单元格中输入公式“=COUNTIF(信息工程系人员基本情况表!E3:E22,"博士")”，按回车键确认，则计算出博士学历的人数并显示在 G4 单元格中。

(2) 在 H4 单元格中输入公式“=COUNTIF(信息工程系人员基本情况表!E3:E22,"硕士")”，按回车键确认，则计算出硕士学历的人数并显示在 H4 单元格中。

(3) 在 I4 单元格中输入公式“=COUNTIF(信息工程系人员基本情况表!E3:E22,"本科")”，按回车键确认，则计算出本科学历的人数并显示在 I4 单元格中。

6. 统计不同职称的人数

(1) 在 J4 单元格中输入公式“=COUNTIF(信息工程系人员基本情况表!F3:F22,"教授")”，按回车键确认，则可计算出职称为教授的人数并显示在 J4 单元格中。

(2) 在 K4 单元格中输入公式“=COUNTIF(信息工程系人员基本情况表!F3:F22,"副教授")”，按回车键确认，则计算出职称为副教授的人数并显示在 K4 单元格中。

(3) 在 L4 单元格中输入公式“=COUNTIF(信息工程系人员基本情况表!F3:F22,"讲师")”，按回车键确认，则计算出职称为讲师的人数并显示在 L4 单元格中。

(4) 在 M4 单元格中输入公式“=COUNTIF(信息工程系人员基本情况表!F3:F22,"助教")”，按回车键确认，则可计算出职称为助教的人数并显示在 M4 单元格中。

至此，“信息工程系师资结构信息表”中的信息已全部统计完毕，如图 2-5-4 所示。

M4　=COUNTIF(信息工程系人员基本情况表!F3:F22,"助教")

	A	B	C	D	E	F	G	H	I	J	K	L	M
1	信息工程系师资结构信息表												
2	总人数	性别		年龄情况			学历层次			职称结构			
3		男	女	最大年龄	最小年龄	平均年龄	博士	硕士	本科	教授	副教授	讲师	助教
4	20	14	6	58	23	39.8	3	9	8	4	9	4	3
5													

图 2-5-4　信息工程系师资结构信息表

7. 建立数据透视表

(1) 单击“信息工程系人员基本情况表”工作表标签，使其成为当前工作表。选中工作表中的 A2:F22 单元格区域，然后单击“插入”选项卡的“表格”组的“数据透视表”下拉按钮，在展开的下拉选项中单击“数据透视表”命令按钮，打开“创建数据透视表”对话框。在该对话框的“表/区域”编辑框中可看到选择的数据源区域，并在“选择放置数据透视表的位置”选项下选择“新工作表”选项，如图 2-5-5 所示。

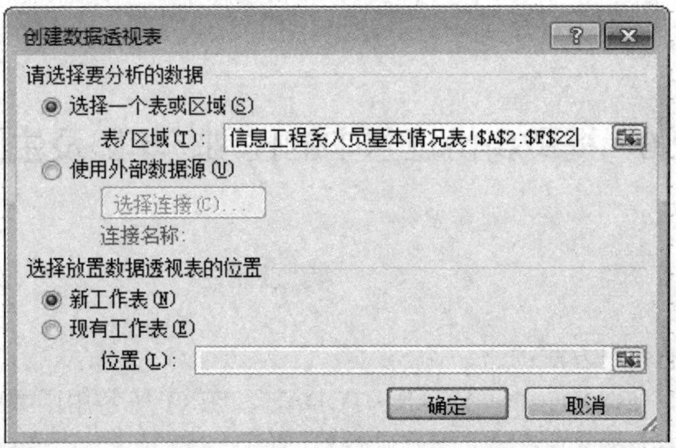

图 2-5-5　“创建数据透视表”对话框

(2) 单击“确定”按钮，则在新建的工作表中显示数据透视表框架，将该工作表重命名为“信息工程系师资结构分析表”。

(3) 在弹出的“数据透视表字段列表”窗格中设置行标签为“姓名”，列标签为“学历”，报表筛选为“性别”和“职称”，并将“学历”字段拖动到数值区域，即可看到数据透视表根据字段的设置显示出的统计分析结果，如图 2-5-6 所示。

	A	B	C	D	E
1	性别	(全部)			
2	职称	(全部)			
3					
4	计数项:学历	列标签			
5	行标签	本科	博士	硕士	总计
6	曾宜红	1			1
7	陈超			1	1
8	邓丽芳	1			1
9	龚惠			1	1
10	李晶晶			1	1
11	廖志辉			1	1
12	刘发军			1	1
13	吕丹	1			1
14	彭兴平	1			1
15	申锦群		1		1
16	苏国君			1	1
17	王国华	1			1
18	王晓萍		1		1
19	夏明	1			1
20	肖金国	1			1
21	许超俊			1	1
22	姚成功	1			1
23	易春秀			1	1
24	赵红斌		1		1
25	祝小明			1	1
26	**总计**	**8**	**3**	**9**	**20**
27					

图 2-5-6　数据透视表

8. 保存工作簿

单击快速工具栏的“保存”按钮保存工作簿，完成信息工程系师资结构的统计与分析操作。

任务 2.6　提取身份证号中的性别、年龄及生日信息

一、任务目的

(1) 掌握公式的使用方法；
(2) 掌握 MID、ISODD、IF、YEAR、TODAY、TEXT 等常用函数的使用；
(3) 掌握利用填充柄复制公式的操作；
(4) 掌握单元格地址在公式和函数中的引用。

二、任务内容

我国公民的身份证号码是由 18 位数字组成，它们包含了号码本人的一些基本信息，前六位包含的是地区信息，第 7～14 位是生日信息，第 15～16 位是所在地派出所编码，第 17 位是性别信息，最后一位是校检码。某某公司在用 Excel 2010 软件制作“员工信息

登记表”时，需从员工已知的身份证号中快速提取性别、年龄及生日信息。“员工信息登记表”样文如图 2-6-1 所示。

员工信息登记表						
员工编号	姓名	身份证号码	性别	年龄	出生日期	学历
0001	李晨辉	430402198105073017				研究生
0002	吕冠琛	430403198407291013				研究生
0003	关俊民	430403198108081031				本科
0004	曾丝华	430403198909031010				本科
0005	张辰哲	430404198112300053				大专
0006	孙娜	430426199310142724				大专
0007	丁怡瑾	430402198207183523				研究生
0008	蔡少娜	430426198312058868				研究生
0009	刘小杰	431121198211173845				本科
0010	肖羽雅	431021199412015981				大专
0011	刘军	430321199001274556				中专
0012	齐萌	430403198901242040				大专
0013	郑浩	430423198407218212				研究生
0014	陈芳芳	430406198707301026				本科
0015	韩世伟	430482198310070051				研究生
0016	赵玉涵	43040819810107201x				研究生
0017	何军	430424199006267238				本科
0018	郑丽君	43042219821215866x				本科
0019	罗益美	430407198503090580				本科
0020	张天阳	430405198304142117				本科

图 2-6-1 “员工信息登记表”样文

要完成本项工作任务，需要进行如下操作：

(1) 使用 Excel 中的 MID、ISODD、IF 函数提取身份证号码中的性别信息。身份证号码中第 17 位数字是性别信息，偶数表示“女性”，奇数表示“男性”。因此，先需要用功能为截取字符串的 MID 函数将第 17 位数字提取出来，再用功能为判断其参数是否为奇数的 ISODD 函数判断数字的奇偶性，最后用条件 IF 函数判断出性别。

(2) 使用 Excel 中的 YEAR、TODAY、MID 函数提取身份证号码中的年龄信息。身份证号码中第 7～10 位数字代表出生年份，先用显示当前日期的 TODAY 函数返回当前日期，再用显示当前年份的 YEAR 函数返回当前日期对应的年份，最后用当前年份减去用 MID 函数截取的身份证号中代表出生年份的第 7～10 位数便可得到年龄信息。

(3) 使用 Excel 中的 TEXT、MID 函数提取身份证号码中的生日信息。身份证号码中第 7～14 位数字代表出生年月日，先用功能为截取字符串的 MID 函数将第 7～14 位数字提取出来，再用功能为将数值转化为文本的 TEXT 函数将 8 位表示出生年月日的数字转换成“0000 年 00 月 00 日”的日期格式即可。

三、操作步骤

1. 打开工作表

打开素材库中的工作簿文件“员工信息登记表.xlsx”，并选择该工作簿文件中的“员工信息登记表”表为当前工作表，如图 2-6-2 所示。

员工编号	姓名	身份证号码	性别	年龄	出生日期	学历
0001	李晨辉	430402198105073017				研究生
0002	吕冠琛	430403198407291013				研究生
0003	关俊民	430403198108081031				本科
0004	曾丝华	430403198909031010				本科
0005	张辰哲	430404198112300053				大专
0006	孙娜	430426199310142724				大专
0007	丁怡瑾	430402198207183523				研究生
0008	蔡少娜	430426198312058868				研究生
0009	刘小杰	431121198211173845				本科
0010	肖羽雅	431021199412015981				大专
0011	刘军	430321199001274556				中专
0012	齐萌	430403198901242040				大专
0013	郑浩	430423198407218212				研究生
0014	陈芳芳	430406198707301026				本科
0015	韩世伟	430482198310070051				研究生
0016	赵玉涵	43040819810107201x				研究生
0017	何军	430424199006267238				本科
0018	郑丽君	43042219821215866x				本科
0019	罗益美	430407198503090580				本科
0020	张天阳	430405198304142117				本科

图 2-6-2　员工信息登记表

2. 自动填充“性别”信息

(1) 选择 D3 单元格为活动单元格，并在公式编辑栏中输入公式“=IF(ISODD(MID(C3,17,1)),"男","女")”，如图 2-6-3 所示。按回车键确认公式输入，则在 D3 单元格中显示出“0001”号员工的性别。

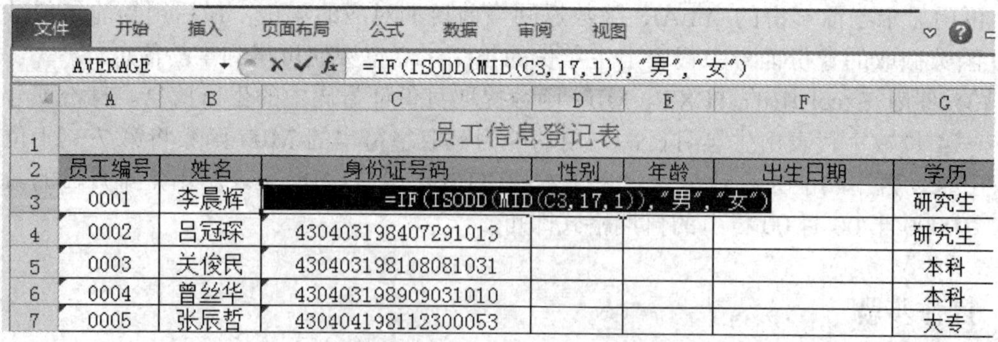

员工编号	姓名	身份证号码	性别	年龄	出生日期	学历
0001	李晨辉	=IF(ISODD(MID(C3,17,1)),"男","女")				研究生
0002	吕冠琛	430403198407291013				研究生
0003	关俊民	430403198108081031				本科
0004	曾丝华	430403198909031010				本科
0005	张辰哲	430404198112300053				大专

图 2-6-3　公式编辑栏输入提取性别公式

(2) 单击选中 D3 单元格，并将光标移动到该单元格右下角。当光标变为黑色的“+”形状时，按住鼠标左键不放，使用填充柄向下拖动到 D22 单元格，利用复制公式方式自动填充所有员工的性别，如图 2-6-4 所示。

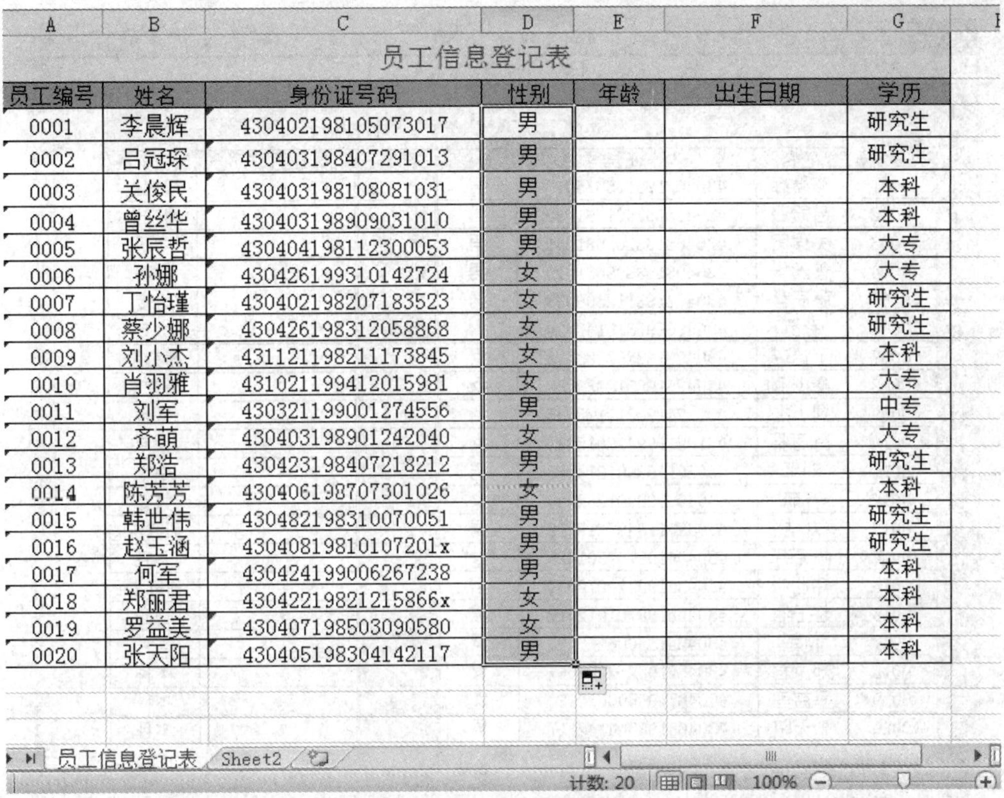

员工信息登记表						
员工编号	姓名	身份证号码	性别	年龄	出生日期	学历
0001	李晨辉	430402198105073017	男			研究生
0002	吕冠琛	430403198407291013	男			研究生
0003	关俊民	430403198108081031	男			本科
0004	曾丝华	430403198909031010	男			本科
0005	张辰哲	430404198112300053	男			大专
0006	孙娜	430426199310142724	女			大专
0007	丁怡瑾	430402198207183523	女			研究生
0008	蔡少娜	430426198312058868	女			研究生
0009	刘小杰	431121198211173845	女			本科
0010	肖羽雅	431021199412015981	女			大专
0011	刘军	430321199001274556	男			中专
0012	齐萌	430403198901242040	女			大专
0013	郑浩	430423198407218212	男			研究生
0014	陈芳芳	430406198707301026	女			本科
0015	韩世伟	430482198310070051	男			研究生
0016	赵玉涵	43040819810107201x	男			研究生
0017	何军	430424199006267238	男			本科
0018	郑丽君	43042219821215866x	女			本科
0019	罗益美	430407198503090580	女			本科
0020	张天阳	430405198304142117	男			本科

图 2-6-4 自动填充员工性别

3. 填充“年龄”信息

(1) 自动选择 E3 单元格为活动单元格，并在公式编辑栏中输入公式“=YEAR (TODAY())-MID(C3,7,4)”，如图 2-6-5 所示。按回车键确认公式输入，则在 E3 单元格中显示出“0001”号员工的年龄。

员工信息登记表						
员工编号	姓名	身份证号码	性别	年龄	出生日期	学历
0001	李晨辉	430402198105073017	男	=YEAR(TODAY())-MID(C		研究生
0002	吕冠琛	430403198407291013	男			研究生
0003	关俊民	430403198108081031	男			本科
0004	曾丝华	430403198909031010	男			本科
0005	张辰哲	430404198112300053	男			大专
0006	孙娜	430426199310142724	女			大专
0007	丁怡瑾	430402198207183523	女			研究生
0008	蔡少娜	430426198312058868	女			研究生

图 2-6-5 输入提取年龄公式

(2) 单击选中 E3 单元格，并将光标移动到该单元格右下角。当光标变为黑色的“+”形状时，按住鼠标左键不放，使用填充柄向下拖动到 E22 单元格，利用复制公式方式自动填充所有员工的年龄，如图 2-6-6 所示。

E3　=YEAR(TODAY())-MID(C3,7,4)

员工信息登记表						
员工编号	姓名	身份证号码	性别	年龄	出生日期	学历
0001	李晨辉	430402198105073017	男	38		研究生
0002	吕冠琛	430403198407291013	男	35		研究生
0003	关俊民	430403198108081031	男	38		本科
0004	曾丝华	430403198909031010	男	30		本科
0005	张辰哲	430404198112300053	男	38		大专
0006	孙娜	430426199310142724	女	26		大专
0007	丁怡瑾	430402198207183523	女	37		研究生
0008	蔡少娜	430426198312058868	女	36		研究生
0009	刘小杰	431121198211173845	女	37		本科
0010	肖羽雅	431021199412015981	女	25		大专
0011	刘军	430321199001274556	男	29		中专
0012	齐萌	430403198901242040	女	30		大专
0013	郑浩	430423198407218212	男	35		研究生
0014	陈芳芳	430406198707301026	女	32		本科
0015	韩世伟	430482198310070051	男	36		研究生
0016	赵玉涵	43040819810107201x	男	38		研究生
0017	何军	430424199006267238	男	29		本科
0018	郑丽君	43042219821215866x	女	37		本科
0019	罗益美	430407198503090580	女	34		本科
0020	张天阳	430405198304142117	男	36		本科

平均值: 33.8　计数: 20　求和: 676

图 2-6-6　自动填充员工年龄

4. 自动填充“出生日期”信息

(1) 选择 F3 单元格为活动单元格，并在公式编辑栏中输入公式“=TEXT(MID(C3,7,8),"0000 年 00 月 00 日")”，如图 2-6-7 所示。按回车键确认公式输入，则在 F3 单元格中显示出“0001”号员工的出生日期。

AVERAGE　=TEXT(MID(C3,7,8),"0000年00月00日")

员工信息登记表						
员工编号	姓名	身份证号码	性别	年龄	出生日期	学历
0001	李晨辉	430402198105073017	=TEXT(MID(C3,7,8),"0000年00月00日")			
0002	吕冠琛	430403198407291013	男	35		研究生
0003	关俊民	430403198108081031	男	38		本科
0004	曾丝华	430403198909031010	男	30		本科
0005	张辰哲	430404198112300053	男	38		大专
0006	孙娜	430426199310142724	女	26		大专
0007	丁怡瑾	430402198207183523	女	37		研究生
0008	蔡少娜	430426198312058868	女	36		研究生
0009	刘小杰	431121198211173845	女	37		本科
0010	肖羽雅	431021199412015981	女	25		大专
0011	刘军	430321199001274556	男	29		中专

图 2-6-7　输入提取生日公式

(2) 单击选中 F3 单元格，并将光标移动到该单元格右下角。当光标变为黑色的“+”形状时，按住鼠标左键不放，使用填充柄向下拖动到 F22 单元格，利用复制公式方式自动填充所有员工的出生日期，如图 2-6-8 所示。

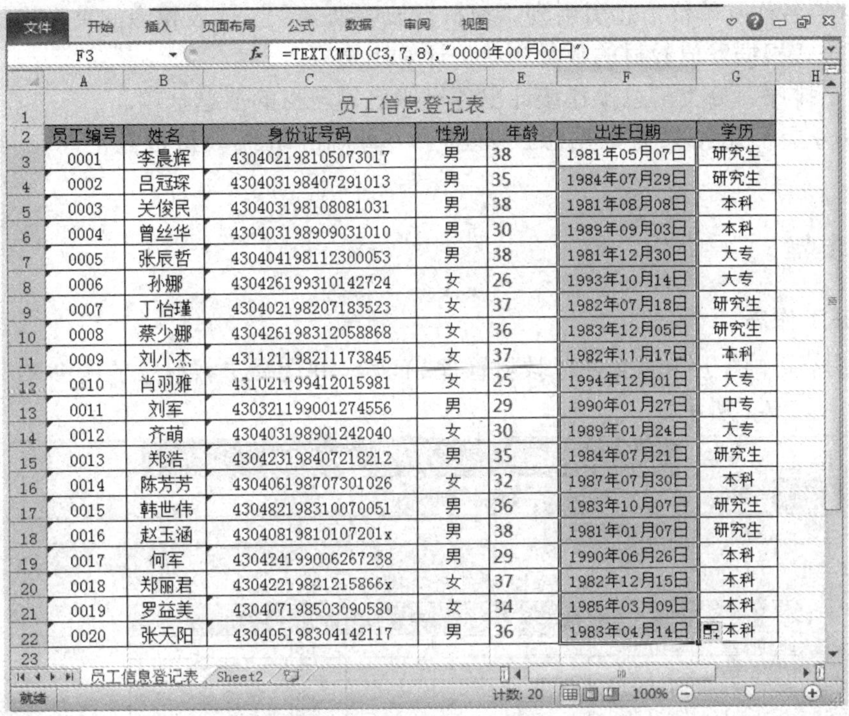

员工编号	姓名	身份证号码	性别	年龄	出生日期	学历
0001	李晨辉	430402198105073017	男	38	1981年05月07日	研究生
0002	吕冠琛	430403198407291013	男	35	1984年07月29日	研究生
0003	关俊民	430403198108081031	男	38	1981年08月08日	本科
0004	曾丝华	430403198909031010	男	30	1989年09月03日	本科
0005	张辰哲	430404198112300053	男	38	1981年12月30日	大专
0006	孙娜	430426199310142724	女	26	1993年10月14日	大专
0007	丁怡瑾	430402198207183523	女	37	1982年07月18日	研究生
0008	蔡少娜	430426198312058868	女	36	1983年12月05日	研究生
0009	刘小杰	431121198211173845	女	37	1982年11月17日	本科
0010	肖羽雅	431021199412015981	女	25	1994年12月01日	大专
0011	刘军	430321199001274556	男	29	1990年01月27日	中专
0012	齐萌	430403198901242040	女	30	1989年01月24日	大专
0013	郑浩	430423198407218212	男	35	1984年07月21日	研究生
0014	陈芳芳	430406198707301026	女	32	1987年07月30日	本科
0015	韩世伟	430482198310070051	男	36	1983年10月07日	研究生
0016	赵玉涵	43040819810107201x	男	38	1981年01月07日	研究生
0017	何军	430424199006267238	男	29	1990年06月26日	本科
0018	郑丽君	43042219821215866x	女	37	1982年12月15日	本科
0019	罗益美	430407198503090580	女	34	1985年03月09日	本科
0020	张天阳	430405198304142117	男	36	1983年04月14日	本科

图 2-6-8　自动填充员工出生日期

5. 保存工作簿

单击快速工具栏的“保存”按钮保存工作簿，完成利用 Excel 2010 公式及函数从员工已知的身份证号中快速提取性别、年龄及生日信息的操作。

任务 2.7　统计各班级教材费并建立图表

一、任务目的

(1) 掌握 VLOOKUP 函数的使用方法；
(2) 掌握排序及分类汇总的方法；
(3) 掌握图表的创建与编辑方法。

二、任务内容

某高校财务处为了核算各班级的教材费用，需教材科用 Excel 2010 软件并借助于已有的工作簿“教材管理.xlsx”中的“教材发放明细表”工作表及其他相关工作表对各班的教材费用进行统计，并建立相应的图表。

要完成本项工作任务，需要进行如下操作：

(1) 在工作簿文件“教材管理.xlsx”的“教材发放明细表”工作表中使用纵向查找与引用函数 VLOOKUP，以“教材编号”为查询值从“教材编号对照表”工作表中将所有已发放教材的名称及单价信息引用到“教材发放明细表”工作表相应的单元格中。

(2) 用公式根据发放教材的数量和单价计算出金额。

(3) 利用排序、分类汇总操作统计出各班级已领教材的汇总金额。

(4) 以分类汇总结果为数据源，创建一个直观的班级教材金额汇总三维簇状柱形图表。

三、操作步骤

1. 打开工作表

打开素材库中的工作簿文件“教材管理.xlsx”，并选择“教材发放明细表”作为当前工作表，如图 2-7-1 所示。

教材发放明细表					
班级	教材编号	教材名称	单价	数量	金额（元）
183护理1	BH-0001			58	
183护理1	BH-0002			58	
183护理1	BH-0003			58	
183护理1	BH-0004			58	
183护理1	BH-0005			58	
183护理1	BH-0006			58	
183护理1	BH-0007			58	
183护理1	BH-0008			58	
183护理1	BH-0009			58	
183护理1	BH-0010			58	
183护理1	BH-0011			58	
183护理1	BH-0012			58	
183护理1	BH-0013			58	
183护理3	BH-0006			60	
183护理3	BH-0012			60	
183护理3	BH-0002			60	
183护理3	BH-0001			60	
183护理3	BH-0009			60	
183护理3	BH-0004			60	
183护理3	BH-0013			60	
183护理3	BH-0008			60	
183护理3	BH-0007			60	
183护理3	BH-0011			60	

图 2-7-1　教材发放明细表

2. 自动填充“教材名称”信息

(1) 在“教材发放明细表”工作表的 C3 单元格中输入公式“=VLOOKUP(B3,教材编号对照表!$A$3:$C$15,2,0)”并按回车键确认，则从如图 2-7-2 所示的“教材编号对照表”工作表的 B3 单元格中将教材编号为“BH-0001”对应的教材名称“内科护理学”显示在“教材发放明细表”工作表的 C3 单元格中，如图 2-7-3 所示。

教材编号与名称对照表		
教材编号	教材名称	单价（元）
BH-0001	内科护理学	¥ 56.00
BH-0002	外科护理学	¥ 32.00
BH-0003	儿科护理学	¥ 41.00
BH-0004	妇产科护理学	¥ 38.00
BH-0005	病理学	¥ 52.00
BH-0006	人体解剖学	¥ 46.00
BH-0007	生理学	¥ 39.00
BH-0008	药理学	¥ 28.00
BH-0009	中医基础	¥ 27.00
BH-0010	基础护理学	¥ 34.00
BH-0011	马克思主义哲学	¥ 29.00
BH-0012	英语	¥ 25.00
BH-0013	计算机应用基础	¥ 26.00

图 2-7-2 “教材编号对照表”工作表

=VLOOKUP(B3,教材编号对照表!$A$3:$C$15,2,0)

教材发放明细表					
班级	教材编号	教材名称	单价	数量	金额（元）
183护理1	BH-0001	内科护理学		58	
183护理1	BH-0002			58	
183护理1	BH-0003			58	
183护理1	BH-0004			58	
183护理1	BH-0005			58	
183护理1	BH-0006			58	
183护理1	BH-0007			58	
183护理1	BH-0008			58	
183护理1	BH-0009			58	
183护理1	BH-0010			58	
183护理1	BH-0011			58	
183护理1	BH-0012			58	
183护理1	BH-0013			58	
183护理3	BH-0006			60	
183护理3	BH-0012			60	
183护理3	BH-0002			60	
183护理3	BH-0001			60	
183护理3	BH-0009			60	
183护理3	BH-0004			60	
183护理3	BH-0013			60	
183护理3	BH-0008			60	
183护理3	BH-0007			60	
183护理3	BH-0011			60	

图 2-7-3 显示教材名称“内科护理学”

(2) 单击选中“教材发放明细表”工作表的 C3 单元格，并将光标移动到该单元格右下角。当光标变为黑色的“+”形状时，按住鼠标左键不放，使用填充柄向下拖动到 C67 单元格，则自动填充所有已发放教材编号所对应的教材名称。

3. 自动填充“单价”信息

(1) 在“教材发放明细表”的 D3 单元格中输入公式“=VLOOKUP(B3,教材编号对照表!$A$3:$C$15,3,0)”，并按回车键确认，则从如图 2-7-2 所示的“教材编号对照表”的 B3 单元格中将教材编号为“BH-0001”对应的单价“56.00”显示在 D3 单元格中，如图 2-7-4 所示。

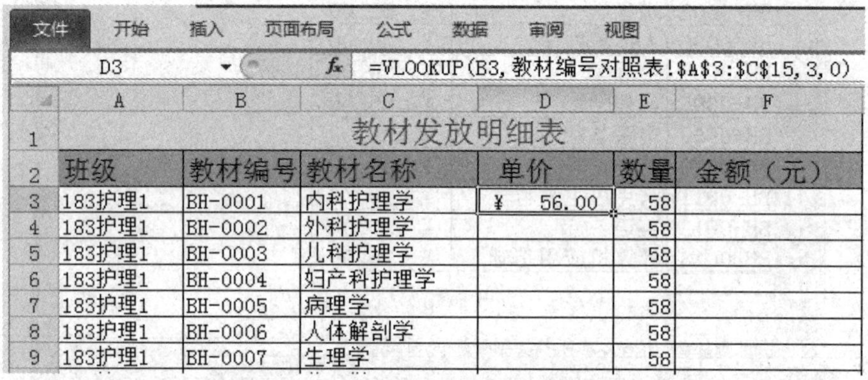

	A	B	C	D	E	F
1	教材发放明细表					
2	班级	教材编号	教材名称	单价	数量	金额（元）
3	183护理1	BH-0001	内科护理学	¥ 56.00	58	
4	183护理1	BH-0002	外科护理学		58	
5	183护理1	BH-0003	儿科护理学		58	
6	183护理1	BH-0004	妇产科护理学		58	
7	183护理1	BH-0005	病理学		58	
8	183护理1	BH-0006	人体解剖学		58	
9	183护理1	BH-0007	生理学		58	

图 2-7-4　显示教材“单价”

(2) 单击选中 D3 单元格，并将光标移动到该单元格右下角。当光标变为黑色的“+”形状时，按住鼠标左键不放，使用填充柄向下拖动到 D67 单元格，则自动填充所有已发放教材所对应的单价。

4. 计算金额

(1) 在“教材发放明细表”的 F3 单元格中输入公式“=D3*E3”，并按回车键确认，则根据单价和数量计算出 C3 单元格中教材的汇总金额，如图 2-7-5 所示。

	A	B	C	D	E	F
1	教材发放明细表					
2	班级	教材编号	教材名称	单价	数量	金额（元）
3	183护理1	BH-0001	内科护理学	¥ 56.00	58	¥ 3,248.00
4	183护理1	BH-0002	外科护理学	¥ 32.00	58	
5	183护理1	BH-0003	儿科护理学	¥ 41.00	58	
6	183护理1	BH-0004	妇产科护理学	¥ 38.00	58	
7	183护理1	BH-0005	病理学	¥ 52.00	58	
8	183护理1	BH-0006	人体解剖学	¥ 46.00	58	
9	183护理1	BH-0007	生理学	¥ 39.00	58	
10	183护理1	BH-0008	药理学	¥ 28.00	58	
11	183护理1	BH-0009	中医基础	¥ 27.00	58	
12	183护理1	BH-0010	基础护理学	¥ 34.00	58	
13	183护理1	BH-0011	马克思主义哲学	¥ 29.00	58	
14	183护理1	BH-0012	英语	¥ 25.00	58	
15	183护理1	BH-0013	计算机应用基础	¥ 26.00	58	

图 2-7-5　显示教材“金额”

(2) 单击选中 F3 单元格，并将光标移动到该单元格右下角。当光标变为黑色的“+”形状时，按住鼠标左键不放，使用填充柄向下拖动到 F67 单元格，则利用复制公式方式自动计算出所有已发放教材的金额。

此时，原“教材发放明细表”中的空白栏已全部填充完相应的数据，如图 2-7-6 所示。

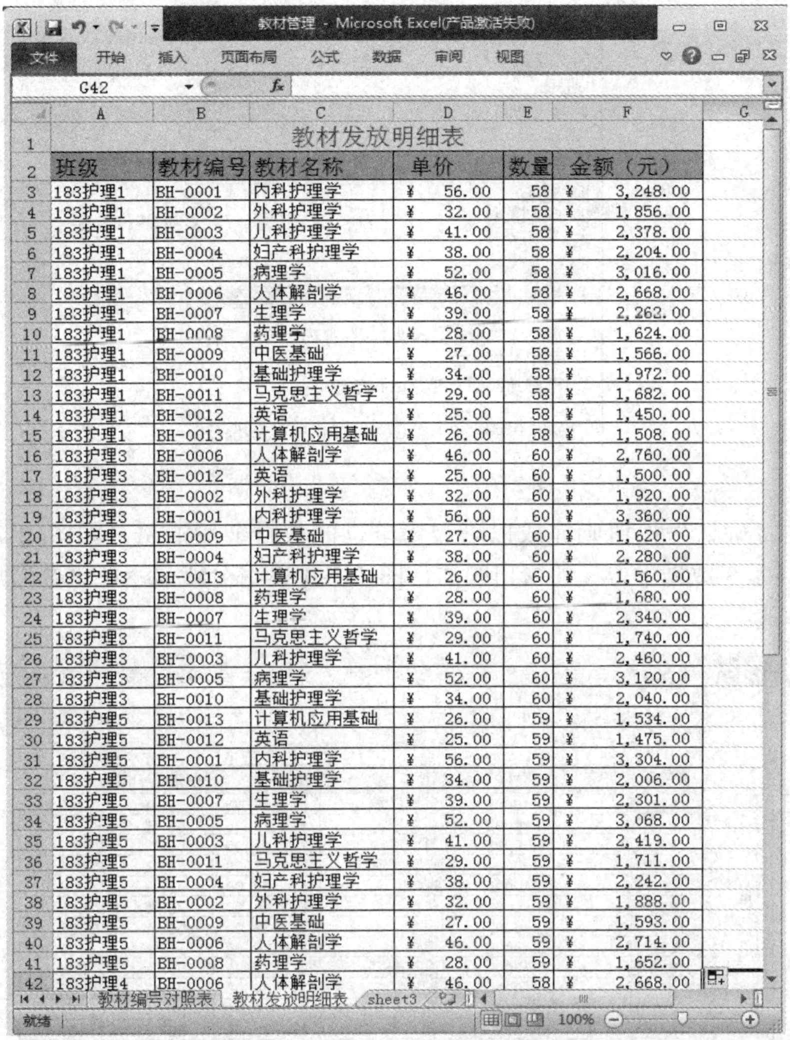

	A	B	C	D	E	F
1	教材发放明细表					
2	班级	教材编号	教材名称	单价	数量	金额（元）
3	183护理1	BH-0001	内科护理学	¥ 56.00	58	¥ 3,248.00
4	183护理1	BH-0002	外科护理学	¥ 32.00	58	¥ 1,856.00
5	183护理1	BH-0003	儿科护理学	¥ 41.00	58	¥ 2,378.00
6	183护理1	BH-0004	妇产科护理学	¥ 38.00	58	¥ 2,204.00
7	183护理1	BH-0005	病理学	¥ 52.00	58	¥ 3,016.00
8	183护理1	BH-0006	人体解剖学	¥ 46.00	58	¥ 2,668.00
9	183护理1	BH-0007	生理学	¥ 39.00	58	¥ 2,262.00
10	183护理1	BH-0008	药理学	¥ 28.00	58	¥ 1,624.00
11	183护理1	BH-0009	中医基础	¥ 27.00	58	¥ 1,566.00
12	183护理1	BH-0010	基础护理学	¥ 34.00	58	¥ 1,972.00
13	183护理1	BH-0011	马克思主义哲学	¥ 29.00	58	¥ 1,682.00
14	183护理1	BH-0012	英语	¥ 25.00	58	¥ 1,450.00
15	183护理1	BH-0013	计算机应用基础	¥ 26.00	58	¥ 1,508.00
16	183护理3	BH-0006	人体解剖学	¥ 46.00	60	¥ 2,760.00
17	183护理3	BH-0012	英语	¥ 25.00	60	¥ 1,500.00
18	183护理3	BH-0002	外科护理学	¥ 32.00	60	¥ 1,920.00
19	183护理3	BH-0001	内科护理学	¥ 56.00	60	¥ 3,360.00
20	183护理3	BH-0009	中医基础	¥ 27.00	60	¥ 1,620.00
21	183护理3	BH-0004	妇产科护理学	¥ 38.00	60	¥ 2,280.00
22	183护理3	BH-0013	计算机应用基础	¥ 26.00	60	¥ 1,560.00
23	183护理3	BH-0008	药理学	¥ 28.00	60	¥ 1,680.00
24	183护理3	BH-0007	生理学	¥ 39.00	60	¥ 2,340.00
25	183护理3	BH-0011	马克思主义哲学	¥ 29.00	60	¥ 1,740.00
26	183护理3	BH-0003	儿科护理学	¥ 41.00	60	¥ 2,460.00
27	183护理3	BH-0005	病理学	¥ 52.00	60	¥ 3,120.00
28	183护理3	BH-0010	基础护理学	¥ 34.00	60	¥ 2,040.00
29	183护理5	BH-0013	计算机应用基础	¥ 26.00	59	¥ 1,534.00
30	183护理5	BH-0012	英语	¥ 25.00	59	¥ 1,475.00
31	183护理5	BH-0001	内科护理学	¥ 56.00	59	¥ 3,304.00
32	183护理5	BH-0010	基础护理学	¥ 34.00	59	¥ 2,006.00
33	183护理5	BH-0007	生理学	¥ 39.00	59	¥ 2,301.00
34	183护理5	BH-0005	病理学	¥ 52.00	59	¥ 3,068.00
35	183护理5	BH-0003	儿科护理学	¥ 41.00	59	¥ 2,419.00
36	183护理5	BH-0011	马克思主义哲学	¥ 29.00	59	¥ 1,711.00
37	183护理5	BH-0004	妇产科护理学	¥ 38.00	59	¥ 2,242.00
38	183护理5	BH-0002	外科护理学	¥ 32.00	59	¥ 1,888.00
39	183护理5	BH-0009	中医基础	¥ 27.00	59	¥ 1,593.00
40	183护理5	BH-0006	人体解剖学	¥ 46.00	59	¥ 2,714.00
41	183护理5	BH-0008	药理学	¥ 28.00	59	¥ 1,652.00
42	183护理4	BH-0006	人体解剖学	¥ 46.00	58	¥ 2,668.00

图 2-7-6　空白栏已填充数据的表格

5. 新建“班级教材金额汇总表”工作表

将鼠标指针放在“教材发放明细表”工作表的标签条上并单击鼠标右键，在弹出的快捷菜单中选择“插入”下的“工作表”命令，并将新插入的工作表重命名为“班级教材金额汇总表”。再将“教材发放明细表”中的所有数据复制到“班级教材金额汇总表”中，并修改工作表标题为“班级教材金额汇总”。

6. 利用排序、分类汇总操作统计出各班级已领教材的汇总金额

(1) 选择“班级教材金额汇总表”为当前工作表，并选定 A3 单击格。单击“数据”功能选项卡的“排序和筛选”组中的升序按钮 A↓Z，实现班级的分类。

(2) 单击“数据”功能选项卡的“分级显示”组中的“分类汇总”按钮，打开“分类汇总”对话框。在该对话框中选择“分类字段”为“班级”、“汇总方式”为“求和”，选定“汇总项”为“金额”，并分别勾选“替换当前分类汇总”及“汇总结果显示在数据下方”选项，如图 2-7-7 所示。

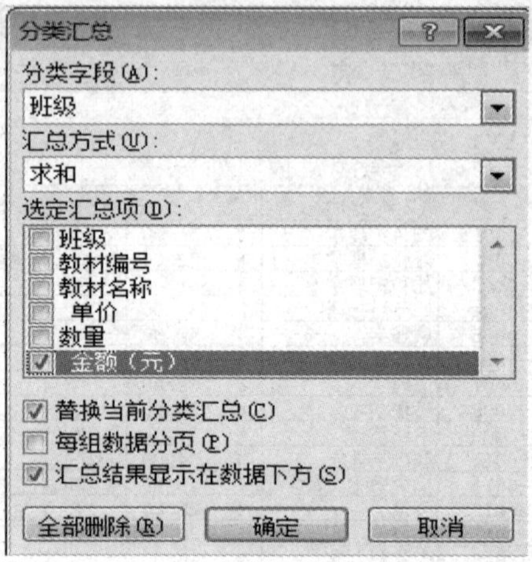

图 2-7-7　“分类汇总”对话框

(3) 单击“确认”按钮则完成以班级为单位的教材金额汇总。如图 2-7-8 所示的是“汇总结果显示在数据下方”的窗口画面，图 2-7-9 是将分级显示栏折叠隐藏明细数据后的窗口。

	A	B	C	D	E	F
1	班级教材金额汇总					
2	班级	教材编号	教材名称	单价	数量	金额（元）
3	183护理1	BH-0001	内科护理学	¥ 56.00	58	¥ 3,248.00
4	183护理1	BH-0002	外科护理学	¥ 32.00	58	¥ 1,856.00
5	183护理1	BH-0003	儿科护理学	¥ 41.00	58	¥ 2,378.00
6	183护理1	BH-0004	妇产科护理学	¥ 38.00	58	¥ 2,204.00
7	183护理1	BH-0005	病理学	¥ 52.00	58	¥ 3,016.00
8	183护理1	BH-0006	人体解剖学	¥ 46.00	58	¥ 2,668.00
9	183护理1	BH-0007	生理学	¥ 39.00	58	¥ 2,262.00
10	183护理1	BH-0008	药理学	¥ 28.00	58	¥ 1,624.00
11	183护理1	BH-0009	中医基础	¥ 27.00	58	¥ 1,566.00
12	183护理1	BH-0010	基础护理学	¥ 34.00	58	¥ 1,972.00
13	183护理1	BH-0011	马克思主义哲学	¥ 29.00	58	¥ 1,682.00
14	183护理1	BH-0012	英语	¥ 25.00	58	¥ 1,450.00
15	183护理1	BH-0013	计算机应用基础	¥ 26.00	58	¥ 1,508.00
16	**183护理1 汇总**					¥ 27,434.00
17	183护理2	BH-0001	内科护理学	¥ 56.00	57	¥ 3,192.00
18	183护理2	BH-0009	中医基础	¥ 27.00	57	¥ 1,539.00
19	183护理2	BH-0012	英语	¥ 25.00	57	¥ 1,425.00
20	183护理2	BH-0006	人体解剖学	¥ 46.00	57	¥ 2,622.00
21	183护理2	BH-0013	计算机应用基础	¥ 26.00	57	¥ 1,482.00
22	183护理2	BH-0005	病理学	¥ 52.00	57	¥ 2,964.00
23	183护理2	BH-0011	马克思主义哲学	¥ 29.00	57	¥ 1,653.00
24	183护理2	BH-0007	生理学	¥ 39.00	57	¥ 2,223.00
25	183护理2	BH-0002	外科护理学	¥ 32.00	57	¥ 1,824.00
26	183护理2	BH-0004	妇产科护理学	¥ 38.00	57	¥ 2,166.00
27	183护理2	BH-0010	基础护理学	¥ 34.00	57	¥ 1,938.00
28	183护理2	BH-0003	儿科护理学	¥ 41.00	57	¥ 2,337.00
29	183护理2	BH-0008	药理学	¥ 28.00	57	¥ 1,596.00
30	**183护理2 汇总**					¥ 26,961.00

图 2-7-8　“汇总结果显示在数据下方”的窗口

图 2-7-9　显示栏折叠后的画面

7. 创建班级教材金额汇总三维簇状柱形图表

(1) 单击“班级教材金额汇总表”工作表标签，使其成为当前工作表。在 A76、B76 单元格中分别输入文字“班级”和“金额(元)”，并分别将各班级名称和对应的教材金额汇总数输入到 A77:B81 单元格区域中作为创建图表的数据区域。

(2) 选中 A76:B81 单元格区域，并单击“插入”选项卡“图表”组中的“柱形图”下拉按钮，在展开的下拉选项中选择“三维簇状柱形图”命令按钮，此时，系统在工作表中插入一张嵌入式三维簇状柱形图，效果如图 2-7-10 所示。

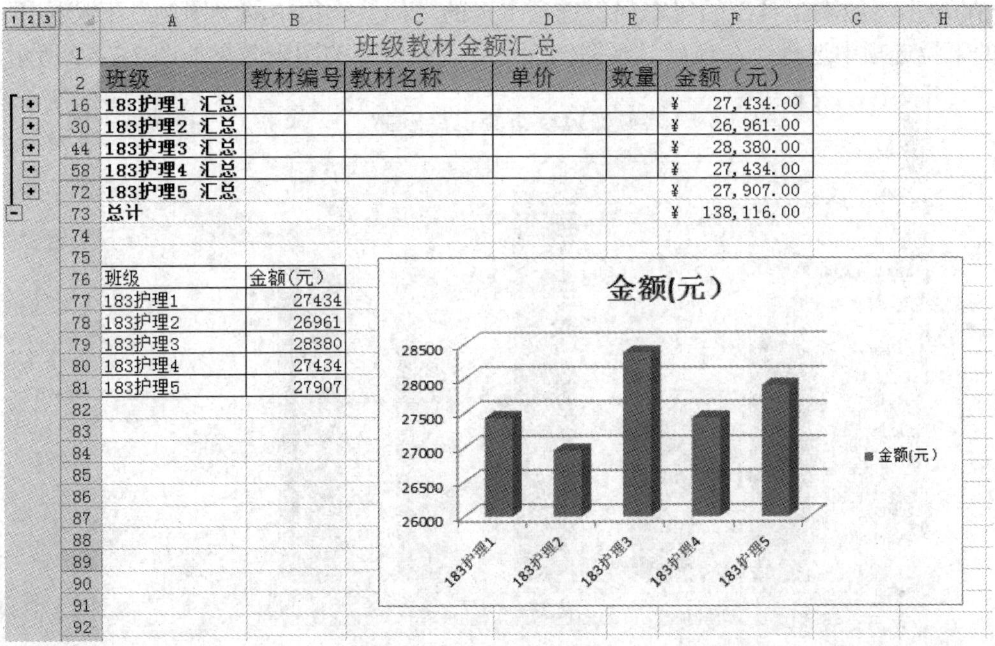

图 2-7-10　插入三维簇状柱形图

8. 移动图表

单击选中图表，在“图表工具”的“设计”选项卡单击“位置”组中的“移动图表”按钮，打开“移动图表”对话框。然后在该对话框中单击选中“新工作表”按钮，在其右侧的编辑框中输入新工作表名称为“各班级教材金额汇总图表”，如图 2-7-11 所示。最后单击“确定”按钮后便将新创建的图表移动到名为“各班级教材金额汇总图表”工作表中。

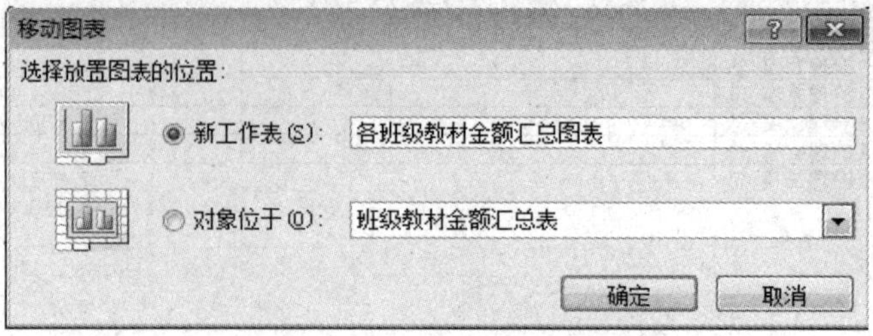

图 2-7-11 “移动图表”对话框

9. 编辑图表

(1) 单击“各班级教材金额汇总图表”工作表标签，使其成为当前工作表。单击选中图表，然后单击“图表工具”的“布局”选项卡上“标签”组中的“图表标题”下拉按钮，在展开的下拉选项中选择“图表上方”命令，此刻在图表的上方便出现了“图表标题”编辑框。在编辑框中输入图表标题“班级教材金额汇总图表”，并将其设为黑体、字号 24 磅、字体颜色为红色。

(2) 双击图表区，在出现的“设置图表区格式”对话框中选择“纯色填充”下的“蓝色、强调文字颜色、淡色 80%”参数。

(3) 单击“图表工具”的“布局”选项卡下的“标签”组中的“图例”下拉按钮，在展开的下拉选项中选择“在项部显示图例”命令。编辑后的图表效果如图 2-7-12 所示。

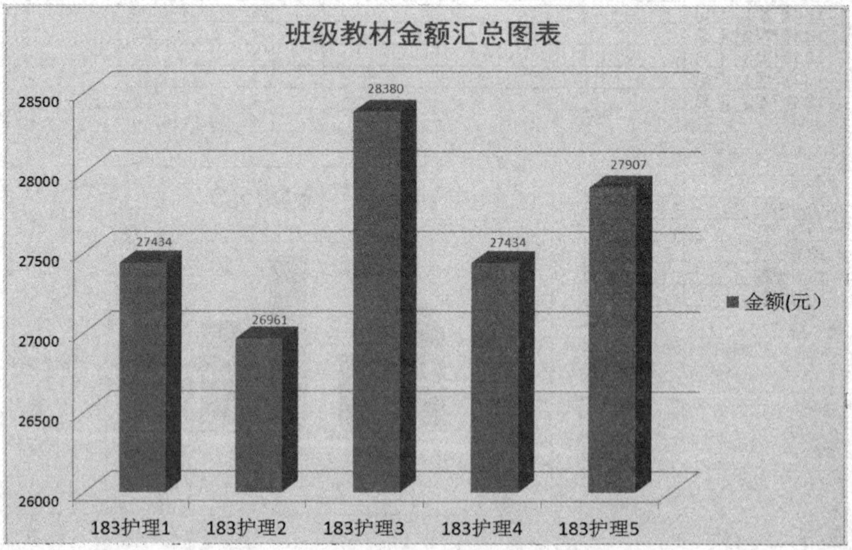

图 2-7-12 编辑后的“班级教材金额汇总图表”

10. 保存工作簿

单击快速工具栏的“保存”按钮保存工作簿，完成对各班级教材费用的统计并建立相应图表的操作。

任务 2.8　二级考试真题

试　题　一

一、考试题目

请在素材工作簿文件“专任教师考试成绩表.xlsx”中，按下面的要求进行操作：

1．在“考试成绩”工作表中，使用条件格式将“性别”列中为“男”的单元格中字体颜色设置为红色，并加粗显示。

2．在“考试成绩”工作表中使用 IF 函数，根据“学历”列的内容对“学位”列进行自动填充。要求：博士研究生为“博士”、硕士研究生为“硕士”、本科为“学士”。

3．使用数组公式，在“考试成绩”工作表中分别计算出每位考生的“试讲成绩比例分”“面试成绩比例分”及“总成绩”值。计算要求：试讲成绩比例分=试讲成绩*60%；面试成绩比例分=面试成绩*40%；总成绩=试讲成绩比例分+面试成绩比例分。

4．依据考生的“总成绩”值，使用函数对所有考生进行排名，并将结果保存在“排名”列中。

5．将“考试成绩”工作表中的“专任教师考试成绩表”标题项连同数据一同复制到“Sheet2”工作表中的相同位置，并在“Sheet2”工作表中进行高级筛选，要求如下：

(1) 筛选条件“报考系部”为“护理系”，“性别”为“男”，“学历”为“硕士研究生”。

(2) 将筛选结果保存在“Sheet2”工作表中。

6．根据“考试成绩”工作表中的“专任教师考试成绩表”数据作为数据清单，在“Sheet3”中创建一张数据透视表。要求如下：

(1) 显示每个“报考系部”的人的不同学历的人数汇总情况；

(2) “行标签”区域设置为“报考系部”；

(3) “列标签”区域设置为“学历”；

(4) “数值”区域设置为“学历”；

(5) “计数项”设置为“学历”。

7．把操作结果存盘。

二、参考答案

1．【解题步骤】

(1) 选中“考试成绩”工作表中的 D3:D18 单元格区域，在“开始”功能选项卡中单击“样式”组中的“条件格式”下拉按钮，在展开的下拉选项中选择“突出显示单元格规则”下的“等于”命令按钮，如图 2-8-1 所示。

图 2-8-1　“条件格式”下拉选项

(2) 在打开的“等于”对话框的“为等于以下值的单元格设置格式”文本框中输入文字“男”，并在“设置为”下拉列表中选择“自定义格式”选项，如图 2-8-2 所示。

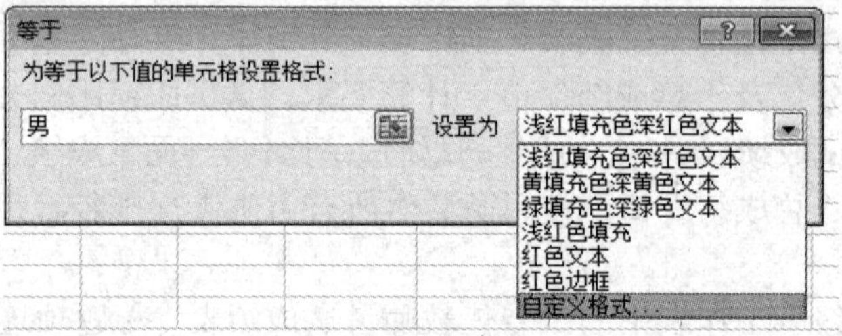

图 2-8-2　“等于”对话框

(3) 在 D3:D18 单元格区域单击鼠标右键，然后在弹出的快捷菜单中单击“设置单元格”格式命令。在打开的“设置单元格格式”对话框的“字体”选项卡中设置“字形”为“加粗”，字体“颜色”为“红色”，如图 2-8-3 所示，然后单击“确定”按钮，返回“等于”对话框。再单击“确定”按钮，即可将“性别”列中为“男”的单元格中字体颜色设置为红色，并加粗显示。

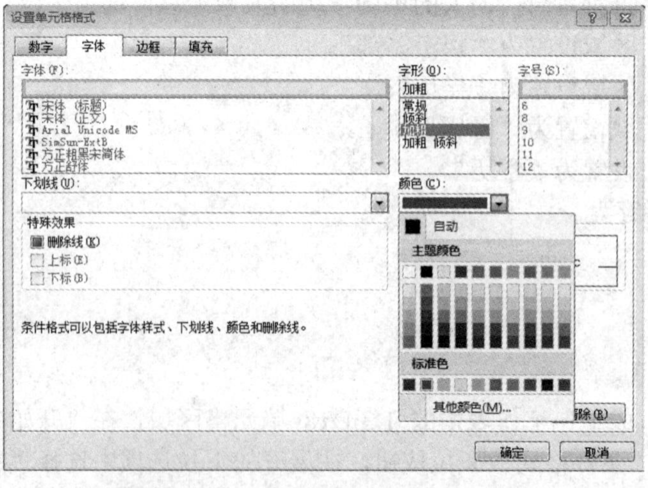

图 2-8-3　“设置单元格格式”对话框

2. 【解题步骤】

(1) 在“考试成绩”工作表的 G3 单元格中输入公式“=IF(F3="博士研究生","博士",IF(F3="硕士研究生","硕士","学士"))”，按回车键确认，则在 G3 单元格中填充第一位考生的学位内容。如图 2-8-4 所示。

开始 插入 页面布局 公式 数据 审阅 视图

G3 =IF(F3="博士研究生","博士",IF(F3="硕士研究生","硕士","学士"))

专任教师考试成绩表

报考系部	准考证号	姓名	性别	出生年月	学历	学位	试讲成绩	试讲成绩比例分	面试成绩	面试成绩比例分	总成绩	排名
护理系	201906001	蔡晓萍	女	1990-03-07	博士研究生	博士	92.50		90.80			
护理系	201906002	王健	男	1993-07-15	硕士研究生		90.20		88.50			
药学系	201906003	唐元武	男	1988-12-08	博士研究生		95.00		82.70			
医学系	201906004	王欣	女	1996-05-04	本科		88.60		76.00			
园林系	201906005	刘培	男	1994-08-12	硕士研究生		91.70		87.00			
艺术设计系	201906006	贺志福	男	1995-07-28	本科		90.20		89.80			
公共基础课部	201906007	黄涛	男	1992-09-04	硕士研究生		96.50		76.70			
生物工程系	201906008	黄红强	男	1991-07-16	本科		92.30		89.50			
医学系	201906009	吕丽娜	女	1992-11-04	硕士研究生		87.40		78.00			
护理系	201906010	孙云强	男	1997-12-11	本科		93.00		90.20			
药学系	201906011	赵怀民	男	1994-07-30	硕士研究生		98.00		86.50			
药学系	201906012	姚小军	男	1993-02-16	硕士研究生		85.80		90.60			
医学系	201906013	易文君	男	1990-10-31	硕士研究生		94.50		85.00			
护理系	201906014	肖国庆	男	1995-06-07	本科		93.60		67.50			
艺术设计系	201906015	曾美芳	女	1991-04-14	硕士研究生		90.80		78.00			
园林系	201906016	谢晶	女	1996-03-04	本科		90.00		58.10			

图 2-8-4 填充“学位”信息

(2) 双击 G3 单元格的填充柄，则自动填充所有考生的学位内容。

3. 【解题步骤】

(1) 选中 I3:I18 单元格区域，输入公式“=H3:H18*0.6”。然后按组合键“Ctrl+Shift+Enter”，则计算出所有考生的“试讲成绩比例分”值，此时公式编辑栏显示公式为“{=H3:H18*0.6}”，如图 2-8-5 所示。

开始 插入 页面布局 公式 数据 审阅 视图

I3 {=H3:H18*0.6}

专任教师考试成绩表

报考系部	准考证号	姓名	性别	出生年月	学历	学位	试讲成绩	试讲成绩比例分	面试成绩	面试成绩比例分	总成绩	排名
护理系	201906001	蔡晓萍	女	1990-03-07	博士研究生	博士	92.50	55.50	90.80			
护理系	201906002	王健	男	1993-07-15	硕士研究生	硕士	90.20	54.12	88.50			
药学系	201906003	唐元武	男	1988-12-08	博士研究生	博士	95.00	57.00	82.70			
医学系	201906004	王欣	女	1996-05-04	本科	学士	88.60	53.16	76.00			
园林系	201906005	刘培	男	1994-08-12	硕士研究生	硕士	91.70	55.02	87.00			
艺术设计系	201906006	贺志福	男	1995-07-28	本科	学士	90.20	54.12	89.80			
公共基础课部	201906007	黄涛	男	1992-09-04	硕士研究生	硕士	96.50	57.90	76.70			
生物工程系	201906008	黄红强	男	1991-07-16	本科	学士	92.30	55.38	89.50			
医学系	201906009	吕丽娜	女	1992-11-04	硕士研究生	硕士	87.40	52.44	78.00			
护理系	201906010	孙云强	男	1997-12-11	本科	学士	93.00	55.80	90.20			
药学系	201906011	赵怀民	男	1994-07-30	硕士研究生	硕士	98.00	58.80	86.50			
药学系	201906012	姚小军	男	1993-02-16	硕士研究生	硕士	85.80	51.48	90.60			
医学系	201906013	易文君	男	1990-10-31	硕士研究生	硕士	94.50	56.70	85.00			
护理系	201906014	肖国庆	男	1995-06-07	本科	学士	93.60	56.16	67.50			
艺术设计系	201906015	曾美芳	女	1991-04-14	硕士研究生	硕士	90.80	54.48	78.00			
园林系	201906016	谢晶	女	1996-03-04	本科	学士	90.00	54.00	58.10			

图 2-8-5 计算“试讲成绩比例分”

(2) 选中 K3:K18 单元格区域，输入公式“=J3:J18*0.4”。然后按组合键“Ctrl+Shift+Enter”，则计算出所有考生的“面试成绩比例分”值，此时公式编辑栏显示公式为“{=J3:J18*0.4}”。

(3) 选中 L3:L18 单元格区域，输入公式“=I3:I18+K3:K18”。然后按组合键“Ctrl+Shift+Enter”，便可计算出所有考生的“总成绩”值，此时公式编辑栏显示公式为“{=I3:I18+K3:K18}”，如图 2-8-6 所示。

L3　{=I3:I18+K3:K18}

专任教师考试成绩表

报考系部	准考证号	姓名	性别	出生年月	学历	学位	试讲成绩	试讲成绩比例分	面试成绩	面试成绩比例分	总成绩	排名
护理系	201906001	蔡晓萍	女	1990-03-07	博士研究生	博士	92.50	55.50	90.80	36.32	91.82	
护理系	201906002	王健	男	1993-07-15	硕士研究生	硕士	90.20	54.12	88.50	35.40	89.52	
药学系	201906003	唐元武	男	1988-12-08	博士研究生	博士	95.00	57.00	82.70	33.08	90.08	
医学系	201906004	王欣	女	1996-05-04	本科	学士	88.60	53.16	76.00	30.40	83.56	
园林系	201906005	刘培	男	1994-08-12	硕士研究生	硕士	91.70	55.02	87.00	34.80	89.82	
艺术设计系	201906006	贺志福	男	1995-07-28	本科	学士	90.20	54.12	89.80	35.92	90.04	
公共基础课部	201906007	黄涛	男	1992-09-04	硕士研究生	硕士	96.50	57.90	76.70	30.68	88.58	
生物工程系	201906008	黄红强	男	1991-07-16	本科	学士	92.30	55.38	89.50	35.80	91.18	
医学系	201906009	吕丽娜	女	1992-11-04	硕士研究生	硕士	87.40	52.44	78.00	31.20	83.64	
护理系	201906010	孙云强	男	1997-12-11	本科	学士	93.00	55.80	90.20	36.08	91.88	
药学系	201906011	赵怀民	男	1994-07-30	硕士研究生	硕士	98.00	58.80	86.50	34.60	93.40	
药学系	201906012	姚小军	男	1993-02-16	硕士研究生	硕士	85.80	51.48	90.60	36.24	87.72	
医学系	201906013	易文君	男	1990-10-31	硕士研究生	硕士	94.50	56.70	85.00	34.00	90.70	
护理系	201906014	肖国庆	男	1995-06-07	本科	学士	93.60	56.16	67.50	27.00	83.16	
艺术设计系	201906015	曾美芳	女	1991-04-14	硕士研究生	硕士	90.80	54.48	78.00	31.20	85.68	
园林系	201906016	谢晶	女	1996-03-04	本科	学士	90.00	54.00	58.10	23.24	77.24	

图 2-8-6　计算“总成绩”

4. **【解题步骤】**

(1) 在 M3 单元格中输入公式“=RANK(L3,$L$3:$L$18,0)”，按回车键确认，则在 M3 单元格中显示第一位考生的排名数。

(2) 双击 M3 单元格的填充柄，则计算出所有考生的排名，如图 2-8-7 所示。

M3　=RANK(L3,$L$3:$L$18,0)

专任教师考试成绩表

报考系部	准考证号	姓名	性别	出生年月	学历	学位	试讲成绩	试讲成绩比例分	面试成绩	面试成绩比例分	总成绩	排名
护理系	201906001	蔡晓萍	女	1990-03-07	博士研究生	博士	92.50	55.50	90.80	36.32	91.82	3
护理系	201906002	王健	男	1993-07-15	硕士研究生	硕士	90.20	54.12	88.50	35.40	89.52	9
药学系	201906003	唐元武	男	1988-12-08	博士研究生	博士	95.00	57.00	82.70	33.08	90.08	6
医学系	201906004	王欣	女	1996-05-04	本科	学士	88.60	53.16	76.00	30.40	83.56	14
园林系	201906005	刘培	男	1994-08-12	硕士研究生	硕士	91.70	55.02	87.00	34.80	89.82	8
艺术设计系	201906006	贺志福	男	1995-07-28	本科	学士	90.20	54.12	89.80	35.92	90.04	7
公共基础课部	201906007	黄涛	男	1992-09-04	硕士研究生	硕士	96.50	57.90	76.70	30.68	88.58	10
生物工程系	201906008	黄红强	男	1991-07-16	本科	学士	92.30	55.38	89.50	35.80	91.18	4
医学系	201906009	吕丽娜	女	1992-11-04	硕士研究生	硕士	87.40	52.44	78.00	31.20	83.64	13
护理系	201906010	孙云强	男	1997-12-11	本科	学士	93.00	55.80	90.20	36.08	91.88	2
药学系	201906011	赵怀民	男	1994-07-30	硕士研究生	硕士	98.00	58.80	86.50	34.60	93.40	1
药学系	201906012	姚小军	男	1993-02-16	硕士研究生	硕士	85.80	51.48	90.60	36.24	87.72	11
医学系	201906013	易文君	男	1990-10-31	硕士研究生	硕士	94.50	56.70	85.00	34.00	90.70	5
护理系	201906014	肖国庆	男	1995-06-07	本科	学士	93.60	56.16	67.50	27.00	83.16	15
艺术设计系	201906015	曾美芳	女	1991-04-14	硕士研究生	硕士	90.80	54.48	78.00	31.20	85.68	12
园林系	201906016	谢晶	女	1996-03-04	本科	学士	90.00	54.00	58.10	23.24	77.24	16

图 2-8-7　计算考生的“排名”

5. 【解题步骤】

(1) 选中“考试成绩”工作表中的 A1:M18 单元格区域，将鼠标放在选定区域中单击右键，在弹出的快捷菜单中选择“复制”命令。再选中“Sheet2”工作表中 A1 单元格，单击右键并在弹出快捷菜单中选择“粘贴”命令，则将“考试成绩”工作表中的“专任教师考试成绩表”标题项连同数据一同复制到“Sheet2”工作表中的相同位置。

(2) 在“Sheet2”工作表的 A20:C21 单元格区域中输入高级筛选条件：“报考系部”为“护理系”、“性别”为“男”、“学历”为“硕士研究生”。再选中 A2:M18 单元格区域，在“数据”功能选项卡中单击“排序和筛选”组中的“高级”按钮，在打开的“高级筛选”对话框中选定“将筛选结果复制到其他位置”选项。然后将光标置于“条件区域”文本框内，用鼠标拖选前面创建的高级筛选条件单元格区域 A20:C21，再将光标置于“复制到”文本框内，用鼠标选定 A23 单元格，如图 2-8-8 所示。

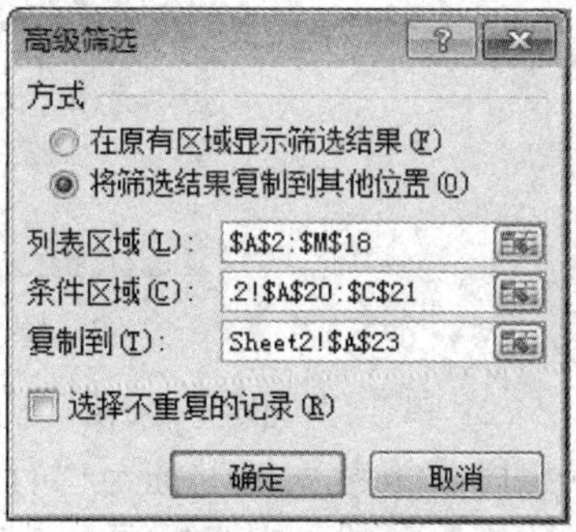

图 2-8-8 “高级筛选”对话框

(3) 单击“确定”按钮，则筛选出“报考系部”为“护理系”，“性别”为“男”，“学历”为“硕士研究生”的考生。并且原始数据、筛选条件及筛选结果均直观地出现在同一窗口中，如图 2-8-9 所示。

	A	B	C	D	E	F	G	H	I	J	K	L	M
1	专任教师考试成绩表												
2	报考系部	准考证号	姓名	性别	出生年月	学历	学位	试讲成绩	试讲成绩比例分	面试成绩	面试成绩比例分	总成绩	排名
3	护理系	201906001	蔡晓萍	女	1990-03-07	博士研究生	博士	92.50	55.50	90.80	36.32	91.82	3
4	护理系	201906002	王健	男	1993-07-15	硕士研究生	硕士	90.20	54.12	88.50	35.40	89.52	9
5	药学系	201906003	唐元武	男	1988-12-08	博士研究生	博士	95.00	57.00	82.70	33.08	90.08	6
6	医学系	201906004	王欣	女	1996-05-04	本科	学士	88.60	53.16	76.00	30.40	83.56	14
7	园林系	201906005	刘培	男	1994-08-12	硕士研究生	硕士	91.70	55.02	87.00	34.80	89.82	8
8	艺术设计系	201906006	贺志福	男	1995-07-28	本科	学士	90.20	54.12	89.80	35.92	90.04	7
9	公共基础课部	201906007	黄涛	男	1992-09-04	硕士研究生	硕士	96.50	57.90	76.70	30.68	88.58	10
10	生物工程系	201906008	黄红强	男	1991-07-16	本科	学士	92.30	55.38	89.50	35.80	91.18	4
11	医学系	201906009	吕丽娜	女	1992-11-04	硕士研究生	硕士	87.40	52.44	78.00	31.20	83.64	13
12	护理系	201906010	孙云强	男	1997-12-11	本科	学士	93.00	55.80	90.20	36.08	91.88	2
13	药学系	201906011	赵怀民	男	1994-07-30	硕士研究生	硕士	98.00	58.80	86.50	34.60	93.40	1
14	药学系	201906012	姚小军	男	1993-02-16	硕士研究生	硕士	85.80	51.48	90.60	36.24	87.72	11
15	医学系	201906013	易文君	男	1990-10-31	硕士研究生	硕士	94.50	56.70	85.00	34.00	90.70	5
16	护理系	201906014	肖国庆	男	1995-06-07	本科	学士	93.60	56.16	67.50	27.00	83.16	15
17	艺术设计系	201906015	曾美芳	女	1991-04-14	硕士研究生	硕士	90.80	54.48	78.00	31.20	85.68	12
18	园林系	201906016	谢晶	女	1996-03-04	本科	学士	90.00	54.00	58.10	23.24	77.24	16
19													
20	报考系部	性别	学历										
21	护理系	男	硕士研究生										
22													
23	报考系部	准考证号	姓名	性别	出生年月	学历	学位	试讲成绩	试讲成绩比例分	面试成绩	面试成绩比例分	总成绩	排名
24	护理系	201906002	王健	男	1993-07-15	硕士研究生	硕士	90.20	54.12	88.50	35.40	89.52	9
25													
26													

图 2-8-9 筛选结果

6. 【解题步骤】

(1) 在“考试成绩”工作表中单击 A2:M18 单元格区域中的任意一个单元格，在“插入”功能选项卡中单击“表格”组中的“数据透视表”下拉按钮，在展开的下拉选项中选择“数据透视表”命令。在打开的“创建数据透视表”对话框中，“表/区域”文本框中已经自动填入了数据清单所在的单元格区域。选中“现有工作表”单选按钮，将光标置于“位置”文本框中，再单击“Sheet3”工作表中的 A1 单元格，则该单元格地址会自动填入“位置”文本框中，如图 2-8-10 所示。

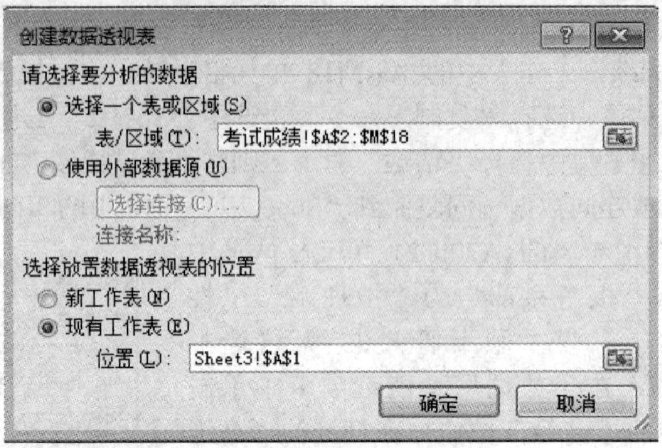

图 2-8-10　“创建数据透视表”对话框

(2) 单击“确定”按钮，打开“数据透视表字段列表”任务窗格，如图 2-8-11 所示。将字段“报考系部”拖至“行标签”区域，将字段“学历”分别拖至“列标签”区域和“数值”区域，完成根据“考试成绩”工作表中的“专任教师考试成绩表”数据作为数据清单，在“Sheet3”中创建一张数据透视表的操作。结果如图 2-8-12 所示。

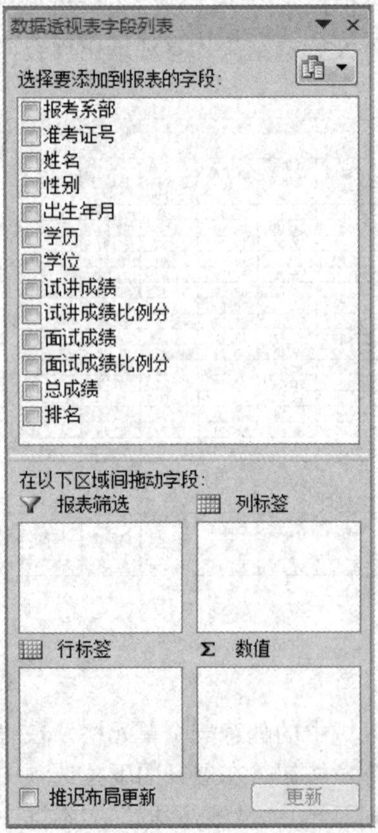

图 2-8-11　“数据透视表字段列表”任务窗格

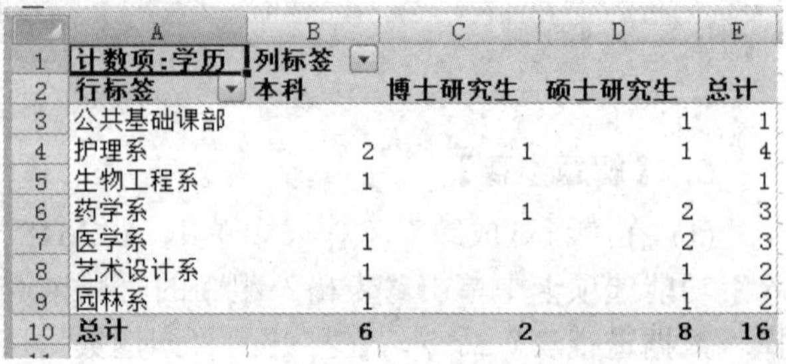

	A	B	C	D	E
1	计数项:学历	列标签			
2	行标签	本科	博士研究生	硕士研究生	总计
3	公共基础课部			1	1
4	护理系	2	1	1	4
5	生物工程系	1			1
6	药学系		1	2	3
7	医学系	1		2	3
8	艺术设计系	1		1	2
9	园林系	1		1	2
10	总计	6	2	8	16

图 2-8-12　创建的数据透视表

7. **【解题步骤】**

单击快速工具栏的“保存”按钮，完成操作结果的存盘。

试　题　二

一、考试题目

请在素材工作簿文件“家电销售表.xlsx”中，按下面的要求进行操作：

1. 在“销售情况”工作表中，使用条件格式将“销售数量”列中数量大于 200 的单元格中字体颜色设置为红色，并加粗显示。

2. 在“销售情况”工作表中根据“价格表”中不同商品的单价，使用 VLOOKUP 函数将不同商品对应的单价填充到“销售表”中“单价”列的相应单元格中。

3. 根据“折扣表”中不同销售数量对应的折扣率，使用 IF 函数将不同销售数量的折扣率填充到“销售表”的“折扣”列的相应单元格中。

4. 根据“销售数量”“单价”和“折扣”值计算出“销售表”中所有商品销售的合计金额，并将结果保存在“合计”列中。合计=单价×销售数量×(1－折扣率)。

5. 使用 SUMIF 函数，计算同一种商品的销售总量和销售总金额，并将结果保存在“销售情况”工作表中的“统计表”的相应位置。

6. 以“销售情况”工作表中“销售表”的数据作为数据清单新建一个数据透视图，并保存到“Sheet2”工作表中。要求如下：该透视图显示每个销售时间点所销售的所有商品数量汇总情况；X 坐标设置为“销售时间”；“求和项”设置为“销售数量”；将对应的数据透视表也保存在“Sheet2”中。

7. 把操作结果存盘。

二、参考答案

1. 【解题步骤】

(1) 选中“销售情况”工作表中的 B11:B43 单元格区域，在“开始”功能选项卡中单击“样式”组中的“条件格式”下拉按钮，在展开的下拉选项中选择“突出显示单元格规则”下的“大于”命令，如图 2-8-13 所示。

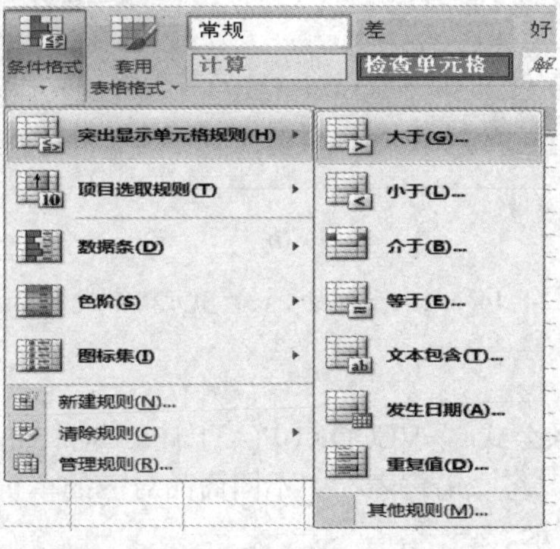

图 2-8-13　“条件格式”下拉列表

(2) 在打开的“大于”对话框中，在“为大于以下值的单元格设置格式：”文本框中输入“200”，并在“设置为”下拉列表中选择“自定义格式”选项，然后单击“确定”按钮，如图 2-8-14(a)所示。再选中 B11:B43 单元格区域，单击右键，在弹出快捷菜单中选择“设置单元格格式”命令。在打开的“设置单元格格式”对话框的“字体”选项卡中设置“字形”为“加粗”，字体“颜色”为“红色”，如图 2-8-14 所示，单击“确定”按钮，返回“大于”对话框。再单击“确定”按钮，将“销售数量”列中数量大于 200 的单元格中字体颜色设置为红色，并加粗显示。

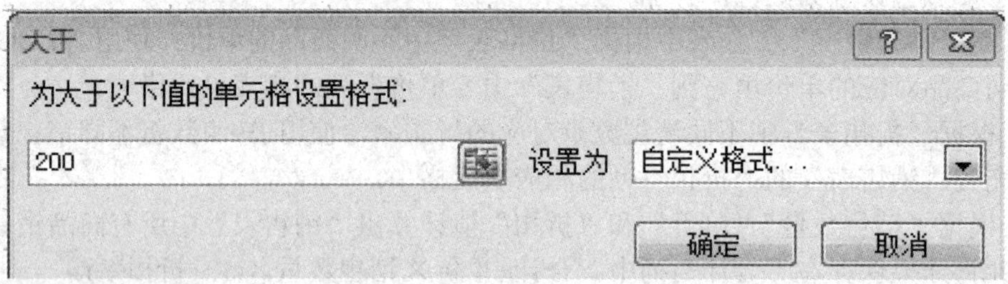

(a)

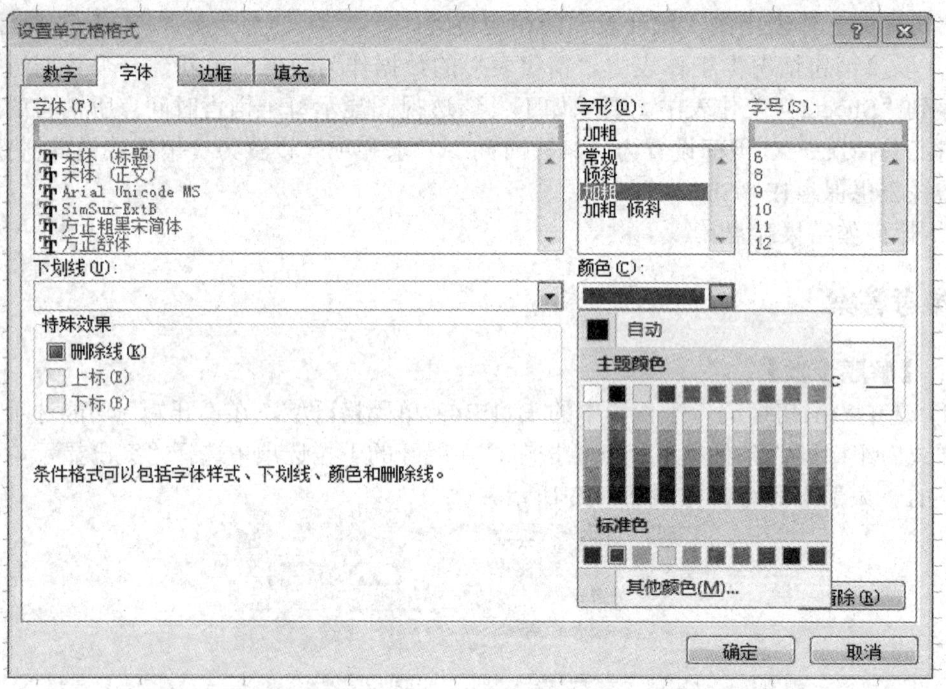

(b)

图 2-8-14　“大于”及“设置单元格格式”对话框

2. 【解题步骤】

在 D11 单元格中输入公式“=VLOOKUP(A11,$F$3:$G$5,2,0)”，按回车键确认，并双击 D11 单元格的填充柄，将“销售表”中不同商品对应的单价填充到“单价”列相应的单元格中，如图 2-8-15 所示。

	A	B	C	D	E	F	G
1	折扣表					价格表	
2	数量	折扣率	说明			类别	单价
3	1-49台	0%	1-49台的折扣率			电视机	3800
4	50-99台	6%	50-99台的折扣率			电冰箱	2980
5	100-199台	8%	100-199台的折扣率			洗衣机	1998
6	200台以上	10%	200台以上的折扣率				
7							
8							
9			销售表				
10	商品名称	销售数量	销售时间	单价	折扣	合计	
11	电视机	12	2018-1-13	3800			
12	电冰箱	23	2018-1-13	2980			
13	洗衣机	98	2018-1-13	1998			
14	电视机	24	2018-2-4	3800			
15	电冰箱	120	2018-2-4	2980			
16	洗衣机	201	2018-2-4	1998			
17	电视机	50	2018-3-15	3800			
18	电冰箱	45	2018-3-15	2980			

图 2-8-15 填充“单价”列数据

3. 【解题步骤】

在 E11 单元格中输入公式“=IF(B11<50,$B$3,IF(B11<100,$B$4,IF(B11<200,$B$5,$B$6)))”，按回车键确认，并双击 E11 单元格的填充柄。再选中 E11:E43 单元区域，在“开始”功能选项卡中单击“数字”组中的“百分比样式%”按钮，将不同销售数量的折扣率填充到“销售表”的“折扣”列的相应单元格中，如图 2-8-16 所示。

	A	B	C	D	E	F	G	H
1	折扣表					价格表		
2	数量	折扣率	说明			类别	单价	
3	1-49台	0%	1-49台的折扣率			电视机	3800	
4	50-99台	6%	50-99台的折扣率			电冰箱	2980	
5	100-199台	8%	100-199台的折扣率			洗衣机	1998	
6	200台以上	10%	200台以上的折扣率					
7								
8								
9			销售表					
10	商品名称	销售数量	销售时间	单价	折扣	合计		
11	电视机	12	2018-1-13	3800	0%			
12	电冰箱	23	2018-1-13	2980	0%			
13	洗衣机	98	2018-1-13	1998	6%			
14	电视机	24	2018-2-4	3800	0%			
15	电冰箱	120	2018-2-4	2980	8%			
16	洗衣机	201	2018-2-4	1998	10%			
17	电视机	50	2018-3-15	3800	6%			
18	电冰箱	45	2018-3-15	2980	0%			
19	洗衣机	120	2018-3-15	1998	8%			
20	电视机	67	2018-4-27	3800	6%			
21	电冰箱	25	2018-4-27	2980	0%			
22	洗衣机	67	2018-4-27	1998	6%			

图 2-8-16 填充“折扣”列数据

4. 【解题步骤】

在 F11 单元格中输入公式“=B11*D11*(1-E11)”，按回车键确认，并双击 F11 单元格的填充柄，则根据“销售数量”“单价”和“折扣”计算出“销售表”中所有商品的销售合计金额，如图 2-8-17 所示。

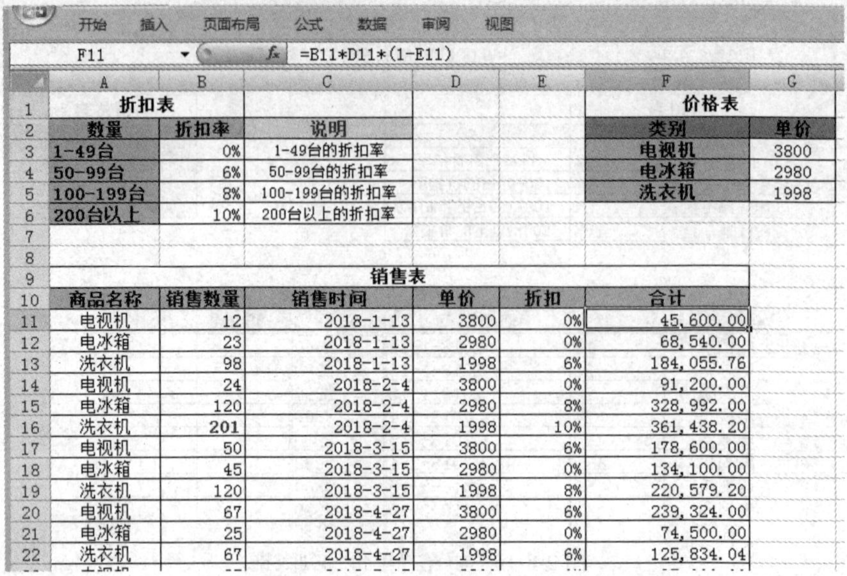

	A	B	C	D	E	F	G
1	折扣表					价格表	
2	数量	折扣率	说明			类别	单价
3	1-49台	0%	1-49台的折扣率			电视机	3800
4	50-99台	6%	50-99台的折扣率			电冰箱	2980
5	100-199台	8%	100-199台的折扣率			洗衣机	1998
6	200台以上	10%	200台以上的折扣率				
7							
8							
9	销售表						
10	商品名称	销售数量	销售时间	单价	折扣	合计	
11	电视机	12	2018-1-13	3800	0%	45,600.00	
12	电冰箱	23	2018-1-13	2980	0%	68,540.00	
13	洗衣机	98	2018-1-13	1998	6%	184,055.76	
14	电视机	24	2018-2-4	3800	0%	91,200.00	
15	电冰箱	120	2018-2-4	2980	8%	328,992.00	
16	洗衣机	201	2018-2-4	1998	10%	361,438.20	
17	电视机	50	2018-3-15	3800	6%	178,600.00	
18	电冰箱	45	2018-3-15	2980	0%	134,100.00	
19	洗衣机	120	2018-3-15	1998	8%	220,579.20	
20	电视机	67	2018-4-27	3800	6%	239,324.00	
21	电冰箱	25	2018-4-27	2980	0%	74,500.00	
22	洗衣机	67	2018-4-27	1998	6%	125,834.04	

图 2-8-17　计算商品销售的“合计”金额

5.【解题步骤】

(1) 在 J12 单元格中输入公式“=SUMIF($A$11:$A$43,I12,$B$11:$B$43)”，按回车键确认，并双击 J12 单元格的填充柄，计算出每一种商品的销售总量。

(2) 在 K12 单元格中输入公式“=SUMIF($A$11:$A$43,I12,$F$11:$F$43)”，按回车键确认，并双击 K12 单元格的填充柄，计算出每一种商品的总销售金额。

以上两步操作的结果如图 2-8-18 所示。

统计表		
统计类别	总销售量	总销售金额
电视机	1447	5016152
电冰箱	1255	3456263.6
洗衣机	1674	3047349.6

图 2-8-18　计算“总销售量”及“总销售金额”

6.【解题步骤】

(1) 在“销售情况”工作表中单击 A10:F43 单元格区域中的任意一个单元格，在“插入”功能选项卡中单击“表格”组中的“数据透视表”下拉按钮，在展开的下拉选项中选择“数据透视图”命令。在打开的“创建数据透视表及数据透视图”对话框中，“表/区域”文本框中已经自动填入了数据清单所在的单元格区域。选中“现有工作表”单选按钮，将光标置于“位置”文本框中，再单击“Sheet2”工作表中的 A1 单元格，该单元格地址会自动填入“位置”文本框中，如图 2-8-19 所示。

(2) 单击“确定”按钮，打开“数据透视表字段列表”任务窗格，如图 2-8-20 所示。将字段“销售时间”拖至“行标签”区域，将字段“销售数量”拖至“数值”区域，即可完成以“销售情况”工作表中的“销售表”数据作为数据清单新建一个数据透视图，该图形显示每个销售时间点所销售的所有商品数量汇总情况，结果如图 2-8-21 所示。

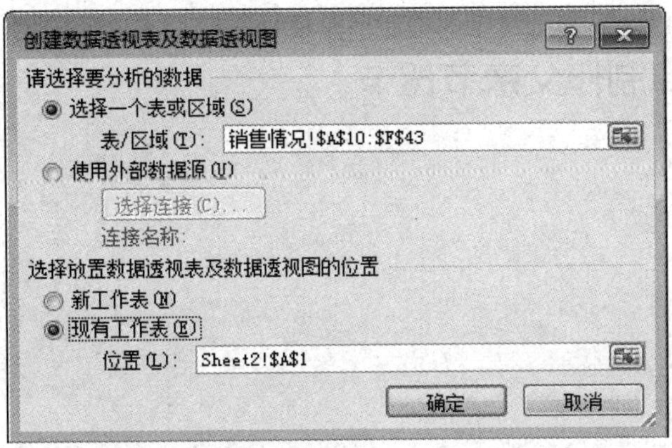

图 2-8-19　“创建数据透视表及数据透视图”对话框

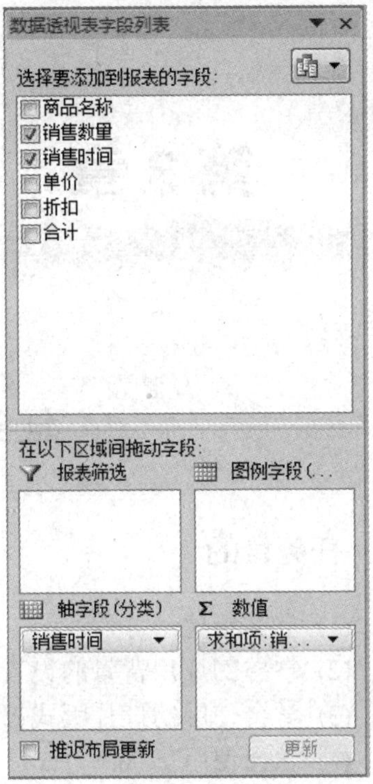

图 2-8-20　“数据透视表字段列表”任务窗格

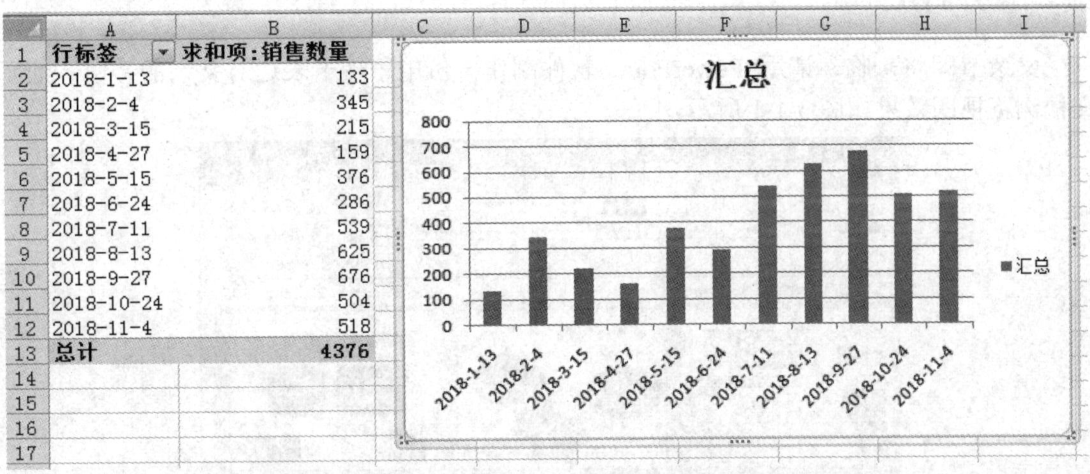

图 2-8-21　创建的“数据透视图”及对应的“数据透视表”

7. 【解题步骤】

单击快速工具栏的“保存”按钮，保存操作结果。

第3章　PowerPoint 高级应用

任务 3.1　制作父亲节贺卡

一、任务目的

(1) 掌握新建幻灯片；
(2) 掌握幻灯片背景的设置；
(3) 学会使用幻灯片版式；
(4) 学会使用形状；
(5) 学会设置艺术字文本效果；
(6) 掌握幻灯片切换动画和对象动画设置方法。

二、任务内容

父亲节即将来临，请用 PowerPoint 软件制作一份电子贺卡表达对父亲的感谢。演示文稿浏览视图效果如图 3-1-1 所示。

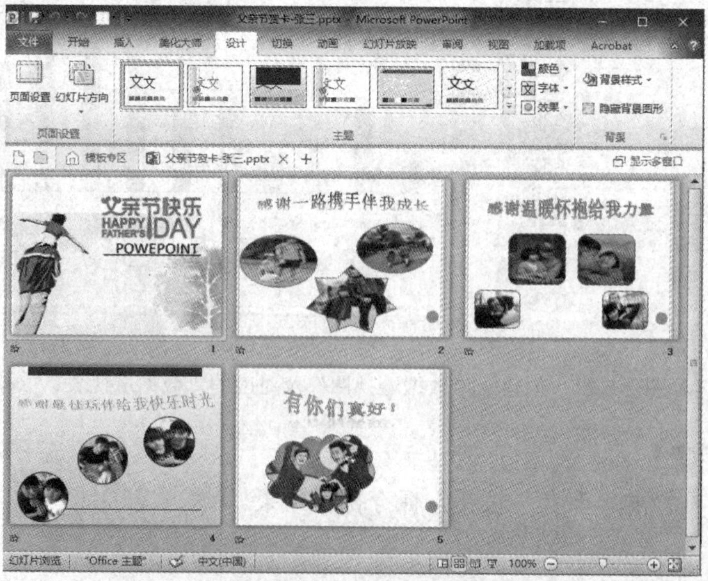

图 3-1-1　演示文稿浏览视图效果图

具体要求如下：

(1) 通过“空白演示文稿”新建演示文稿 PPT，命名并保存。

(2) 在第一张幻灯片中插入“背景样式”。

(3) 新建第二、三、四、五张幻灯片，并选择正确的版式；添加艺术字和形状；设置艺术字为“文本效果”；设置为形状“填充”。

(4) 第二、三、四、五张幻灯片主题设置为“凸显”。

(5) 修改第四张幻灯片的主题为“新闻纸”。

(6) 设置各幻灯片中艺术字、形状为“进入”“强调”“退出”“动作路径”动画，并适当调整效果选项；调整动画先后顺序及删除动画。

(7) 设置幻灯片的切换效果、效果选项、换片方式；设置切换效果的应用为全部应用；修改第三张幻灯片的切换效果为“窗口”。

三、操作步骤

1. 新建空白演示文稿

(1) 首先在 D 盘根目录下新建文件夹，重命名为“fqjhk”，然后把本任务的素材全部拷贝到该文件夹中。

(2) 单击“开始”按钮“所有程序”命令中“Microsoft OfficeMicrosoft PowerPoint 2010”子命令，启动 PowerPoint 2010 软件。然后单击“文件”选项卡，在弹出的下拉菜单中选择“保存”命令，打开“另存为”对话框。在此对话框中选择“保存位置”为“D:\fqjhk”，在“文件名”文本框中输入文档名称“父亲节贺卡-姓名”，如“父亲节贺卡-张三”，最后单击“保存”按钮，完成空白演示文稿建立。

2. 新建幻灯片并进行内容填充

1) 制作第一张幻灯片(标题幻灯片)

打开演示文稿，更改版式为“空白”，单击“设计”选项卡下“背景样式”组中的“设置背景格式”按钮。再在弹出的“设置背景格式”窗格中选择“图片或纹理填充”选项，并单击“文件…”，弹出“插入图片”对话框。然后在此对话框中选择 D:\fqjhk 文件夹下的图片“背景.jpg”，最后单击“插入”按钮，完成背景图片插入，如图 3-1-2 所示。

图 3-1-2　背景样式设置

2) 制作第二张幻灯片

(1) 新建一张幻灯片，选择版式为“空白”。然后单击“插入”选项卡上“文本”组中的“艺术字”按钮，添加艺术字标题，内容为“感谢一路携手伴我成长”(艺术字样式任选)，将其文本效果设置为“转换”选项中的“正三角”。

(2) 单击“插入”选项卡上“插图”组中的“形状”下拉按钮，分别插入两个“椭圆”和一个“七角星”形状。然后选择其形状，单击“绘图工具”的“格式”选项卡下“形状填充”下拉选项中的“图片”命令，如图 3-1-3 所示。两个椭圆形状中分别填充图片为“牵手 2-1.jpg”与“牵手 2-2.jpg”，七角星形状中填充图中为“牵手 2-3.jpg”。

(3) 单击“设计”选项卡上“主题”组中的下拉按钮，在展开的下拉选项中选择当前幻灯片的主题为“凸显”，效果如图 3-1-4 所示。

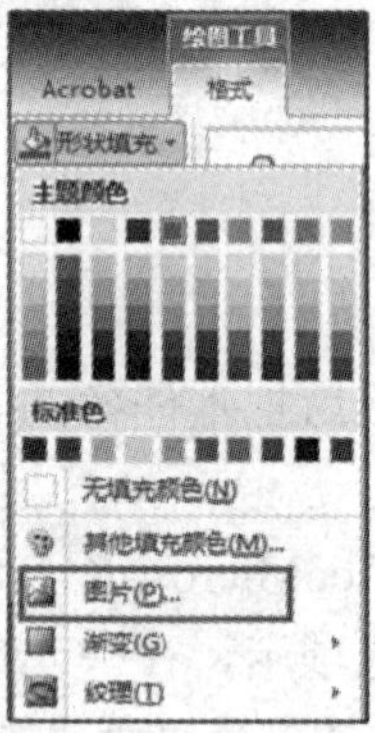

图 3-1-3 形状填充

图 3-1-4 第二张幻灯片效果图

3) 制作第三张幻灯片

(1) 新建一张幻灯片，选择版式为“空白”。然后单击“插入”选项卡上“文本”组的“艺术字”按钮，添加艺术字，内容为“感谢温暖怀抱给我力量”(艺术字样式任选)。最后单击“格式”选项卡下“艺术字样式”组中的“文本效果”下拉按钮，在下拉选项中选择“转换”选项为“停止”。

(2) 单击“插入”选项卡上“插图”组中的“形状”下拉按钮，分别插入 4 个“圆角矩形”，并适当调整其大小。然后选择其形状，单击“绘图工具”的“格式”选项卡下“形状填充”下拉选项中的“图片”命令，分别将其形状填充为“怀抱 3-1.jpg”“怀抱 3-2.jpg”“怀抱 3-3.jpg”“怀抱 3-4.jpg”，效果如图 3-1-5 所示。

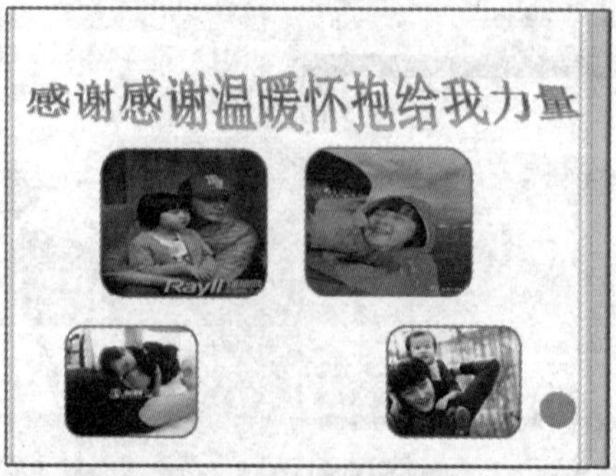

图 3-1-5 第三张幻灯片效果图

4) 制作第四张幻灯片

(1) 新建一张幻灯片，选择版式为“空白”。然后添加艺术字标题，内容为“感谢最佳玩伴给我欢乐时光”(艺术字样式任选)，单击“格式”选项卡下“艺术字样式”组中“文本效果”下拉按钮，在下拉选项中选择“转换”选项为“左牛角形”。

(2) 单击“插入”选项卡上“插图”组中的“形状”下拉按钮，分别插入 3 个“正圆形”，并适当调整其大小。然后选择形状，单击“绘图工具”的“格式”选项卡下“形状填充”下拉选项中的“图片”命令，分别将其形状填充为“蚕宝宝.jpg”“嘟嘟嘴.jpg”“怪兽牙.jpg”。

(3) 单击“设计”选项卡上“主题”组中的下拉按钮，在展开的下拉选项中选择“新闻纸”主题，然后单击右键，在弹出快捷菜单中选择“应用于选定幻灯片”命令，效果如图 3-1-6 所示。

图 3-1-6　第四张幻灯片效果图

5) 制作第五张幻灯片

(1) 新建一张幻灯片，选择版式为“空白”，主题设置为“凸显”。然后添加艺术字标题，内容为“有你们真好！”(艺术字样式任选)，单击“格式”选项卡上“艺术字样式”组中的“文本效果”下拉铵钮，在下拉选项中选择“转换”选项为“右牛角形”。

(2) 单击“插入”选项卡上“插图”组中的“形状”下拉按钮，插入一个形状“云”，并适当调整其大小。然后单击“绘图工具”的“格式”选项卡上“形状填充”下拉选项中的“图片”命令，将其形状填充为“爱心.jpg”，效果如图 3-1-7 所示。

图 3-1-7　第五张幻灯片效果图

3. 设置幻灯片的动画效果

选定对象(艺术字、形状)，然后单击“添加动画”下拉选项中“进入”选项，并适当调整效果选项。设置各幻灯片中艺术字、形状的“进入”动画。再根据各幻灯片中艺术字、形状实际情况添加其他动画，包括“强调”“退出”和“动作路径”等动画，并单击“动画窗格”按钮，在弹出的“动画窗格”中调整动画先后顺序，分别如图 3-1-8、图 3-1-9 所示。

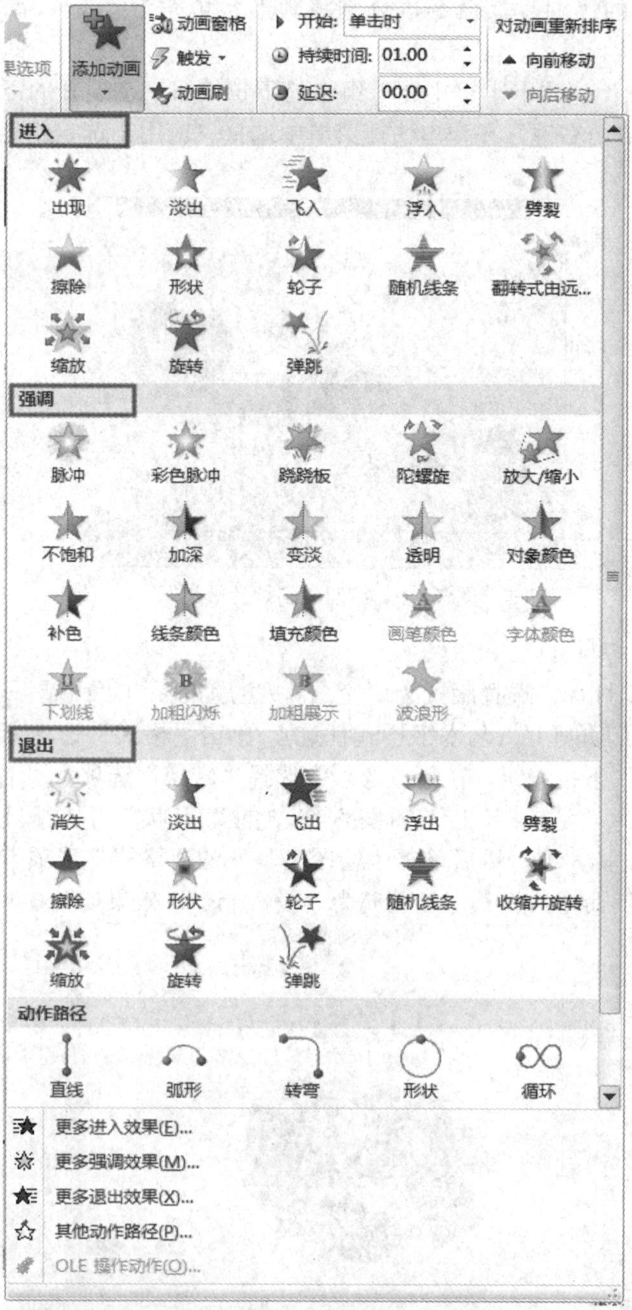

图 3-1-8 设置对象进入、强调、退出动画

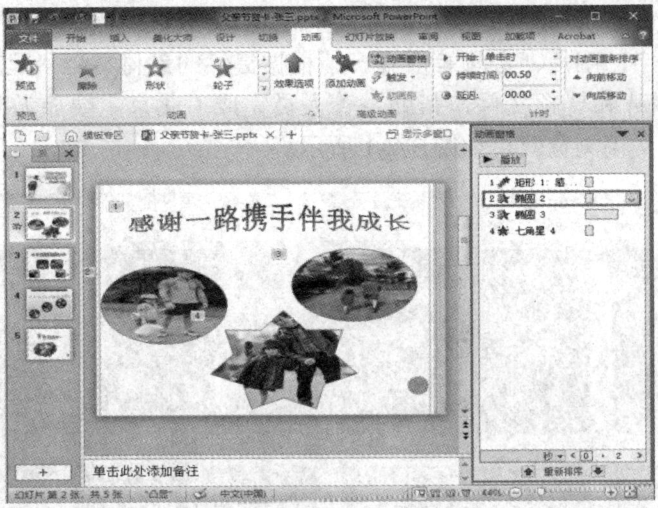

图 3-1-9　设置动画先后顺序

4．设置幻灯片切换效果

(1) 选中任意一张幻灯片，单击“切换”选项卡，设置幻灯片的切换效果为“旋转”，效果选项：自右侧，将切换效果设置为全部应用。然后设置第三张幻灯片的切换效果为“窗口”，换片方式为“单击鼠标时”。

(2) 单击“幻灯片放映”上的“开始放映幻灯片”组中的“从头开始”选项，放映幻灯片。

5．保存演示文稿

单击快速访问工具栏的“保存”命令按钮，保存演示文稿，完成父亲节贺卡制作。

任务 3.2　制作旅游景点介绍演示文稿

一、任务目的

(1) 掌握演示文稿创建等基本操作；
(2) 学会应用主题；
(3) 掌握文本、艺术字等对象编辑操作；
(4) 掌握幻灯片使用音频文件常用操作；
(5) 学会使用图片；
(6) 学会使用超链接、动作按钮、切换动画和对象动画；
(7) 掌握页脚信息设置方法；
(8) 掌握演示文稿放映方式设置。

二、任务内容

为进一步提升北京旅游行业整体队伍素质，打造高水平、懂业务的旅游景区建设与管理人员队伍，北京旅游局将为工作人员开展一次业务培训。主要内容围绕“北京主要景点”介绍，包括文字、图片、音频等内容。请根据提供的素材文档“北京主要景点介绍文字.docx”及相关图片和音频文件，帮助主管人员完成“北京主要旅游景点介绍”演示文稿制作任务。演示文稿浏览效果如图 3-2-1 所示。

图 3-2-1　演示文稿浏览效果

具体要求如下：

(1) 在 D:\jdjs 文件夹下新建一份演示文稿，并以“北京主要旅游景点介绍.pptx”为文件名。

(2) 第一张标题幻灯片中的标题设置为“北京主要旅游景点介绍”，字体格式为华文新魏、48 号、橙色，内容居中，文本效果为“阴影向左偏移”；副标题为“历史与现代的完美融合”，字体格式为宋体、32 号、绿色，内容居中。

(3) 设置演示文稿主题为“凤舞九天”。

(4) 在第一张幻灯片中插入歌曲“北京欢迎你.mp3”，设置为自动播放，并设置声音图标在放映时隐藏。

(5) 第二张幻灯片的版式设置为“标题和内容”，标题设置为“北京主要景点”，文字样式设置为艺术字“填充绿色，强调文字颜色 3，轮廓文本 2”。在文本区域中以“带填充效果的大方形项目符号”列表方式依次添加下列内容：天安门、故宫博物院、八达岭长城、颐和园、鸟巢。

(6) 自第三张幻灯片开始按照天安门、故宫博物院、八达岭长城、颐和园、鸟巢的顺序依次介绍北京各主要景点，分别使用相应的文字素材“北京主要景点介绍文字.docx”及对应的图片，要求每个景点介绍占用一张幻灯片，其中第三张幻灯片的图片裁剪为“椭圆”。

(7) 最后一张幻灯片的版式设置为“空白”，并插入艺术字“谢谢”，文本内容居中，艺术字样式设置为“填充深紫，强调文字颜色 6，轮廓强调文字颜色 6，发光强调文字颜色 6”，文本框设置为“左右居中”对齐。

(8) 将第二张幻灯片列表中的内容分别超链接到后面对应的幻灯片，同时在第三张幻灯片至第七张幻灯片右下角位置添加返回到第二张幻灯片的动作按钮。

(9) 为每张幻灯片设置不同的幻灯片切换效果以及文字和图片的进入动画。

(10) 除标题幻灯片外，其他幻灯片的页脚均包含幻灯片编号、日期和时间。

(11) 设置演示文稿放映方式为“循环放映，按 ESC 键终止”，换片方式为“手动”。

三、操作步骤

1. 在指定路径下创建演示文稿

在 D 盘根目录下面，单击鼠标右键，在弹出的快捷菜单中选择“新建”命令中“新建文件夹”子命令新建一个文件夹，并重命名为“jdjs”；然后进入 jdjs 文件夹，单击鼠标右键，在弹出的快捷菜单中选择“新建”命令中“Microsoft PowerPoint 演示文稿”子命令，新建一个演示文稿，并重命名为“北京主要旅游景点介绍.pptx”。最后，将任务相关素材全部拷贝到“jdjs”文件夹中。

2. 在演示文稿中添加幻灯片，输入文本并完成文本的格式化

打开演示文稿，在第一张幻灯片的“单击此处添加标题”处单击鼠标，在标题占位符中输入文字“北京主要旅游景点介绍”。然后单击“开始”选项卡，在“字体”命令组中分别单击字体、字号、字体颜色命令列表框，将字体设置为华文新魏、48 号、橙色，同时在“段落”命令组中将文本设置为居中。选中标题占位符，单击“格式”选项卡，在“艺术字样式”组中单击“文本效果”命令，在展开的下拉选项中选择阴影效果为“向左偏移”。采用同样的方法，完成副标题文本内容输入和格式设置。当以上步骤完成后，效果如图 3-2-2 所示。

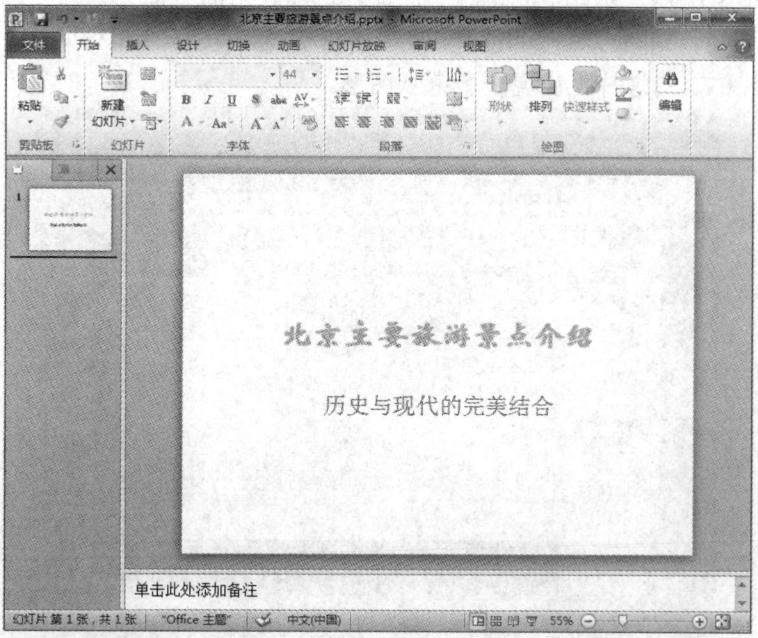

图 3-2-2　完成标题和副标题文本输入和格式化

3. 完成幻灯片主题设置

如图 3-2-3 所示，选中幻灯片，然后单击“设计”选项卡，在主题列表框中选择“凤舞九天”主题，完成该主题应用。

图 3-2-3 进行主题设置

4．插入指定音频文件并完成播放设置

(1) 如图 3-2-4 所示，单击“插入”选项卡上“媒体”组中的“音频”下拉按钮，在展开的下拉选项中选择“文件中的音频”选项。再在弹出的“插入音频”对话框中，选择“jdjs”文件夹下的“北京欢迎您.mp3”音频素材文件，单击“插入”按钮，则将音乐素材添加至幻灯片中，幻灯片上出现一个喇叭图形。

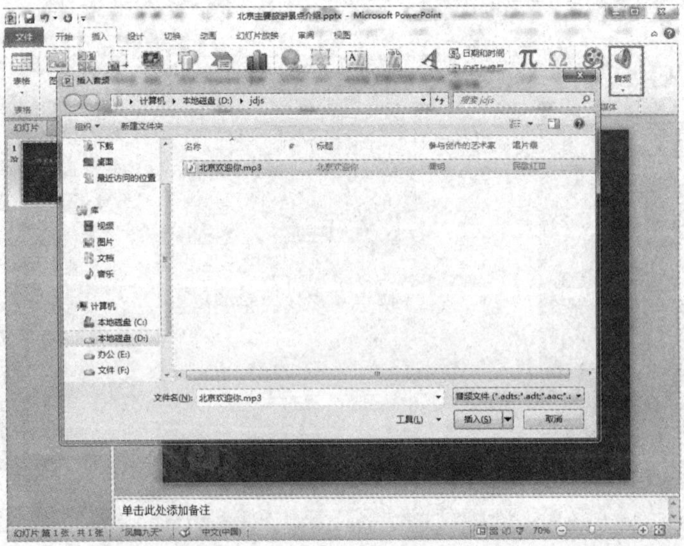

图 3-2-4 插入指定音频文件

(2) 如图 3-2-5 所示，选中喇叭图形，单击“音频工具”下的“播放”选项卡，将“音频选项”组中的“开始”设置为“自动”，并勾选“放映时隐藏”复选框。

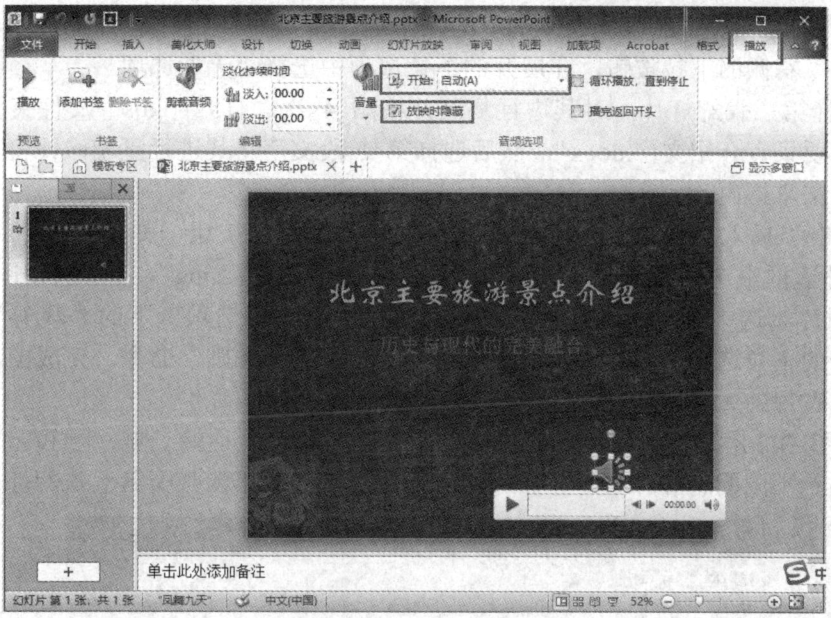

图 3-2-5　完成音频播放设置

5. 添加第二张幻灯片，按要求完成文本内容

(1) 单击“开始”选项卡上“幻灯片”组中的“新建幻灯片”下拉按钮，在展开的下拉选项中选择“标题和内容”选项。

(2) 在幻灯片标题处输入文字“北京主要景点”，然后单击“格式”选项卡，在艺术字样式列表中选择样式“填充绿色，强调文字颜色 3，轮廓文本 2”，如图 3-2-6 所示。再在正文文本框内输入如图 3-2-7 所示的文字，并使用“带填充效果的大方形项目符号”。

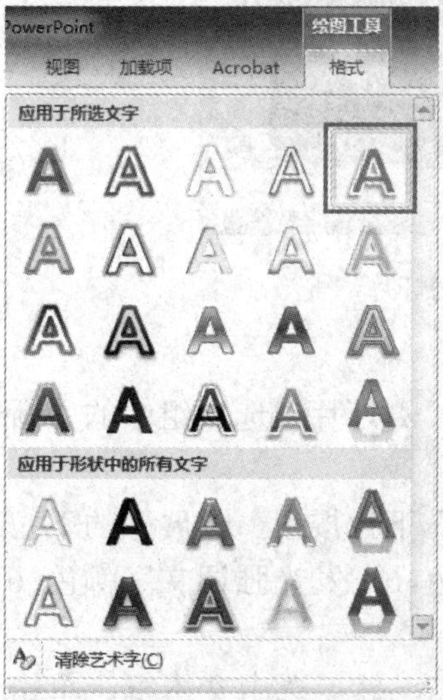

图 3-2-6　设置标题文本艺术字样式

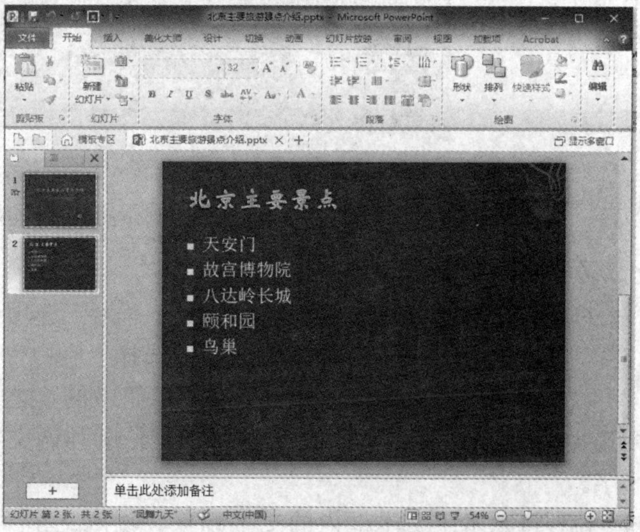

图 3-2-7　完成第二张幻灯片文本输入和设置

6. 制作第三张至第七张幻灯片

(1) 光标定位在第二张幻灯片下方，按回车键新建版式为“标题和内容”的幻灯片，然后选中标题文本框并删除。选中余下的文本框，单击“开始”选项卡上“段落”组中“项目符号”右侧的下拉按钮，在展开的下拉选项中选择“无”选项。

(2) 选择第三张幻灯片，对其进行复制并粘贴 4 次。打开“jdjs”文件夹下的素材文件“北京主要景点介绍文字.docx”，然后选择第 1 段文字将其进行复制，并将其粘贴到第三张幻灯的文本框内。

(3) 单击“插入”选项卡上“图像”组中的“图片”按钮，弹出“插入图片”对话框。在此对话框中选中“jdjs”文件下的素材文件“天安门.jpg”，然后单击“插入”按钮，插入图片。选中第二张幻灯片的图片，单击“格式”选项卡下的“裁剪”下侧的按钮，在展开的下拉选项中选择“裁剪为形状”选项中的“椭圆”命令，完成图片裁剪，然后适当调整图片的大小和位置。

(4) 如图 3-2-8 所示，使用同样的方法将介绍故宫、八达岭长城、颐和园、鸟巢的介绍文字粘贴到不同的幻灯片中，并插入相应的图片，完成第四张至第七张幻灯片制作。

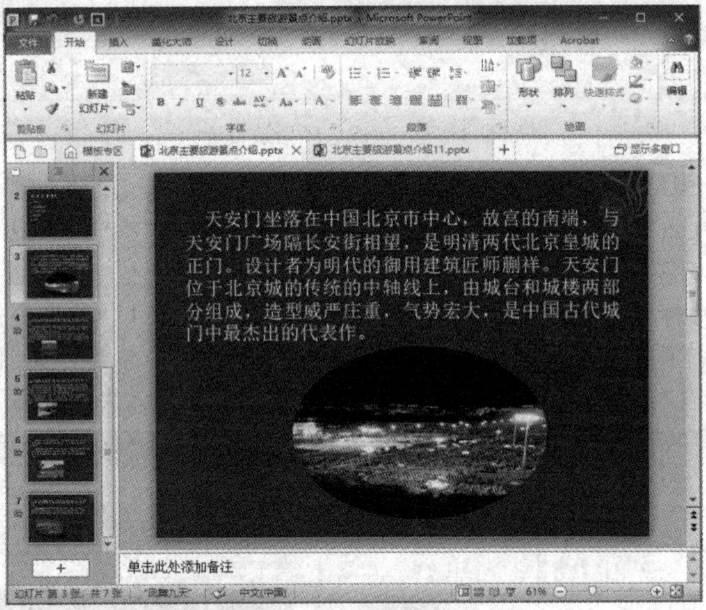

图 3-2-8 分别制作第三张至第七张幻灯片

7. 制作最后一张幻灯片

(1) 选择第七张幻灯片，然后单击“开始”选项卡上“幻灯片”选项组中的“新建幻灯片”下拉按钮，在展开的下拉选项中选择“空白”选项。

(2) 单击“插入”选项卡上“文本”组中的“艺术字”下拉按钮，在展开的下拉选项中选择，“填充深紫，强调文字颜色 6，轮廓强调文字颜色 6，发光强调文字颜色 6”艺术字。

(3) 将艺术字文本框内的文字删除，输入文字“谢谢”，然后选中文本框，单击“格式”选项卡下“对齐”下拉按钮，在展开的下拉选项中选择“左右居中”命令。

8. 设置超链接和动作按钮

(1) 在第二张幻灯片中选择“天安门”字样，然后单击“插入”选项卡上“链接”组中的“超链接”按钮。弹出“插入超链接”对话框，如图 3-2-9 所示，在该对话框中将“链接到”设置为“本文档中的位置”，然后在“请选择文档中的位置”列表框中选择“幻灯片 3”选项，最后单击“确定”按钮完成设置。

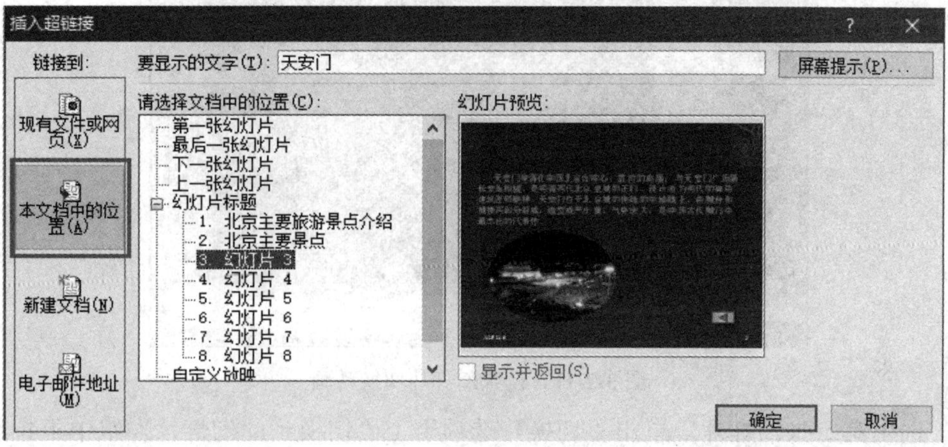

图 3-2-9　设置超链接

(2) 使用同样的方法，将第二张幻灯片列表中余下内容分别超链接到对应的幻灯片上。

(3) 切换至第三张幻灯片，单击“插入”选项卡上“插图”选项组中“形状”下拉按钮，在展开的下拉选项中选择“动作按钮”中的“动作按钮：后退或前一项”形状。

(4) 在第三张幻灯片右下角空白位置绘制动作按钮，绘制完成后弹出“动作设置”对话框，如图 3-2-10 所示，在该对话框中单击“超链接到”中的下拉按钮，在展开的下拉选项中选择“幻灯片”选项，弹出“超链接到幻灯片”对话框。然后在该对话框中选择幻灯片“2. 北京主要景点”，单击“确定”按钮。再次单击“确定”按钮，退出“动作设置”对话框，并在幻灯片中适当调整动作按钮的大小和位置。

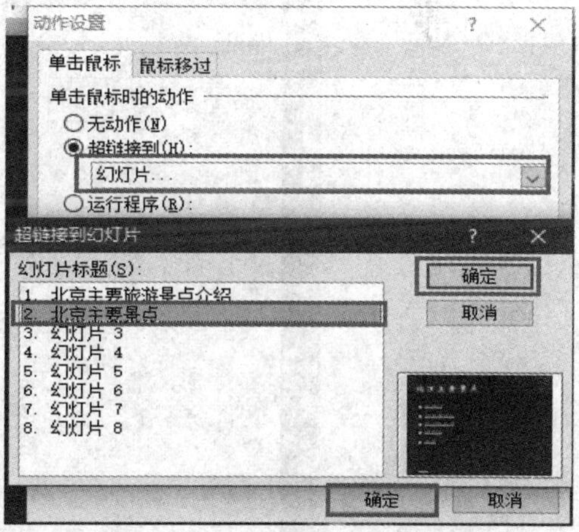

图 3-2-10　完成动作按钮设置

(5) 复制第三张幻灯片上新建的动作按钮粘贴到第四至七张幻灯片中。

9. 设置幻灯片切换动画和对象动画

(1) 选择第一张幻灯片，在“切换”选项卡上“切换到此幻灯片”选项组中单击右下角”下拉按钮，在展开的下拉选项中选择“溶解”选项，如图 3-2-11 所示。

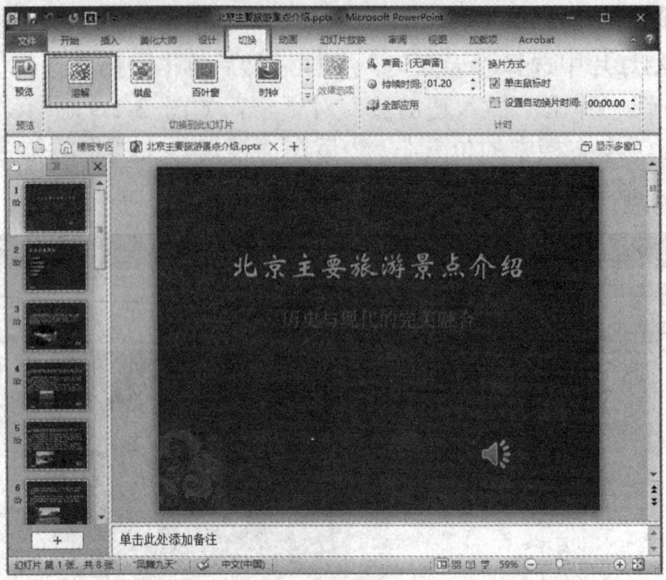

图 3-2-11　设置幻灯片切换动画

(2) 选中第二张幻灯片，单击“切换”选项卡上“切换到此幻灯片”组中下拉选项中的“棋盘”选项，并按同样的方法，为其他幻灯片设置不同的切换效果。

(3) 选中第一张幻灯片的标题文本框，在“动画”选项卡中单击“动画”组中的下拉按钮，在展开的下拉选项中选择“浮入”选项，如图 3-2-12 所示。然后选中该幻灯片中的副标题，设置动画效果为“淡出”。按照同样的方法为余下的幻灯片中的文字和图片对象分别设置不同的动画效果。

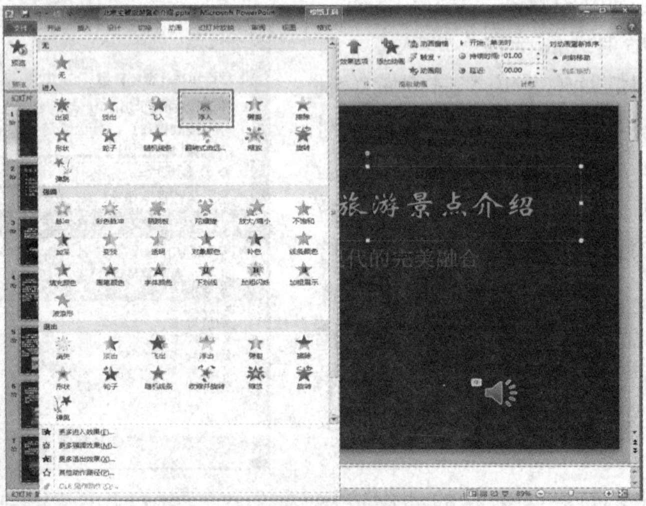

图 3-2-12　设置幻灯片对象动画

10. 设置页脚信息

单击“插入”选项卡上“文本”组中的“页眉和页脚”按钮，在弹出的“页眉和页脚”对话框中勾选“日期和时间”复选框、“幻灯片编号”复选框和“标题幻灯片中不显示”复选框，然后单击“全部应用”按钮，如图 3-2-13 所示。

图 3-2-13　设置页脚信息

11. 设置演示文稿放映方式

(1) 如图 3-2-14 所示，单击“幻灯片放映”选项下“设置”组中的“设置幻灯片放映”按钮，弹出“设置放映方式”对话框。在此对话框的“放映选项”组中勾选“循环放映，按 ESC 键终止”复选框，将“换片方式”设置为手动，然后单击“确定”按钮。

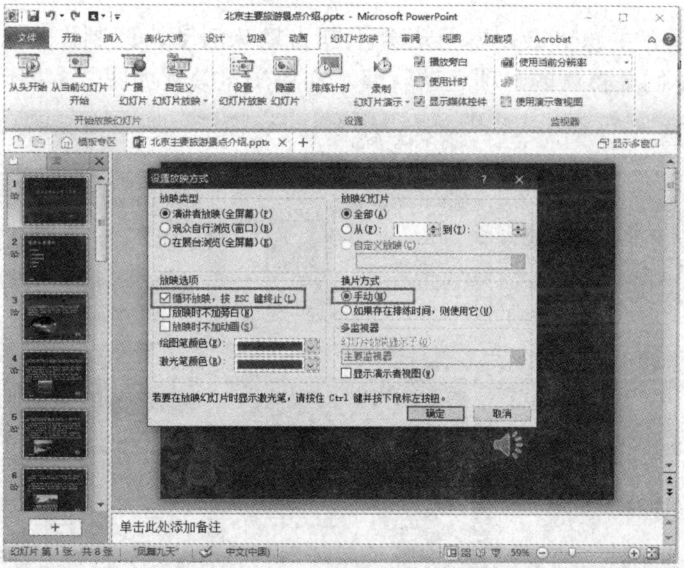

图 3-2-14　设置放映方式

(2) 单击“幻灯片放映”选项卡上的“开始放映幻灯片”组中的“从头开始”选项，放映幻灯片。

12. 保存演示文稿

单击快速访问工具栏的“保存”命令按钮，保存演示文件，完成旅游景点介绍幻灯片的制作。

任务 3.3 制作班会活动演示文稿

一、任务目的

(1) 学会使用母版；

(2) 掌握主题应用知识；

(3) 学会使用艺术字，包括插入艺术字和艺术字的选择、移动，艺术字大小设置，艺术字样式设置等；

(4) 掌握图片使用知识，包括插入图片、图片样式设置以及图片的选择、移动、改变图片大小等；

(5) 掌握超链接、动作按钮的应用；

(6) 掌握插入音频、视频文件操作；

(7) 学会使用 SmartArt 图形；

(8) 学会插入 Excel 表格，并利用表格数据绘制图表；

(9) 学会使用超链接。

二、任务内容

学校每个月都有主题班会，本月班会主题为趣味活动，请制作一个班会活动演示文稿，介绍班上同学们最喜欢的一项运动。演示文稿浏览效果如图 3-3-1 所示。

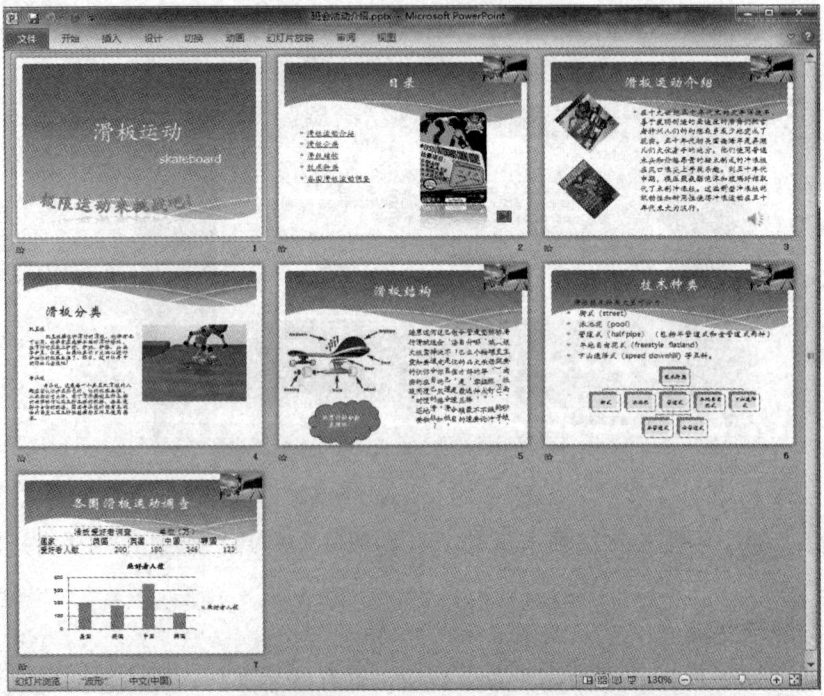

图 3-3-1 演示文稿浏览效果视图

具体要求如下：

(1) 新建演示文稿，命名为“班会活动介绍.pptx”，并保存。

(2) 设置幻灯片母版，在右上角插入一张图片，设置应用主题“波形”。

(3) 添加 6 张新幻灯片，在第一张幻灯片插入艺术字“极限运动来挑战吧”，样式设置为“渐变填充酸橙色，强调文字颜色 4，映像”，文字效果设置为“下弯弧”。

(4) 在第二张幻灯片中设置目录的项目符号以及超链接(目录中的内容与后面每一张幻灯片的标题对应)，插入图片(可自选)及一个动作按钮(自选)。

(5) 第三张幻灯片插入图片(可自选)及音频文件。

(6) 在第四张幻灯片中插入视频文件；在第五张幻灯片中插入形状标注；在第六张幻灯片中插入组织结构图；在第七张幻灯片中插入数据表及图表。

(7) 设置幻灯片切换效果，选择“时钟(顺时针)”切换效果应用于所有幻灯片；给第七张幻灯片添加备注信息。

三、操作步骤

1. 创建演示文稿

在 D 盘根目录下新建文件夹，重命名为“bhhd”，然后在该文件夹下新建一个演示文稿，并重命名为“班会活动介绍.pptx”。并将本任务相关素材全部拷贝到“bhhd”文件夹中。

2. 设置母版

(1) 打开演示文稿，在第一张幻灯片的“单击此处添加标题”处单击鼠标。然后单击“视图”选项卡下的“幻灯片母版”命令按钮，进入幻灯片母版视图，如图 3-3-2 所示。

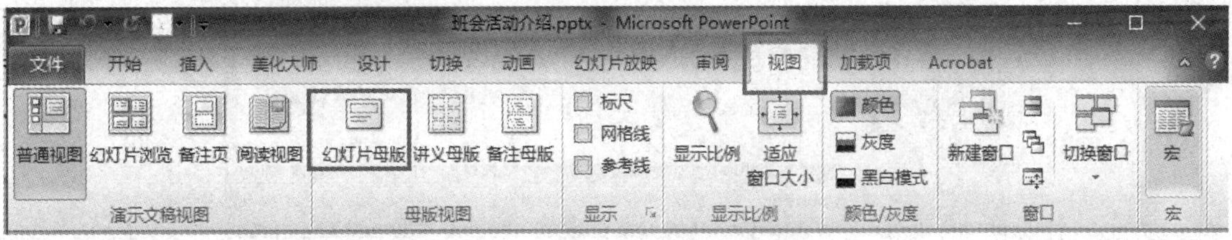

图 3-3-2 单击幻灯片母版命令按钮

(2) 在幻灯片“视图”选项下单击“幻灯片母版”按钮，进入幻灯片母版视图。然后单击“插入”选项卡下的“图片”按钮，再在弹出的“插入图片”对话框中，选择 D:\bhhd 路径下图片“7.jpg”，单击“插入”按钮，完成图片插入。最后将图片移动到幻灯片的右上角，单击“幻灯片母版”选项卡下的“关闭母版视图”按钮关闭母版视图，如图 3-3-3 所示。

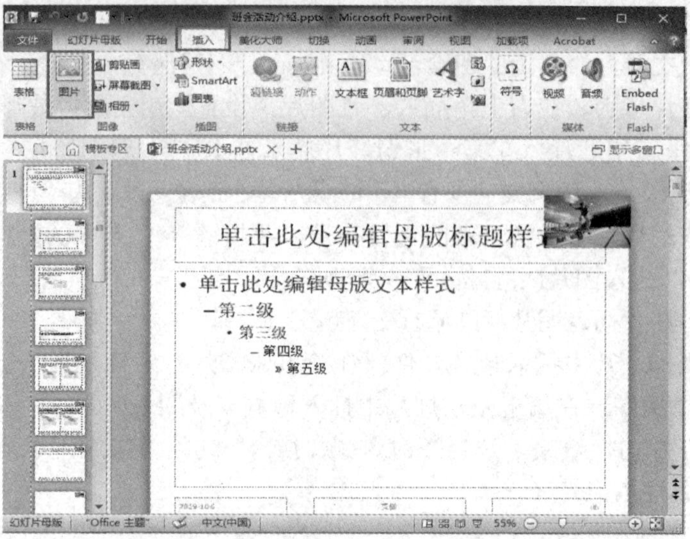

图 3-3-3　在幻灯片母版中插入图片

3. 完成主题设置

如图 3-3-4 所示，单击“设计”选项卡，在主题列表选项中“波形”主题，则完成主题应用。

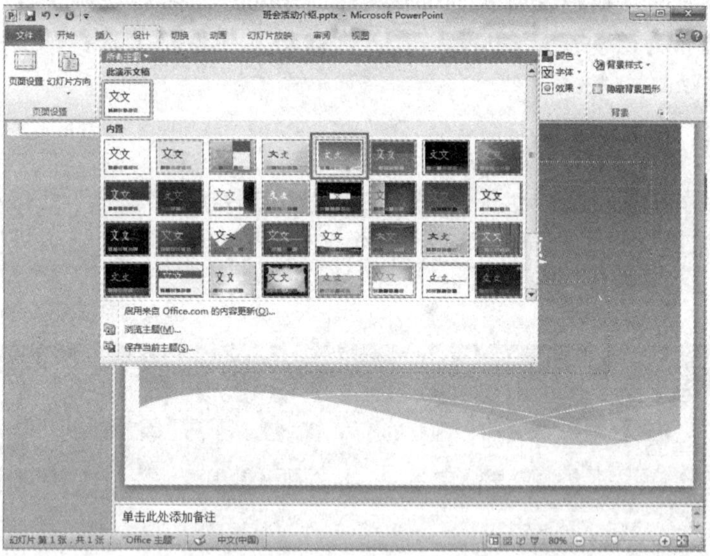

图 3-3-4　进行主题设置

4. 添加幻灯片

选中第一张幻灯片，连续按回车键 6 次，添加 6 张新幻灯片。

5. 制作并美化文稿内容

1) 制作第一张幻灯片

(1) 在标题占位符中输入文字“滑板运动”，设置字体为楷体、66 号，文本居中对齐。

(2) 输入副标题“skateboard”，设置字体为 Arial、36 号，文本右对齐。

(3) 插入艺术字“极限运动来挑战吧”，样式为“渐变填充酸橙色，强调文字颜色 4，映像”，在“艺术字样式”组中单击“文字效果”下拉选项中“转换”下“跟随路径”选项的“下弯弧”。制作好的第一张幻灯片的效果如图 3-3-5 所示。

图 3-3-5　第一页张灯片效果图

2) 制作第二张幻灯片

(1) 单击“开始”选项卡上“版式”下拉选项中的“两栏内容”选项，然后在标题占位符中输入文字“目录”。

(2) 在内容占位符中输入文字“滑板运动介绍”“滑板分类”“滑板结构”“技术种类”“各国滑板运动调查”，采用主题默认的项目符号。

(3) 单击“插入”选项卡上“图片”按钮，在弹出“插入图片”对话框中 D:\bhhd 文件夹下选择并插入图片“1.jpg”。单击“图片工具”选项卡上“图片样式”组中的“映像圆角矩形”选项，如图 3-3-6 所示。

图 3-3-6　设置图片样式

(4) 单击“插入”选项卡上“形状”下拉选项中“动作按钮”选项的“结束”，然后在右下角空白位置绘制动作按钮，如图 3-3-7 所示。绘制完成后在弹出的“动作设置”对话框中设置“单击鼠标的动作”为“超链接到最后一张幻灯片”，如图 3-3-8 所示。

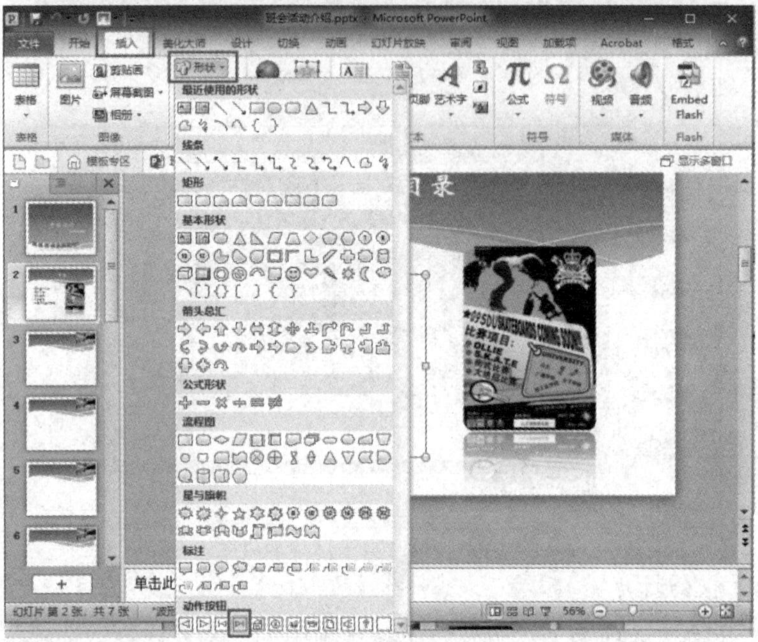

图 3-3-7　绘制动作按钮

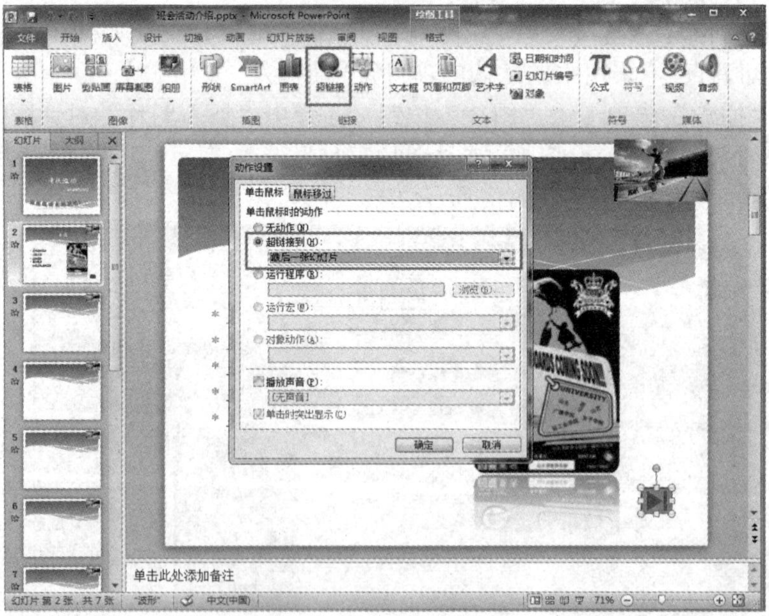

图 3-3-8　设置动作按钮对话框

3) 制作第三张幻灯片

(1) 在第三张幻灯片标题占位符中输入文字“滑板运动介绍”，字体设置为华文新魏、44 号。

(2) 打开素材文件夹中文本文档，复制第一段内容粘贴到内容占位符中。

(3) 从 D:\bhhd 下选择图片“2.jpg”和“3.jpg”并插入到幻灯片，调整图片到合适的位置，并旋转“-45”度，如图 3-3-9 所示。

图 3-3-9　逆时针旋转 45 度

(4) 单击“插入”选项卡上“媒体”组中的“音频”下拉选项中的“文件中的音频”选项，在弹出“插入音频”对话框中选择并插入 D:\bhhd 文件夹下的音频文件“音频 1.wav”，如图 3-3-10 所示。

图 3-3-10　插入音频文件

4）制作第四张幻灯片

(1) 打开第四张幻灯片，单击“开始”选项卡上“幻灯片版式”下拉选项中的“内容与标题”选项，设置幻灯片为“内容与标题”版式。

(2) 在标题占位符中输入文字“滑板分类”，字体设置为华文新魏、44 号。

(3) 打开素材文件夹中文本文档，复制“玩具版”和“专业版”介绍文字粘贴到内容占位符中。

(4) 单击“插入”选项卡上“媒体”组中的“视频”下拉选项中的“文件中的视频”选项，在弹出的“插入视频文件”对话框中选择并插入 D:\bhhd 文件夹下的视频文件“视频 1.wmv”，如图 3-3-11 所示。

图 3-3-11 插入视频文件

5）制作第五张幻灯片

(1) 打开第五张幻灯片单击“开始”选项卡上“幻灯片版式”下拉选项中的“标题与竖排文字”选项，完成版式设置。

(2) 在标题占位符中输入文字“滑板结构”，字体设置为华文新魏、44 号。

(3) 打开素材文件夹中文本文档，复制“滑板主要由……”该段文字粘贴到内容占位符中。

(4) 单击“插入”选项卡下“图片”按钮，在弹出对话框中选择并插入 D:\bhhd 文件夹下的图片“5.jpg”。

(5) 单击“插入”选项卡“形状”下拉选项中“基本形状”选项的“云形”，并输入文字“优质的铝合金支架哦!”，如图 3-3-12 所示。

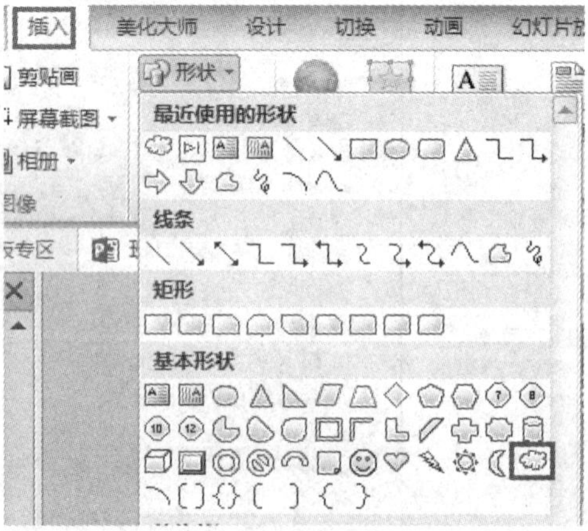

图 3-3-12 插入“云形”形状

6）制作第六张幻灯片

(1) 打开第六张幻灯片，单击“开始”选项卡上“幻灯片版式”下拉选项中“两栏内容”选项，设置幻灯片为“两栏内容”版式。

(2) 在标题占位符中输入文字“技术种类”，字体设置为华文新魏、44 号。

(3) 打开素材文件夹中文本文档，复制介绍滑板技术种类的文字并粘贴到内容占位符中。

(4) 单击“插入”选项卡下“插图”组中的“SmartArt”按钮，在弹出对话框中选择“层次结构”选项中的“层次结构”选项，如图 3-3-13 所示，单击“确定”按钮。然后对文本框进行编辑，输入文字信息。

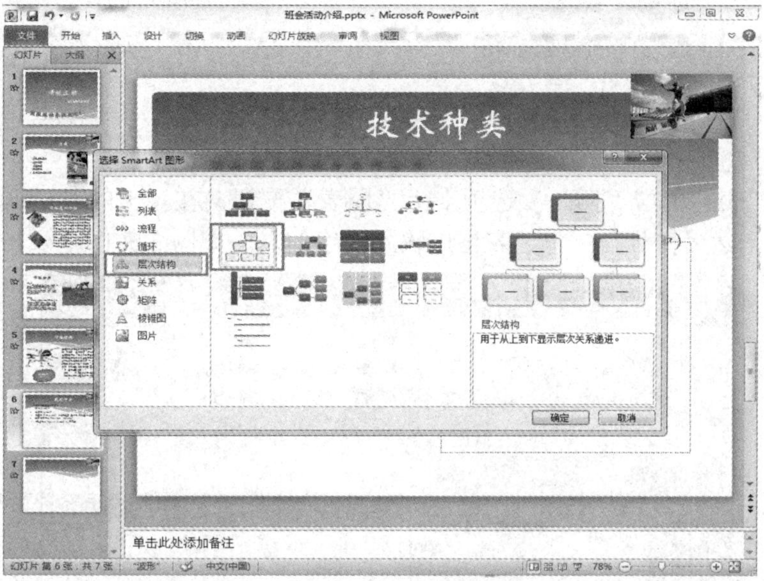

图 3-3-13 设置 SmartArt 流程图

(5) 通过单击“SmartArt 工具”的“设计”组中的按钮对 SmartArt 样式进行调整，再通过单击“SmartArt 工具”的“格式”组中的按钮对形状样式及艺术字样式等进行调整设置，最终效果如图 3-3-14 所示。

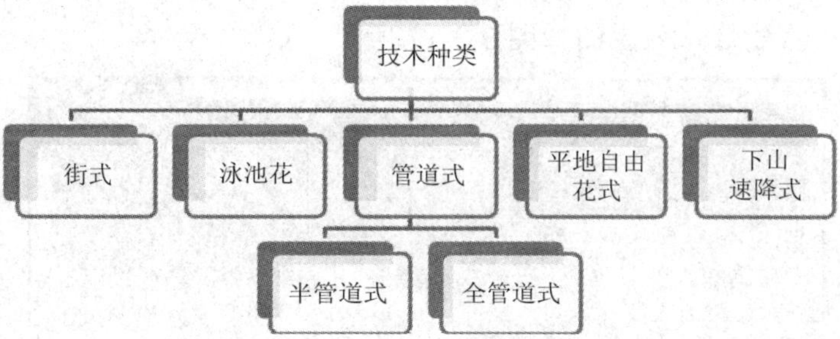

图 3-3-14 编辑 SmartArt 流程图

7) 制作第七张幻灯片

(1) 打开第 7 张幻灯片单击“开始”选项卡上“幻灯片版式”下拉选项中的“标题与内容”选项，完成版式设置。

(2) 在标题占位符中输入文字“各国滑板运动调查”，字体设置为华文新魏、44 号。

(3) 插入数据表。单击“插入”选项卡上“对象”按钮，在弹出的对话框中选择“由文件创建”选项，然后插入 D:\bhhd 文件夹下的文件“各国滑板运动调查表.xls”，如

图 3-3-15 所示。

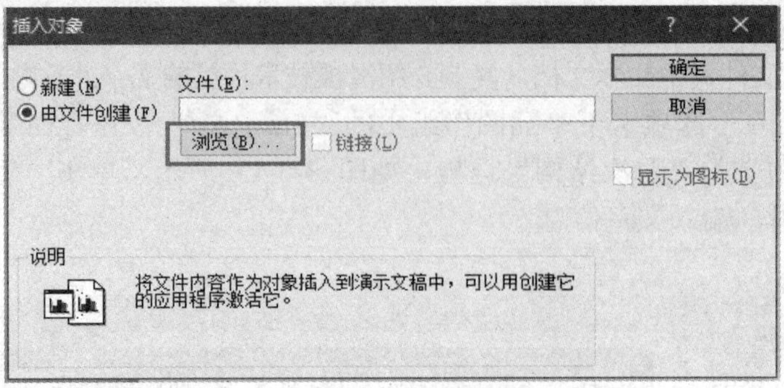

图 3-3-15　插入外部数据表对象

(4) 插入图表。单击“插入”选项卡上“图表”按钮，在弹出的对话框中选择“簇状柱形图”选项，然后在打开的电子表格中输入文字信息，如图 3-3-16 所示。

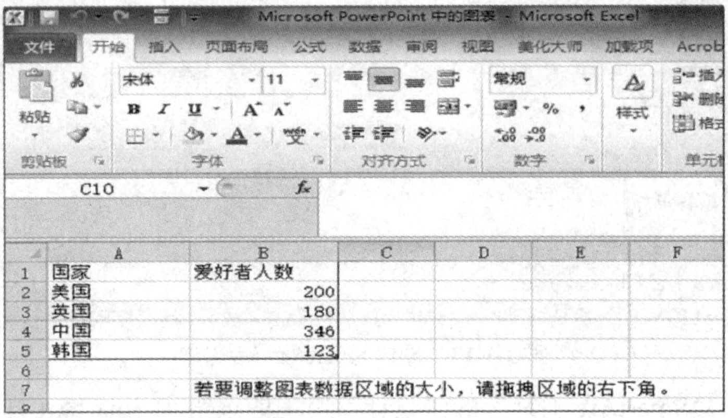

图 3-3-16　在电子表格中输入文字信息

(5) 鼠标拖动调整簇状柱形图的大小和位置。

制作好的第七张幻灯片效果图如图 3-3-17 所示。

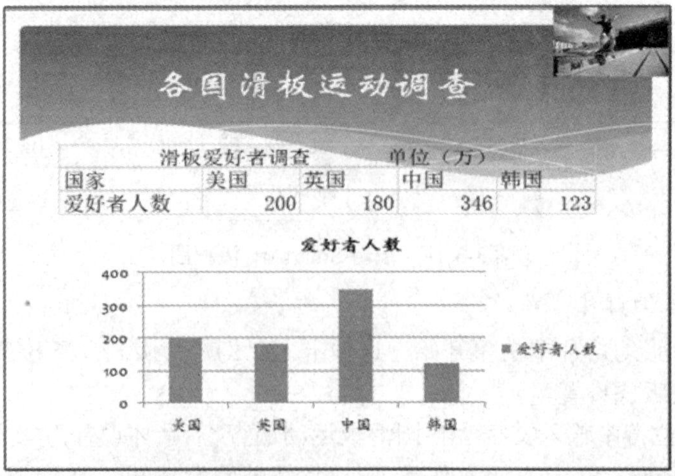

图 3-3-17　第七张幻灯片效果图

6. 设置超链接

切换到第二张幻灯片，先选定要设置的超链接内容“滑板运动介绍”文字，如图 3-3-18 所示，然后单击“插入”选项卡上“超链接”按钮，在弹出的“插入超链接”对话框中选择“本文档中的位置”选项中对应的幻灯片“3.滑板运动介绍”。重复上述方法，完成剩余目录中的内容与后面每一张幻灯片的标题对应超链接。

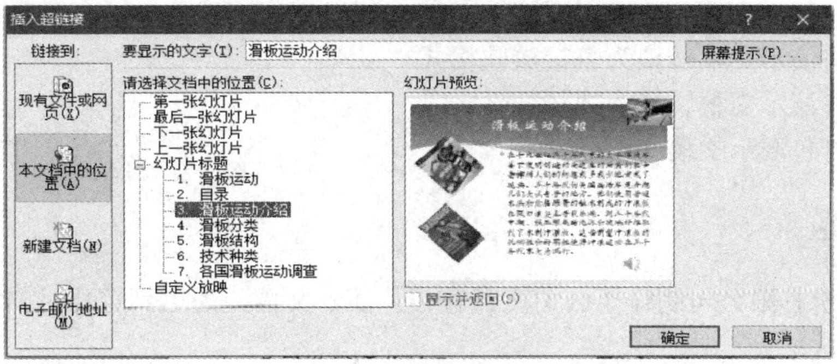

图 3-3-18 插入超链接

7. 设置幻灯片切换效果

单击“切换”选项卡上“切换到此幻灯片”下拉选项“华丽型”中“时钟”选项下的“效果选项”(选择“顺时针”)，如图 3-3-19 所示，然后单击“全部应用”按钮。

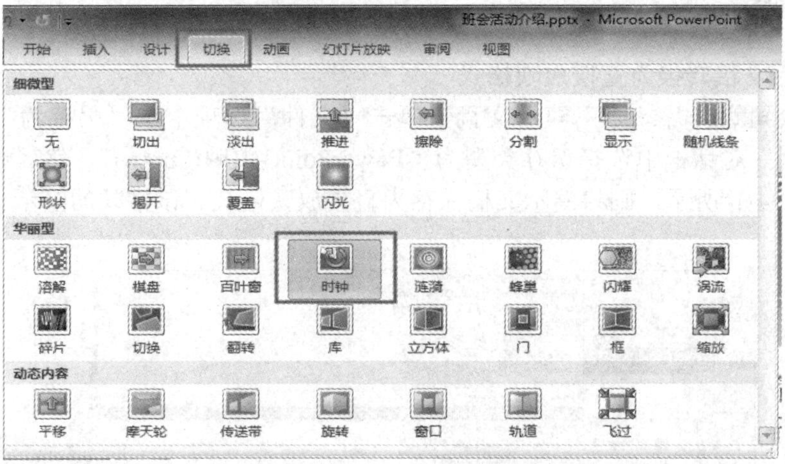

图 3-3-19 设置切换效果

8. 添加备注

选择第七张幻灯片，在备注窗格中添加备注信息“版权所有，xxx 班级作品，请勿抄袭！”。

9. 播放演示幻灯片

单击“幻灯片放映”选项卡上“开始放映幻灯片”组中的“从头开始”选项，放映幻灯片。

10. 保存演示文稿

单击快速访问工具栏的“保存”命令按钮，保存演示文稿，完成班会活动介绍演示文稿制作。

任务 3.4 共享与打包演示文稿

一、任务目的

(1) 学会将演示文稿转换为直接放映格式。

(2) 学会将演示文稿转换为视频文件。

(3) 学会打包演示文稿。

二、任务内容

某汽车股份有限公司制作了公司产品宣传片演示文稿，为达到宣传目的和展示效果，提出有以下要求：

(1) 将演示文稿转换为直接放映格式。

(2) 将演示文稿转换为视频文件。

(3) 对演示文稿打包以便直接发布到网上。

三、操作步骤

1. 将演示文稿转换为直接放映格式

打开“公司宣传片.pptx”演示文稿，单击“文件”选项卡上“另存为”命令，在弹出的“另存为”对话框中选择保存类型为“PowerPoint 放映(*ppsx)”，然后单击“保存”按钮，如图 3-4-1 所示，则将演示文稿保存为直接放映格式。该格式的演示文稿打开时会自动放映。

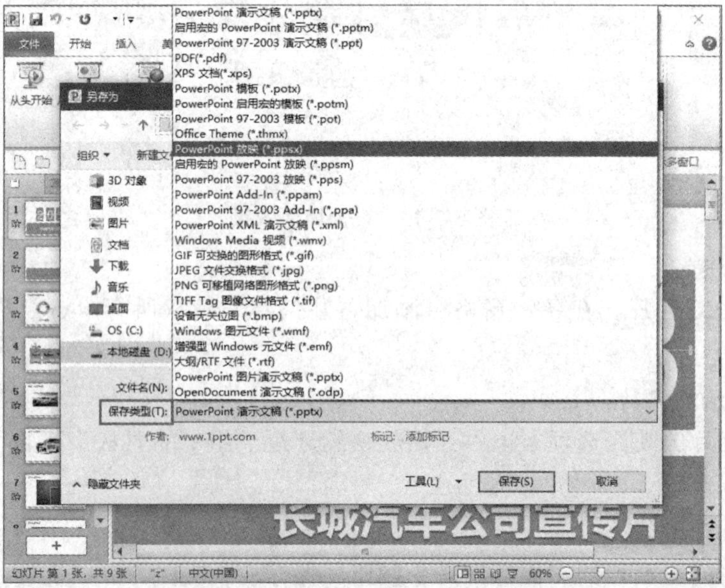

图 3-4-1 将演示文稿保存为放映格式

2. 将演示文稿转换为视频文件

方法 1：打开演示文稿，单击“文件”选项卡上“另存为”命令，如图 3-4-2 所示，在弹出的“另存为”对话框中选择保存类型为“Windows Media 视频(*.wmv)”，然后单击“保存”按钮，则将演示文稿上转为视频文件。

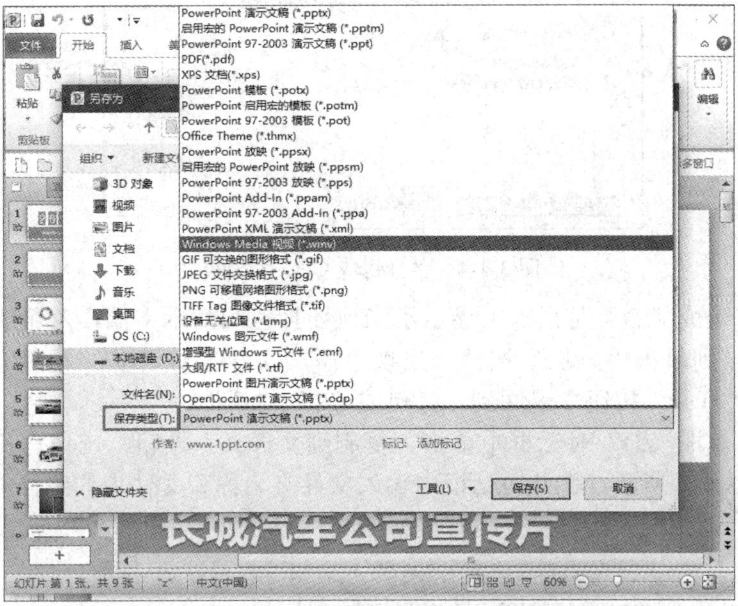

图 3-4-2　将演示文稿保存为视频文件

方法 2：打开演示文稿，单击“文件”选项卡下“保存并发送”命令中“创建视频”子命令，如图 3-4-3 所示，可以在“创建视频”窗格的“放映每张幻灯片的秒数”编辑框设置每张幻灯片切换的时间间隔(默认 5.00 秒)，然后单击“创建视频”按钮，则生成一个视频文件。

图 3-4-3　创建视频文件

3. 打包演示文稿

(1) 打开演示文稿，单击“文件”选项卡上“保存并发送”命令，然后在展开的子菜单中双击“将演示文稿打包成CD”命令，出现“打包成CD”对话框，如图3-4-4所示。

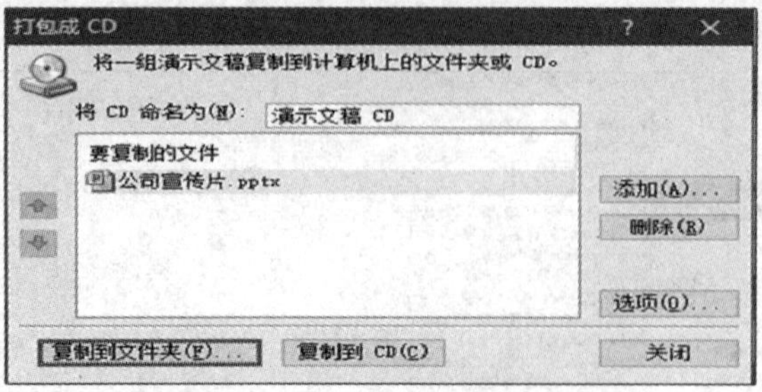

图3-4-4 “打包成CD”对话框

(2) 在“打包成 CD”对话框中显示了当前要打包的演示文稿，若希望将其他演示文稿也一起打包，则单击“添加”按钮，出现“添加文件”对话框，从中选择要打包的文件，然后单击“打开”按钮，返回到“打包成CD”对话框。

(3) 在“打包成 CD”对话框中单击“复制到文件夹”按钮，出现“复制到文件夹”对话框，如图 3-4-5 所示。在此对话框中输入文件夹名称和文件夹的路径位置，然后单击“确定”按钮，则系统开始打包并将打包好的文件存放到指定的文件夹。

图3-4-5 复制到文件夹对话框

上述方法实现了演示文稿打包到磁盘的文件夹，如果计算机安装了光盘刻录设备，也可以将演示文稿打包到 CD 光盘。演示文稿打包后，可以在没有安装 PowerPoint 软件的计算机上放映。

任务3.5 二级考试真题

试 题 一

一、考试题目

请根据提供的素材文件“ppt 素材.docx”中的文字、图片设计、制作演示文稿，并以文件名“ppt.pptx”存盘，具体要求如下：

1. 将素材文件中每个矩形框中的文字及图片设计为 1 张幻灯片，并为演示文稿插入幻灯片编号，与矩形框前的序号一一对应。

2．将第一张幻灯片作为标题页，标题为“云计算简介”，并将其设为艺术字；要标注制作日期(格式：XXXX 年 XX 月 XX 日)，并指明制作者为“考生 XXX”。

3．幻灯片版式至少要有 3 种，并为演示文稿选择一个合适的主题。

4．为第二张幻灯片中的每项内容插入超级链接，单击时链接到相应幻灯片。

5．第五张幻灯片采用 SmartArt 图形中的组织结构图来表示，最上一级内容为“云计算的五个主要特征”，其下一级依次为具体的五个特征。

6．为每张幻灯片中的对象添加动画效果，并设置 3 种以上幻灯片切换效果。

7．增大第六、七、八页中图片显示比例，达到良好的视觉效果；第 9 张幻灯片中的“敬请批评指正！”采用艺术字。

二、参考答案

1. 【解题步骤】

(1) 新建演示文稿，命名为“ppt.pptx”。

(2) 打开演示文稿“ppt.pptx”，单击“开始”选项卡上“幻灯片”组中的“新建幻灯片”按钮。

(3) 按照步骤 2 相同的方式操作 8 次，最终新建 9 张幻灯片。

(4) 分别将素材文件中每个矩形框中的文字及图片复制到相应幻灯片中，并且顺序要一一对应。

(5) 单击“插入”选项卡上“文本”组中的“幻灯片编号”按钮，在弹出的“页眉与页脚”对话框中切换至“幻灯片”选项卡，然后勾选“幻灯片编号”复选框。设置完成后单击“全部应用”按钮。

2. 【解题步骤】

(1) 选中第一张幻灯片，单击鼠标右键，在弹出的快捷菜单中选择“版式”子菜单中的“标题幻灯片”命令。

(2) 选中文字“云计算简介”，然后单击“插入”选项卡上“文本”组中的“艺术字”按钮，在弹出的下拉选项中选择任意一种艺术字效果，这里选择第一种效果。

(3) 将幻灯片中显示的艺术字替换原有的标题文本。

(4) 单击“插入”选项卡上“文本”组中的“文本框”按钮，在弹出的下拉选项中选择“横排文本框”选项。然后在文本框中输入制作日期和指明制作作者。

(5) 选中第九张幻灯片中的文字“敬请批评指正！”，然后单击“插入”选项卡下“文本”组中的“艺术字”按钮，在弹出的下拉选项中选择任意一种艺术字效果，这里选择第一种效果。最后删除原有的文字“敬请批评指正！”。

3. 【解题步骤】

(1) 选中第七、八、九张幻灯片，单击鼠标右键，然后在弹出的快捷菜单中选择“版式”子菜单中的“空白”命令。

(2) 选中第五、六张幻灯片，单击鼠标右键，在弹出的快捷菜单中选择“版式”子菜单中的“标题和内容”命令。

(3) 选中第二、三、四张幻灯片，单击鼠标右键，在弹出的快捷菜单中选择“版式”子菜单中的“节标题”命令。

(4) 单击“设计”选项卡下“主题”组中的下拉按钮，在展开的下拉选项中选择合适的主题，这里选择“顶峰”主题。

4. 【解题步骤】

(1) 选中第二张幻灯片的文字“一、云计算的概念”，然后单击鼠标右键，在弹出的快捷菜单中选择“超链接”命令，弹出“插入超链接”对话框。在此对话框“链接到”组中选择“本文档中的位置”选项后，再选择“3.一、与计算的概念”选项。最后单击“确定”按钮。

(2) 选中第二张幻灯片的文字“二、云计算的特征”，然后单击鼠标右键，在弹出的快捷菜单中选择“超链接”命令，弹出“插入超链接”对话框。在此对话框“链接到”组中选择“本文档中的位置”命令后，再选择“4. 二、云计算的特征”选项。最后单击“确定”按钮。

(3) 选中第二张幻灯片的文字“三、云计算的服务形式”，然后单击鼠标右键，在弹出的快捷菜单中选择“超链接”命令，弹出“插入超链接”对话框。在此对话框“链接到”组中选择“本文档中的位置”命令后，再选择“6. 三、云计算的服务形式”选项。最后单击“确定”按钮。

5. 【解题步骤】

(1) 选中第五张幻灯片，单击“插入”选项卡下“插图”组中的“SmartArt”按钮，在弹出的“选择 SmartArt 图形”对话框中选择“层次结构”选项中的“组织结构图”选项，然后单击“确定”按钮。

(2) 选中 SmartArtlt 图形左侧的文本框，按组合键 Ctrl+C 和 Ctrl+V，在 SmartArt 图形右侧再复制一个文本框。

(3) 将第五张幻灯片中的内容按要求分别剪切到对应的 SmartArt 文本框中。

6. 【解题步骤】

(1) 选中第二张幻灯片的文字“一、云计算的概念”，然后单击“动画”选项卡下“动画”组中的“淡出”按钮。

(2) 选中第二张幻灯片的文字“二、云计算的特征”，然后单击“动画”选项卡下“动画”组中的“飞入”按钮。

(3) 选中第二张幻灯片的文字“三、云计算的服务形式”，然后单击“动画”选项卡下“动画”组中的“浮入”按钮。

(4) 其他张幻灯片对象的动画效果设置参考步骤(1)、(2)、(3)。

(5) 选中第二张幻灯片，单击“切换”选项卡下“切换到此幻灯片”组中的“切出”按钮。

(6) 选中第三张幻灯片，单击“切换”选项卡下“切换到此幻灯片”组中的“淡出”按钮。

(7) 选中第四张幻灯片，单击“切换”选项卡下“切换到此幻灯片”组中的“推进”按钮。

(8) 其他张幻灯片切换效果设置参考步骤(6)、(7)、(8)。

7.【解题步骤】

(1) 选中第六张幻灯片中的图片，将鼠标移至图片的右下角处，当鼠标指针变为“双箭头”时长按左键拖动调节图片的尺寸，到合适大小时松开鼠标。

(2) 同步骤 1 方法调节第七张幻灯片中的图片大小。

(3) 同步骤 1 方法调节第八张幻灯片中的图片大小。

试 题 二

一、考试题目

请根据提供的文件“ppt 素材及设计要求.docx”设计制作演示文稿，并以文件名“ppt.pptx”存盘，具体要求如下：

1．演示文稿中需包含 6 张幻灯片，每张幻灯片的内容与文件“ppt 素材及设计要求.docx”中的序号内容相对应，并为演示文稿选择一种内置主题。

2．设置第一张幻灯片为标题幻灯片，标题为“学习型社会的学习理念”，副标题包含制作单位“计算机教研室”和制作日期(格式：XXXX 年 XX 月 XX 日)内容。

3．设置第三、四、五张幻灯片为不同版式，并根据文件“ppt 素材及设计要求.docx”内容将其所有文字布局到各对应幻灯片中，第四张幻灯片需包含所指定的图片。

4．根据文件“ppt 素材及设计要求.docx”中的动画类别提示设计演示文稿中的动画效果，并确保各幻灯片中的动画效果先后顺序合理。

5．在幻灯片中突出显示文件“ppt 素材及设计要求.docx”中重点内容(素材中加粗部分)，包括字体、字号、颜色等。

6．第二张幻灯片作为目录页，采用垂直框列表 SmartArt 图形表示文件“ppt 素材及设计要求.docx”中要介绍的三项内容，并为每项内容设置超级链接，单击各链接时跳转到相应幻灯片。

7．设置第六张幻灯片为空白版式，并修改该页幻灯片背景为纯色填充。

8．在第六张幻灯片中插入包含文字为“结束”的艺术字，并设置其动画动作路径为圆形形状。

二、参考答案

1.【解题步骤】

(1) 打开素材文件“ppt 素材及设计要求.docx”。

(2) 启动 Microsoft PowerPoint 2010 软件，自动新建一个空白文档。

(3) 切换至“设计”选项卡，在“主题”选项组中选择“暗香扑面”主题。然后按 Ctrl+M 组合键新建幻灯片，使幻灯片数量为 6 张。

2.【解题步骤】

选择第一张幻灯片，切换至“开始”选项卡，然后单击“幻灯片”选项组中的“版式”

下拉按钮，在弹出的下拉选项中选择“标题幻灯片”选项，在标题处输入文本“学习型社会的学习理念”，在副标题处输入文本“计算机教研室”和“XXXX 年 XX 月 XX 日”。

3. 【解题步骤】

按上题 2 同样的方式对第三、四、五张幻灯片的版式进行设计。设置第三张幻灯片板式为“标题和内容”，第四张幻灯片版式为“比较”，第五张幻灯片版式为“内容与标题”，分别将文件“ppt 素材及设计要求.docx”中对应的文字、图片复制到第三、四、五张幻灯片中，并设置合适的字体、字号。

4. 【解题步骤】

(1) 根据文件“ppt 素材及设计要求.docx”中的动画说明，选择演示文稿相应的文本框对象，切换至“动画”选项卡，在动画选项组中选择相应的动画效果。

(2) 选中第三张幻灯片中的文件框“知识的更新速率……”，单击“动画”选项卡下动画选项组的下拉按钮，在展开的下拉选项中选中“退出”组中的“淡出”选项。

(3) 其他动画设置均参照上述方法。

5. 【解题步骤】

对照文件“ppt 素材及设计要求.docx”中加粗文字，选定演示文稿中的相关文字，切换至“开始”选项卡，在“字体”选项组中设置与默认“字”“字号”“颜色”不同的“字体”“字号”“颜色”。

6. 【解题步骤】

(1) 选定第二张幻灯片，切换至“插入”选项卡，单击“插图”选项组中的“SmartArt”按钮，在弹出的对话框中选择“列表”的“垂直框列表”选项。

(2) 分别按文件“ppt 素材及设计要求.docx”中的要求输入相应文本，分别选择文本框“一、现代社会知识更新的特点”“二、现代文盲——功能性文盲”“三、学习的三重目的”，然后切换至“插入”选项卡，单击“链接”选项组中的“超链接”按钮，并选择“本文档中的位置”选项，最后分别点击链接目标为“幻灯片 3”“幻灯片 4”“幻灯片 5”。

7. 【解题步骤】

(1) 选择第六张幻灯片，切换至“开始”选项卡，在“幻灯片”选项组中，选择“版式”下的“空白”选项。

(2) 在幻灯片上单击鼠标右键，在弹出的快捷菜单中选择“设置背景格式”命令，在弹出的对话框中选择“填充”，在“填充”下选择“纯色填充”单选按钮，将“颜色”设为与主题相应的颜色，然后单击“关闭”按钮，关闭对话框。

8. 【解题步骤】

(1) 选定第六张幻灯片，切换至“插入”选项卡，单击“文本”选项组中的“艺术字”下拉按钮，在下拉选项中任意一种艺术字样式，然后输入文本“结束”。

(2) 选定艺术字对象，切换至“动画”选项卡，在“动画”选项组中选择“动作路径”下的“形状”(圆形样)按钮，并适当调整路径的大小。

(3) 以文件名“ppt.pptx”保存制作好的演示文稿。

第 4 章　文件管理工具

任务 4.1　文件的压缩和解压缩操作

一、任务目的

(1) 了解 WinRAR 软件基本功能；
(2) 熟悉 WinRAR 软件的工作界面；
(3) 掌握使用 WinRAR 软件对文件进行压缩及解压缩的方法。

二、任务内容

(1) 安装 WinRAR 软件；
(2) 在 D 盘上建立一个压缩文件夹，命名为“我的压缩文档”；
(3) 对文件进行各种形式的压缩；
(4) 对压缩文件进行解压缩，将文件解压缩到“D:\我的文档”文件夹下；
(5) 加密文件的解压缩；
(6) 对分卷压缩包进行解压缩；
(7) 自动解压具有可执行文件的压缩包。

三、操作步骤

1. 安装 WinRAR 软件

计算机安装 WinRAR 软件，请根据以下步骤进行安装。

(1) 打开百度网站，输入关键字“WinRAR”搜索 WinRAR 下载点，下载 WinRAR 软件，如图 4-1-1、图 4-1-2 所示。

(2) 双击下载的 WinRAR 安装包，弹出安装界面，单击“立即安装”按钮。认真阅读其中的设置说明，根据需要选择相应的选项，然后单击“确定”按钮，如图 4-1-3 所示。

(3) 安装完毕后弹出安装完成提示框，单击“安装成功”按钮完成安装。

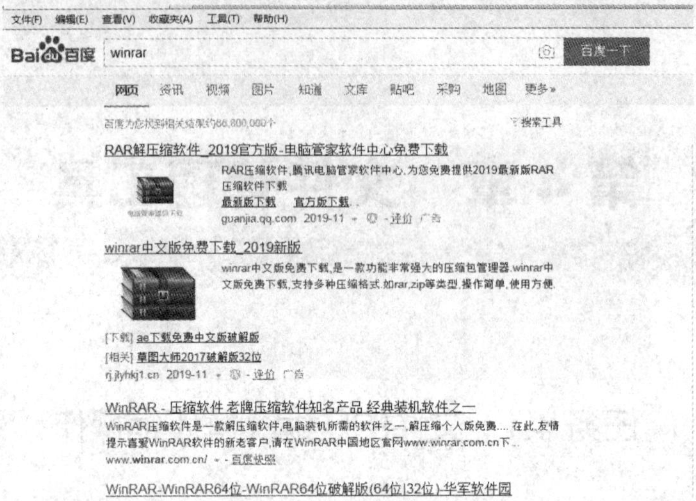

图 4-1-1　搜索 WinRAR 下载点

图 4-1-2　设置下载的地址

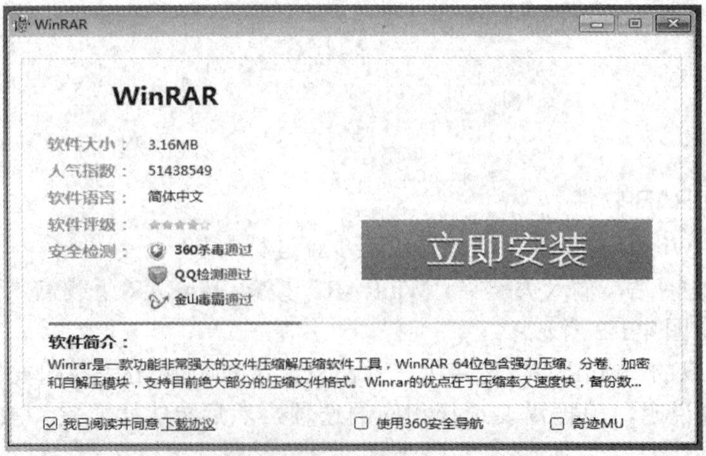

图 4-1-3　安装 WinRAR

2. 建立压缩文件夹

(1) 打开资源管理器中“计算机”的 D 盘，新建一个文件夹“我的压缩文档”，如图 4-1-4 所示。

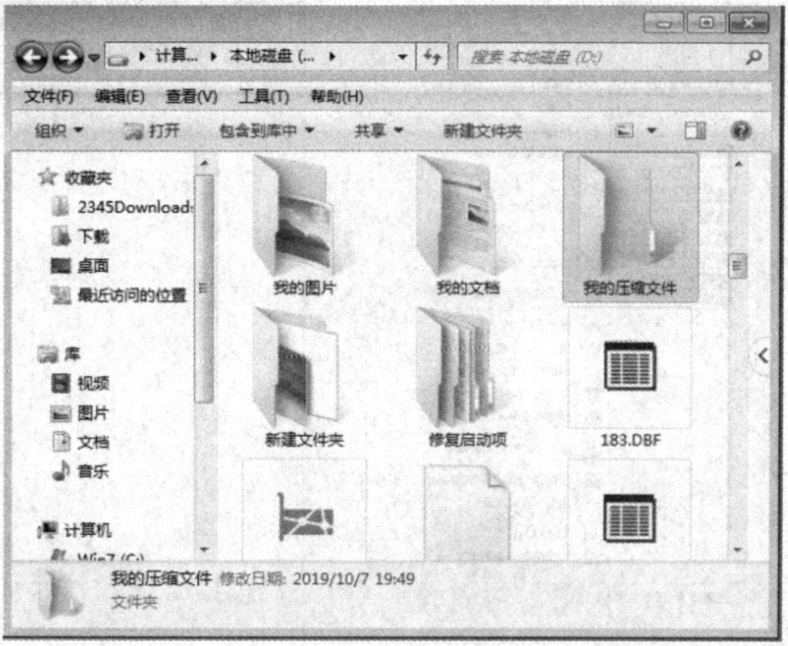

图 4-1-4　建立文件夹

(2) 从其他文件夹中选定一些文件复制到新建的文件夹中，如图 4-1-5 所示。

图 4-1-5　复制文件到新建的文件夹

3. 快速压缩文件

(1) 选定文件夹“我的压缩文档”下所有文件，单击鼠标右键，在弹出的快捷菜单中单击“添加到压缩文件...”命令，打开“压缩文件名和参数”对话框，如图 4-1-6 所示。

(a)

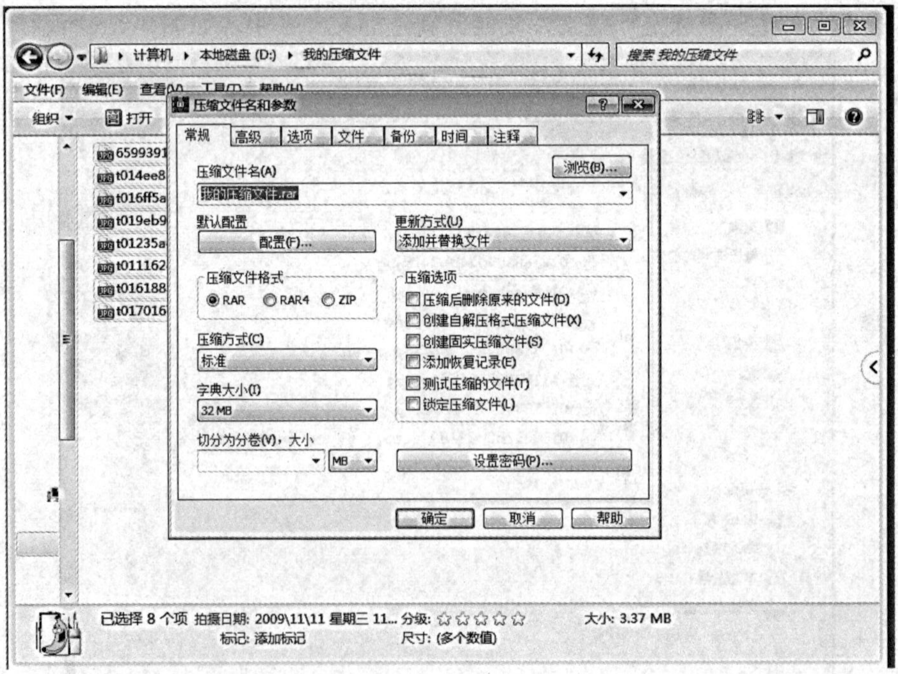

(b)

图 4-1-6　创建新的压缩文件

(2) 单击“确定”按钮，完成压缩操作，这时压缩包出现在文件夹中，如图 4-1-7 所示。

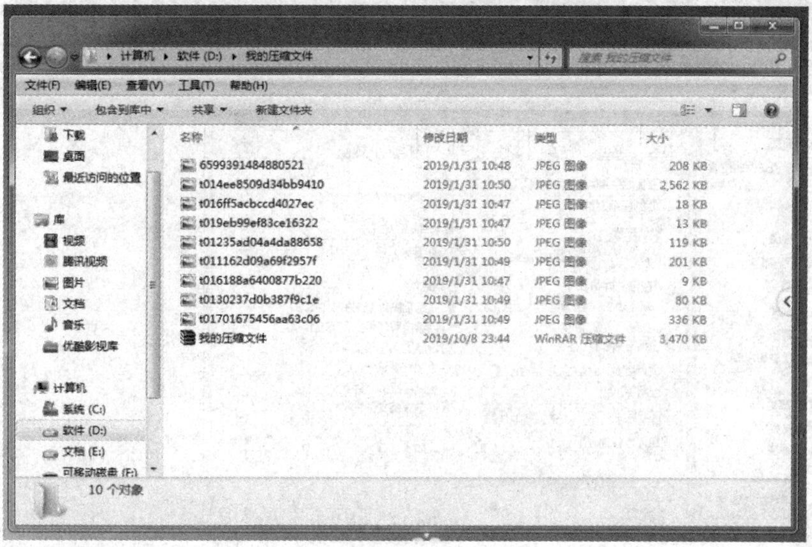

图 4-1-7　生成压缩文件

4. 加密压缩

(1) 选定文件，然后单击鼠标右键，在弹出的快捷菜单中单击“添加到压缩文件...”命令，打开“压缩文件名和参数”对话框。在弹出的对话框中，单击右下角“设置密码”按钮，弹出“输入密码”对话框，如图 4-1-8 所示。

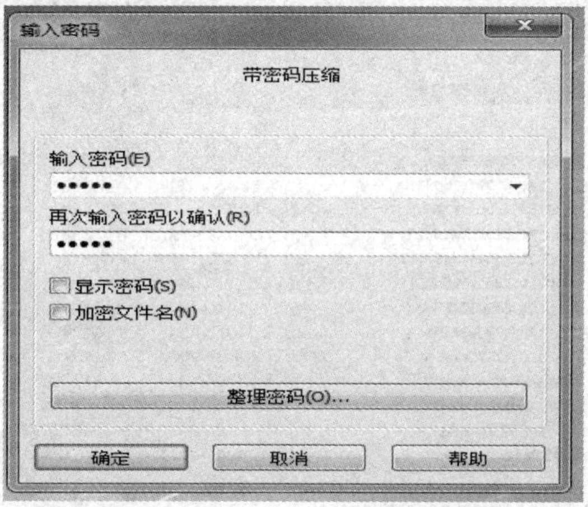

图 4-1-8　“输入密码”对话框

(2) 在对话框中先后两次输入密码“54321”，然后单击“确定”按钮，完成带密码压缩文件的操作。

5. 分卷压缩

(1) 选定文件，然后单击鼠标右键，在弹出的快捷菜单中选择“添加到压缩文件...”命令，打开“压缩文件名和参数”对话框。

(2) 在对话框从左下角“切分为分卷(V)，大小”下拉列表中选择分割后的文件大小，如 1 MB，如图 4-1-9 所示。

图 4-1-9　分卷压缩设置

(3) 单击“确定”按钮，开始分卷压缩。压缩完成后，在同一个文件夹下可以看到生成的多个压缩包，如图 4-1-10 所示。

图 4-1-10　生成分卷压缩包

6. 压缩为可执行文件

(1) 选定文件，然后单击鼠标右键，在弹出的快捷菜单中选择“添加到压缩文件...”命令，打开“压缩文件名和参数”对话框。在此对话框的“压缩选项”中勾选“创建自解压格式压缩文件”选项，如图 4-1-11 所示。

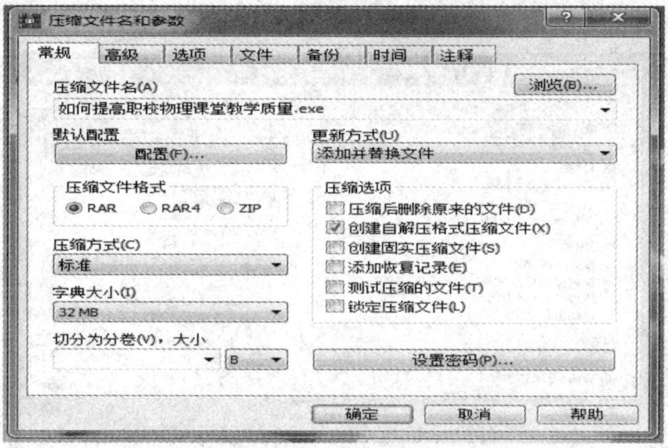

图 4-1-11　创建自解压格式压缩文件

(2) 单击“确定”按钮，生成自解压的压缩文件。它的图标与普通压缩文件的图标略有不同，可以通过图标判定压缩文件的格式，如图 4-1-12 所示。

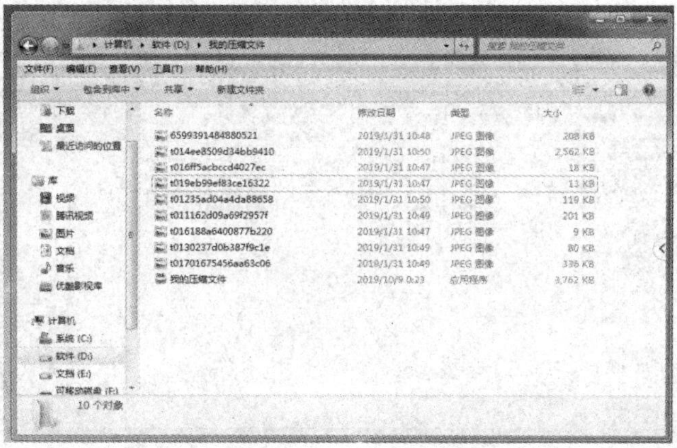

图 4-1-12　生成可执行文件

7. 解压缩文件

(1) 在普通压缩文件“我的压缩文件.rar”上单击鼠标右键，从弹出的快捷菜单中选择“解压文件...”命令，如图 4-1-13 所示。

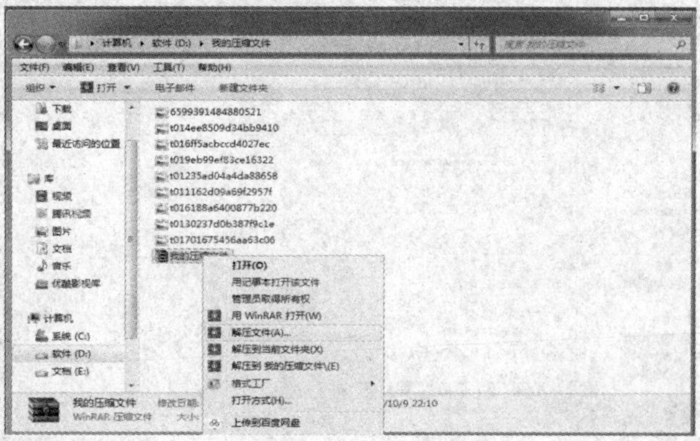

图 4-1-13　解压文件

(2) 将解压文件的路径设为“D:\我的文档”，如图 4-1-14 所示。

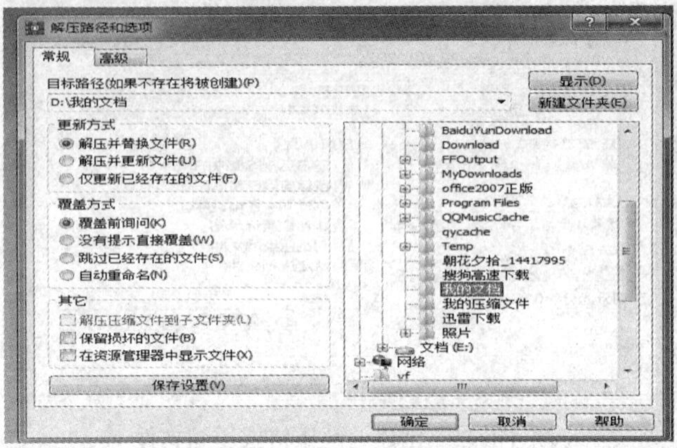

图 4-1-14　设定解压文件的目标路径

(3) 单击“确定”按钮，完成解压操作。打开文件夹“D:\我的文档”，可以看到解压后的文件，如图 4-1-15 所示。

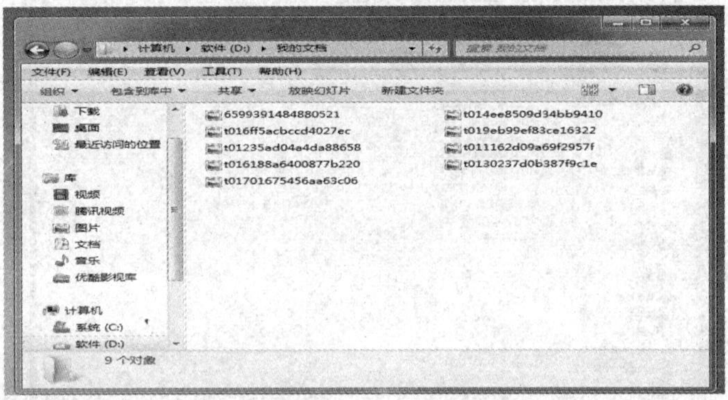

图 4-1-15　解压后的文件

8. 加密文件的解压缩

压缩文件经过加密压缩，则解压过程中会弹出“输入密码”对话框，这时必须输入正确密码“54321”，并单击“确定”按钮，才能完成解压缩操作，如图 4-1-16 所示。

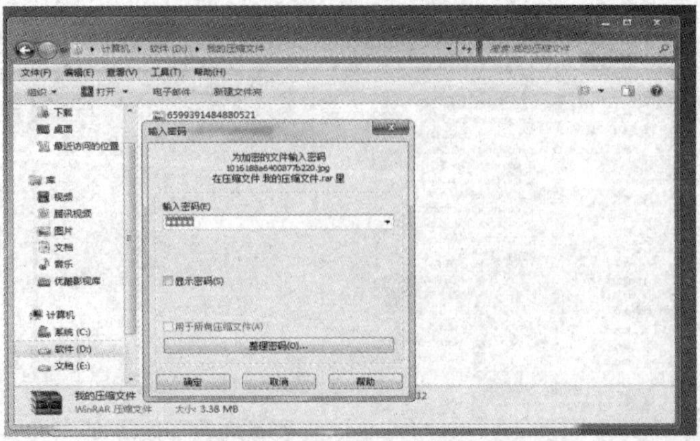

图 4-1-16　加密文件的解压缩

9. 分卷压缩包的解压缩

对于分卷压缩文件进行解压的操作方法与普通压缩文件的解压方法一样，但注意不能缺少任何一个分卷，否则不能完成解压缩工作。当缺少分卷时则会出现提示，如图 4-1-17 所示。

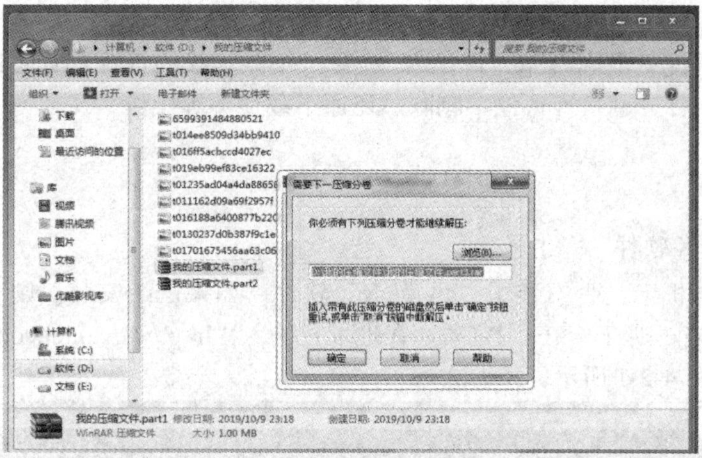

图 4-1-17 分卷压缩包的解压缩

10. 自动解压具有可执行文件的压缩包

对具有可执行文件的压缩包进行解压时，只需直接双击该压缩包，在弹出的对话框中将目标文件夹设置为“D:\我的文档”，然后单击“解压”按钮，则完成操作，如图 4-1-18 所示。

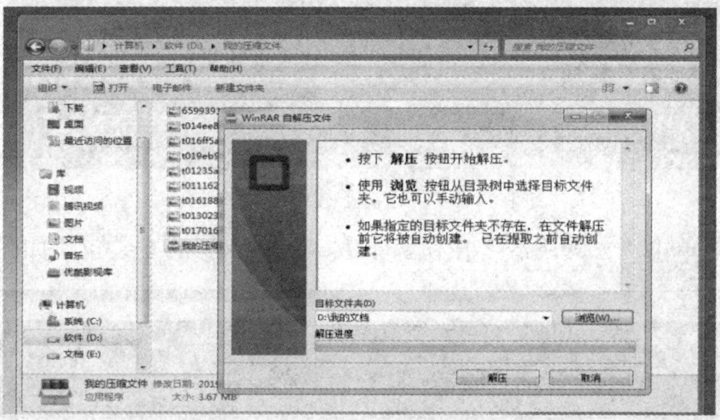

图 4-1-18 自动解压具有可执行文件的压缩包

任务 4.2 迅雷 X 软件的使用

一、任务目的

(1) 了解迅雷 X 软件的基本功能，并熟悉其工作窗口；

(2) 掌握使用迅雷 X 软件搜索、下载资源的方法。

二、任务内容

(1) 安装迅雷 X 软件；

(2) 利用百度搜索软件“金山打字通”，并利用迅雷下载到文件夹“D:***”中(***，为本人的姓名或学号+姓名)；

(3) 利用迅雷搜索电影“冰雪奇缘”，选择一个能下载的资源进行下载，存储到文件夹“D:***”中，并分别执行暂停、删除、还原下载任务等操作。

三、操作步骤

1. 安装迅雷 X 软件

(1) 检查计算机上是否安装了“迅雷 X”软件，如果已经安装，则直接进入下一步骤。如果没有安装，则打开 IE 浏览器，在地址栏输入“http://dl.xunlei.com”，进入迅雷软件中心网站，如图 4-2-1 所示。

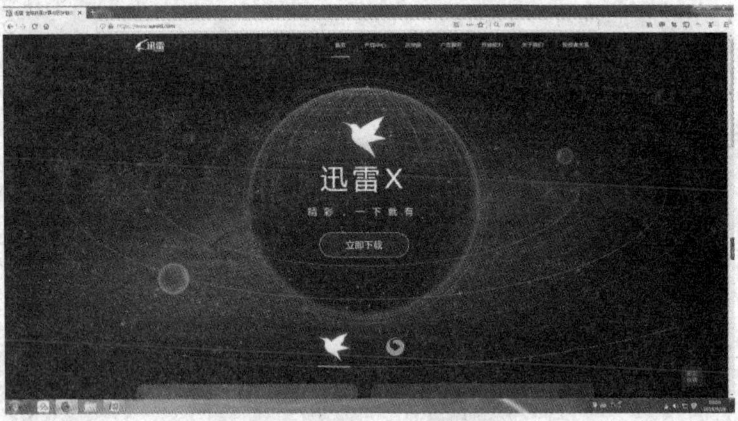

图 4-2-1　迅雷下载中心网站

(2) 在网页中单击“立即下载”按钮，下载“迅雷 X”的安装包，如图 4-2-2 所示。

图 4-2-2　迅雷下载安装包

(3) 双击下载的“迅雷 X”安装包，在“安装向导”对话框中单击勾选“同意”选项，并选择迅雷安装程序实现的附加任务，再单击“开始安装”按钮，如图 4-2-3 所示。

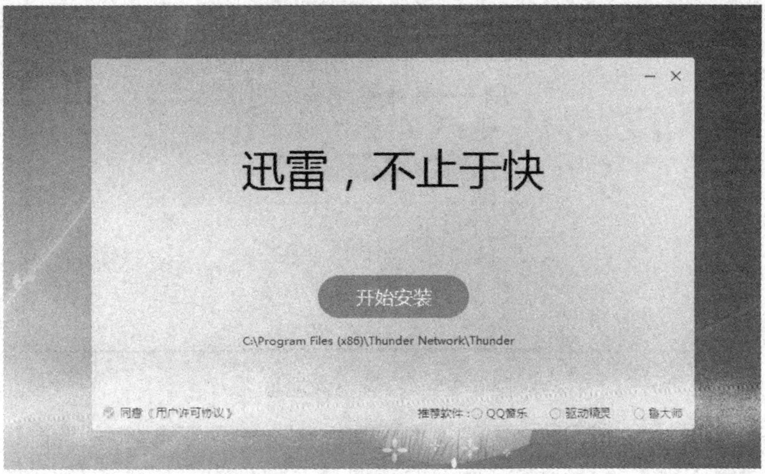

图 4-2-3 迅雷软件安装

(4) 系统开始进行安装，安装结束后，在弹出的对话框中单击“完成”按钮，结束安装。

2. 利用迅雷软件下载软件“金山打字通”

(1) 在资源管理器中“计算机”的 D 盘下新建一个文件夹，并以自己的名字“***”命名，路径为“D:***”，例如“D:\张三”。

(2) 启动迅雷 X 软件，在页面地址栏中的搜索框中输入关键字“金山打字通”，然后在弹出的下拉菜单中单击“金山打字通 用百度搜索”命令，如图 4-2-4 所示。

图 4-2-4 下载“金山打字通”

(3) 网页中列出数条搜索结果，在“官方免费下载”按钮上单击，在弹出页面中单击“免费下载”按钮，在下一个页面中则出现“D: \迅雷下载”的默认路径，此处将目标文件夹改为“D:***”，则开始下载，如图所示 4-2-5 所示。

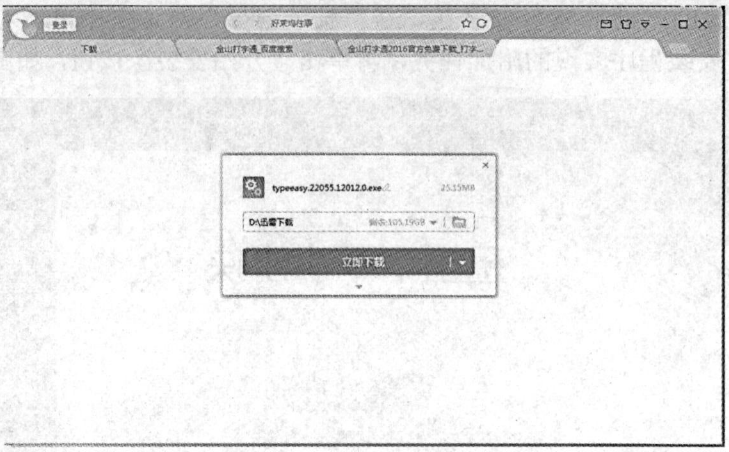

图 4-2-5 设置下载地址

(4) 当下载完成后，在迅雷 X 软件工作窗口左侧会出现下载好的“金山打字通”安装文件。双击该文件，进入“金山打字通”安装向导，根据提示操作将软件安装到本地计算机上，如图 4-2-6、图 4-2-7 所示。

图 4-2-6 下载完成

图 4-2-7 安装“金山打字通”软件

3. 下载电影

(1) 双击桌面上的“迅雷”快捷图标，在“迅雷 X”影视库中搜索“冰雪奇缘”，按下回车键，在选项卡中将显示最新搜索结果，如图 4-2-8 所示。

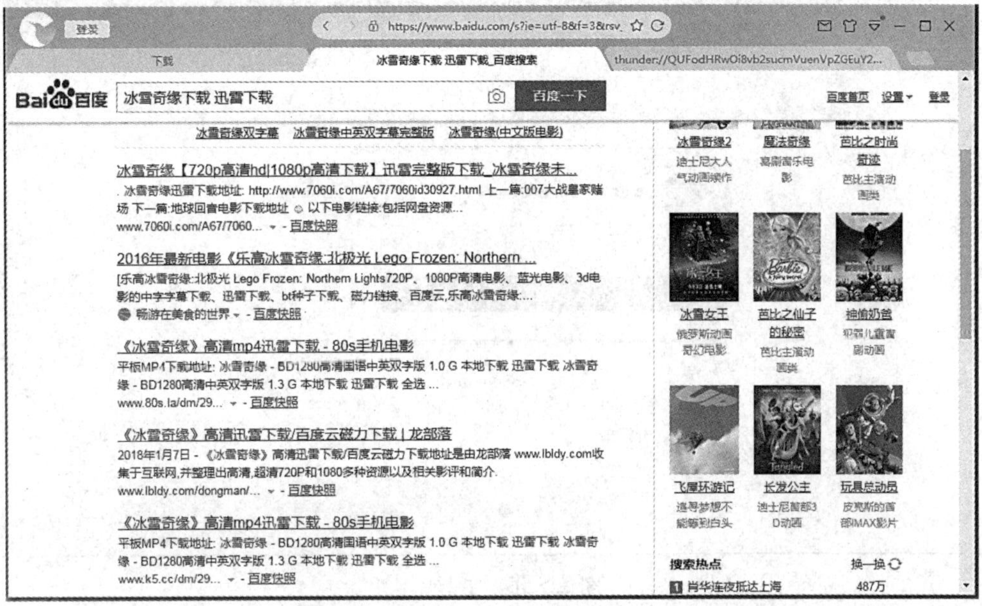

图 4-2-8 搜索电影

(2) 选择适宜的下载点，在弹出的对话框中选择“迅雷下载”选项，如图 4-2-9 所示。

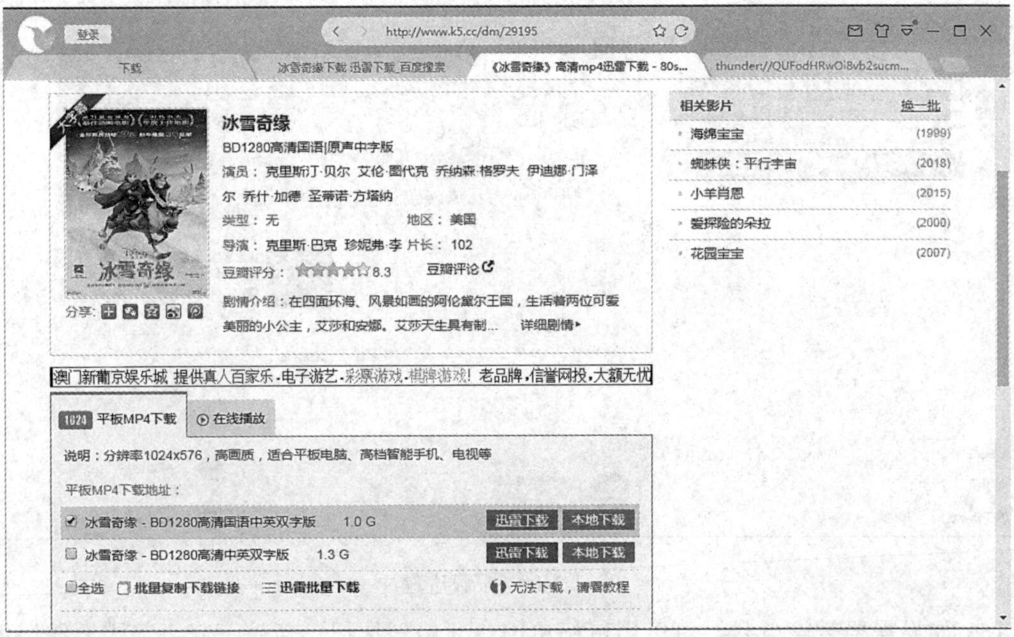

图 4-2-9 选择下载点

(3) 在弹出的对话框中将下载地址选择为“D:***”，再单击“立即下载”按钮，如图4-2-10所示。

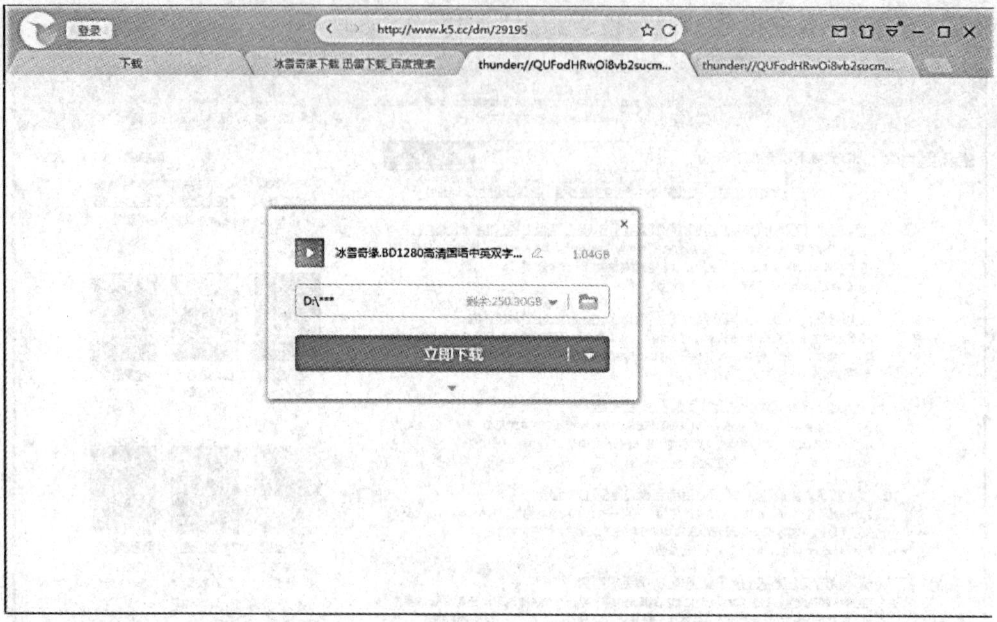

图 4-2-10 下载电影

(4) 此时可以看到整个电影文件正在下载的进程，如图4-2-11所示。

图 4-2-11 下载进程

(5) 如果需要暂停下载，可以用鼠标单击“暂停”按钮，暂停下载；当需要继续下载时，则需单击进程中的“继续下载”按钮。

(6) 下载完成后，系统会有相关提示。这时单击页面上的“播放”按钮，就可观看下载好的电影，如图 4-2-12 所示。

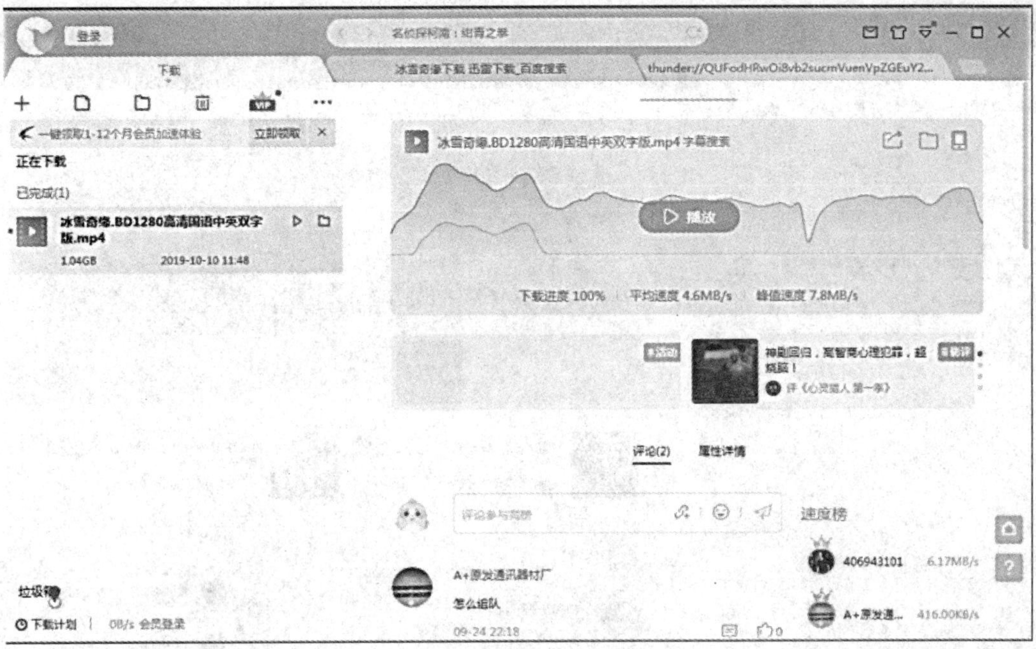

图 4-2-12　播放电影

(7) 如果下载的资源过多，想要删除一些的话，则在“迅雷”左侧的任务窗格中选定文件，单击上方的“删除”按钮，如图 4-2-13 所示。

图 4-2-13　删除文件

(8) 如果误删了某个文件，可以从左侧任务窗格下方的“垃圾箱”中将误删除的文件还原，如图 4-2-14 所示。

图 4-2-14　还原文件

任务 4.3　文件格式转换工具

一、任务目的

(1) 了解“格式工厂”软件的功能和操作界面，掌握基本操作方法；
(2) 熟练掌握几种文件格式的转换操作。

二、任务内容

(1) 下载安装“格式工厂”软件；
(2) 利用“格式工厂”软件将 JPG 格式的图片文件转换为 TIF 格式的图片文件；
(3) 利用“格式工厂”软件将非 MP4 格式视频文件转换为 MP4 格式的视频文件。

三、操作步骤

1. 下载安装“格式工厂”软件

(1) 通过搜索引擎找到“格式工厂”软件下载点，单击“立即下载”按钮，如图 4-3-1 所示。

图 4-3-1　下载“格式工厂”软件

(2) 下载完成后，单击“运行”文件，对“格式工厂”软件进行“一键安装”，如图 4-3-2 所示。

图 4-3-2　安装“格式工厂”软件

(3) 完成安装，单击“立即体验”按钮，启动“格式工厂”软件，如图 4-3-3 所示。

图 4-3-3　安装完成

2. 将 JPG 格式的图片文件转换为 TIF 格式的图片文件

(1) 打开“格式工厂”软件，在左侧任务窗格中选择“图片”下“TIF”选项，弹出相应对话框，如图 4-3-4 所示。

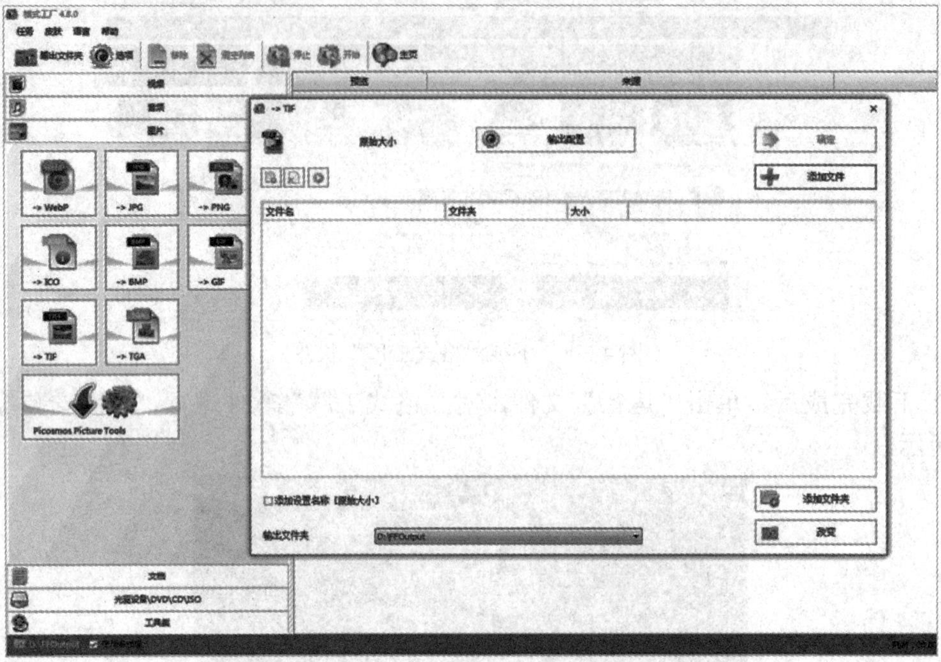

图 4-3-4 转换 TIF 格式设置

(2) 单击右上角的“添加文件”按钮，在实验素材文件夹中选定一张 JPG 格式的图片文件，再单击右上角的“确定”按钮，如图 4-3-5 所示。

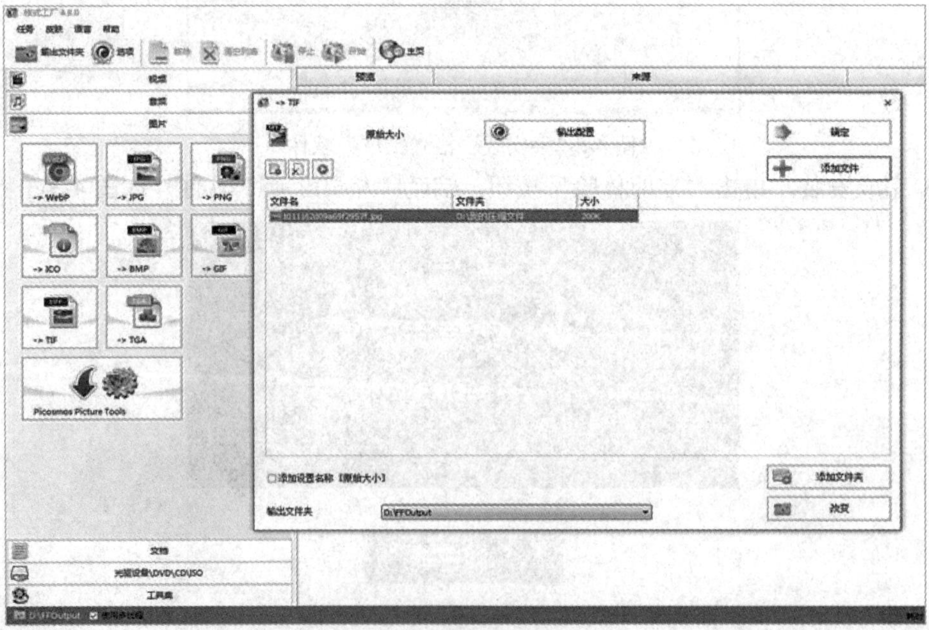

图 4-3-5 选择 JPG 文件

(3) 单击工作界面上的“开始”按钮，则完成所需图片文件格式的转换，如图 4-3-6 所示。

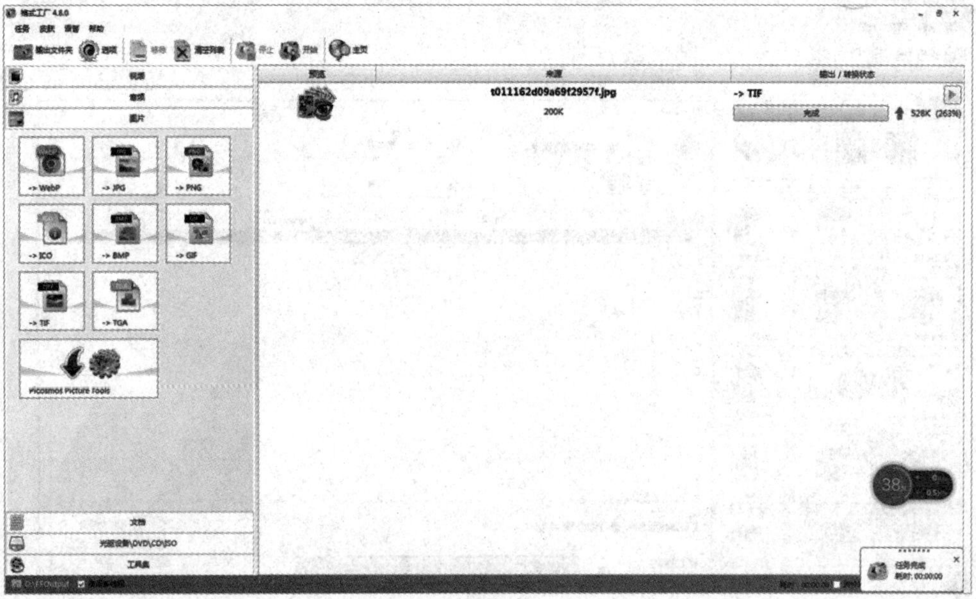

图 4-3-6　转换完成

3. 将视频文件转换为 MP4 格式的视频文件

(1) 打开“格式工厂”，在左侧任务窗格中选择“视频”下“MP4”选项，弹出相应对话框，如图 4-3-7 所示。

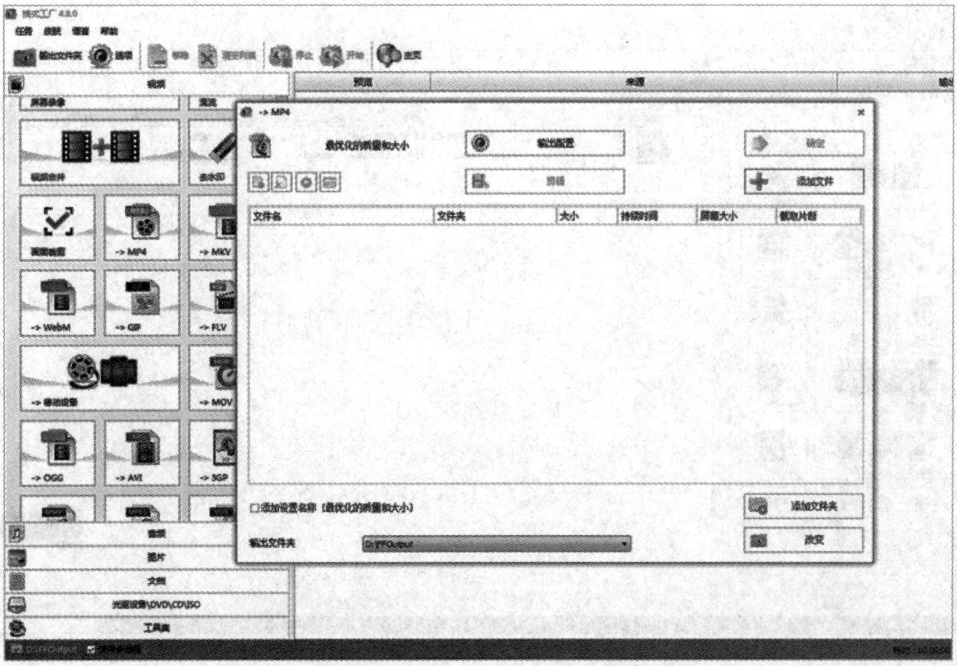

图 4-3-7　转换 MP4 文件设置

(2) 在弹出的对话框中单击“添加文件”按钮，然后在实验素材文件夹中选择一个视频文件，单击“确定”按钮，如图 4-3-8 所示。

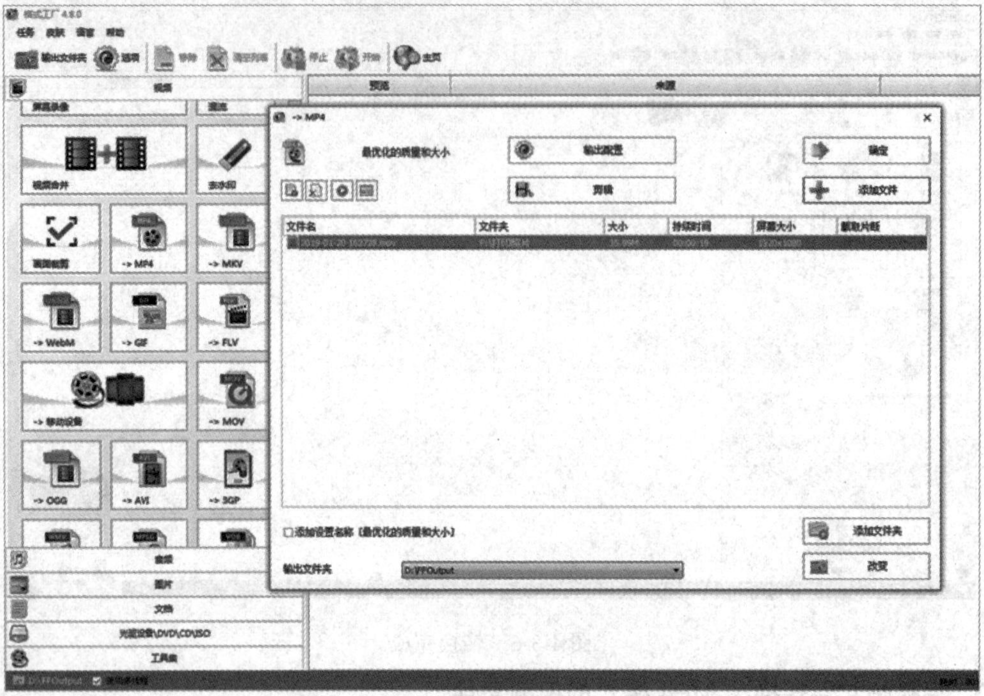

图 4-3-8　选择视频文件

(3) 单击“格式工厂”工作界面的“开始”按钮，完成所需视频文件格式的转换，如图 4-3-9 所示。

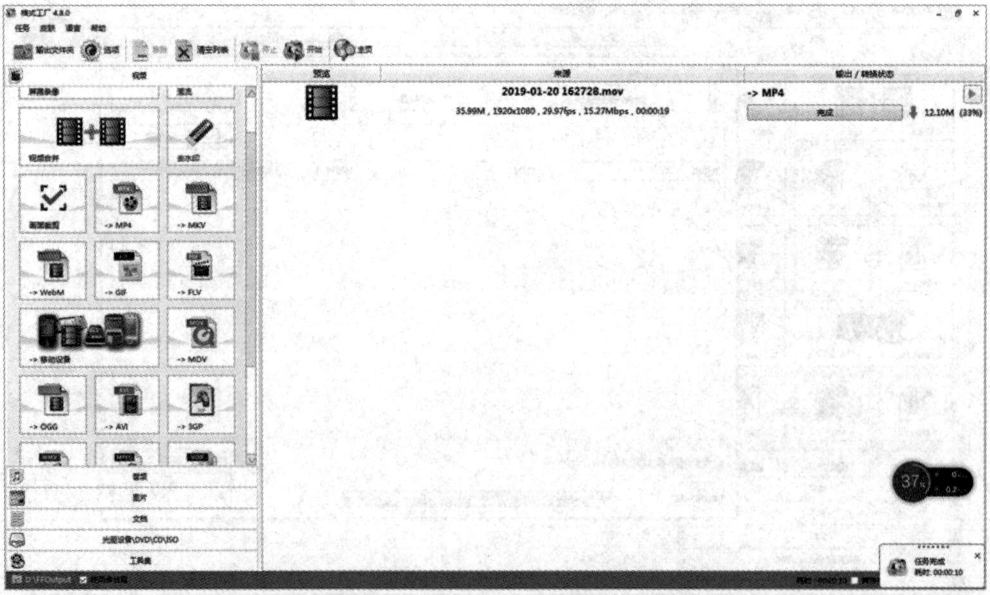

图 4-3-9　完成转换 MP4 文件

(4) 单击转换后的 MP4 文件的“打开输出文件夹”按钮，可以看到转换后的 MP4 文件，如图 4-3-10 所示。

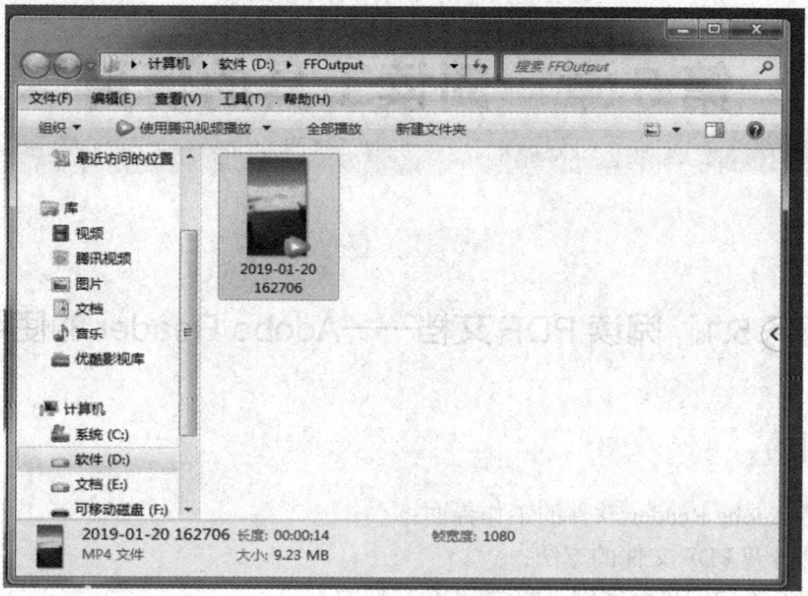

图 4-3-10　查看 MP4 文件

第 5 章　阅读工具的使用

任务 5.1　阅读 PDF 文档——Adobe Reader 的使用

一、任务目的

(1) 熟悉 Adobe Reader 软件的工作界面；
(2) 掌握打开 PDF 文件的方法；
(3) 掌握在不同的显示比例下阅读 PDF 文件的方法；
(4) 掌握在不同的视图模式下阅读文件内容的方法；
(5) 掌握复制 PDF 文件中的文本内容到记事本中的方法；
(6) 掌握添加签名的方法。

二、任务内容

(1) 启动 Adobe Reader 软件，打开 D：\素材\5G 无线通信技术及其相关应用_李维.pdf 文件；

(2) 用不同显示比例查看文件“5G 无线通信技术及其相关应用_李维.pdf”的内容；

(3) 搜索文件中的词语“纳米技术”；

(4) 在不同的视图模式下浏览文件内容；

(5) 复制文件“5G 无线通信技术及其相关应用_李维.pdf”中正文第一段内容到记事本；

(6) 给文件“5G 无线通信技术及其相关应用_李维.pdf”添加签名。

三、操作步骤

1. 启动 Adobe Reader 软件

(1) 首先查看电脑上是否安装有 Adobe Reader 软件，如果没有，在百度上搜索“Adobe Reader”，下载并安装好 Adobe Reader 软件。

(2) 双击桌面上的 Adobe Reader 快捷方式图标，或单击“开始”菜单中“所有程序”下的“Adobe Reader”程序项，也可打开 Adobe Reader 软件。软件打开后的工作界面如图 5-1-1 所示。

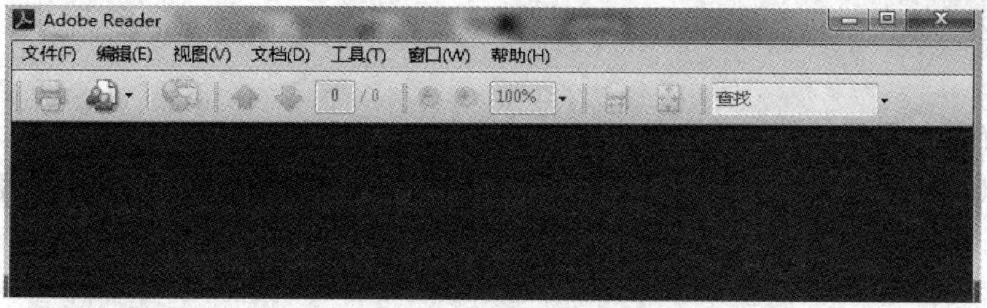

图 5-1-1　Adobe Reader 工作界面

2. 打开 PDF 文件

方法 1： 单击“文件”菜单中的“打开”命令，弹出“打开”对话框，如图 5-1-2 所示。在此对话框中选择 D:\素材文件夹，选定文件“5G 无线通信技术及其相关应用_李维.pdf”，然后单击“打开”按钮，则显示“5G 无线通信技术及其相关应用_李维.pdf”文件内容，如图 5-1-3 所示。

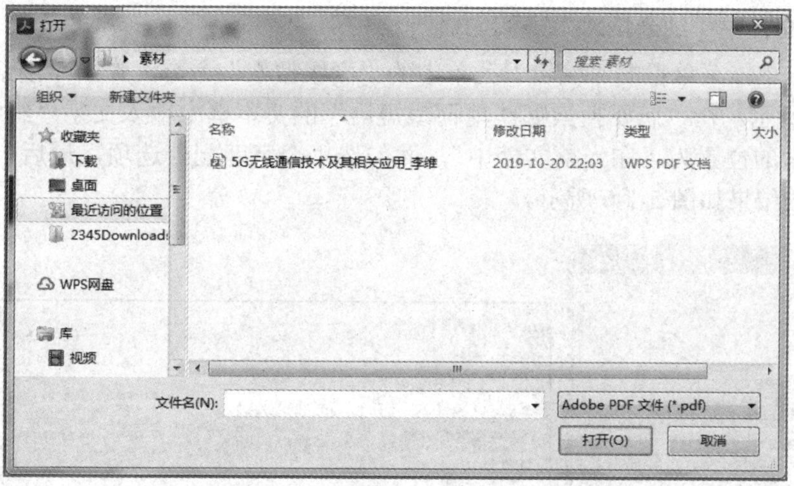

图 5-1-2　“打开 pdf 文件”对话框

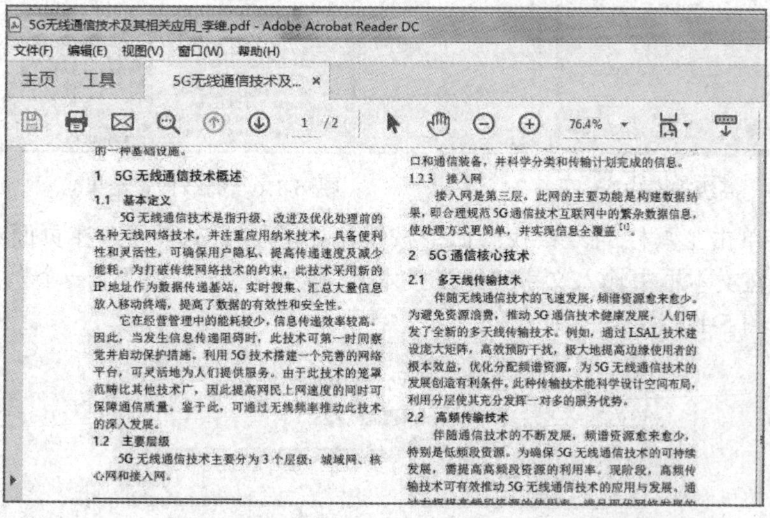

图 5-1-3　“5G 无线通信技术及其相关应用_李维.pdf”文件内容

方法 2：双击“D:\素材\5G 无线通信技术及其相关应用_李维.pdf”文件，即可打开文件。

3. 用不同的显示比例浏览文件内容

方法 1：单击工具栏上的放大按钮 ⊕ 、缩小按钮 ⊖ 命令，可将页面内容放大或者缩小，如图 5-1-4 所示。

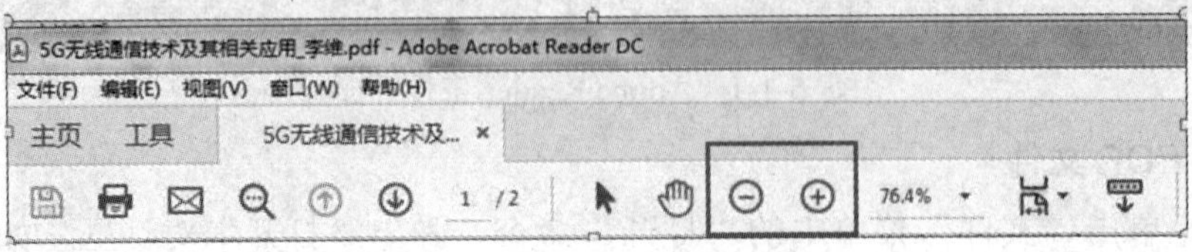

图 5-1-4　“放大”或“缩小”工具按钮

方法 2：将光标定位于正文中，按住“Ctrl”键的同时上下滚动鼠标即可将内容放大或缩小显示。

4. 搜索文件中“纳米技术”一词

方法 1：单击菜单栏的“编辑”菜单中的“高级搜索”命令，弹出“搜索”对话框，如图 5-1-5 所示。在“您要搜索哪些单词或短语”的文本框中输入文字“纳米技术”，然后选择要搜索的位置为“在当前文档中”，并勾选“全字匹配”选项，最后单击“搜索”按钮，搜索的结果如图 5-1-6 所示。

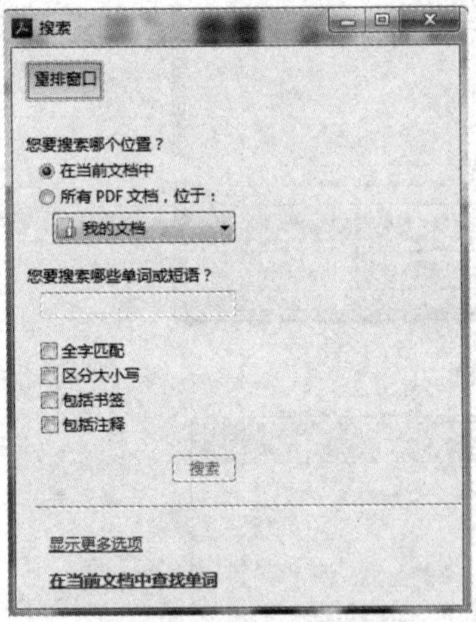

图 5-1-5　高级搜索内容

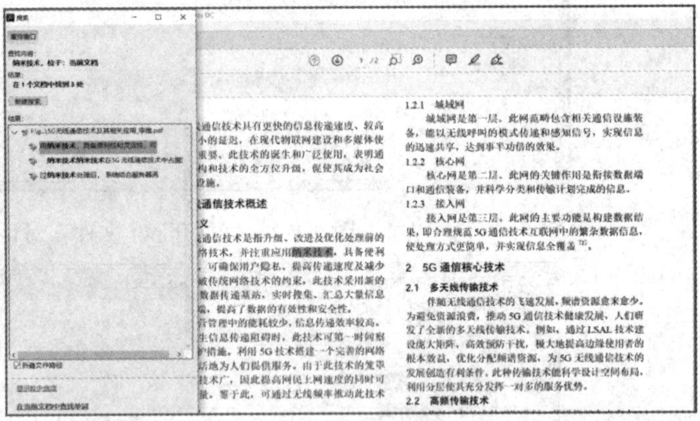

图 5-1-6　高级搜索结果

方法 2：单击工具栏的“查找”命令按钮，如图 5-1-7 所示，在页面右侧弹出“查找”对话框，在文本框中输入文字“纳米技术”，单击“上一个”“下一个”按钮，完成内容的查找，如图 5-1-8 所示。

图 5-1-7　“查找”命令按钮

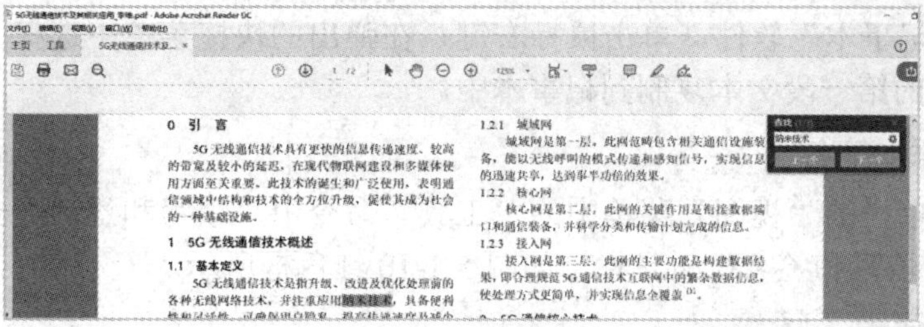

图 5-1-8　搜索“纳米技术”结果

5. 在不同视图模式下浏览文件内容

单击菜单栏的“视图”菜单中的“页面显示”命令，可在“页面显示”子菜单中的“单页视图”“启动滚动”“双页视图”“双页滚动”等四种视图模式选项中，根据需要选择不同的视图模式来切换文档的浏览方式。图 5-1-9 所示为在“双页视图”模式下浏览文件内容的画面。

图 5-1-9　“双页视图”模式

6. 复制文件中正文的第一段内容到记事本中

(1) 打开 pdf 文件后，鼠标形状为“I”字光标，拖动鼠标选中正文第一段，单击鼠标右键，弹出快捷菜单，如图 5-1-10 所示。然后单击第 4 个按钮，复制选中的内容。

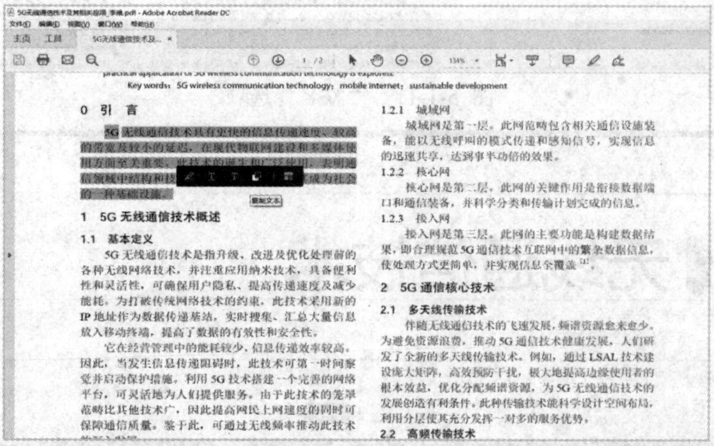

图 5-1-10　选择文本

(2) 打开“记事本”软件，单击鼠标右键，在弹出的快捷菜单中选择“粘贴”命令，则将 pdf 文件中的第一段文本复制到记事本中。

7. 为文件添加签名

(1) 单击菜单栏的“视图”菜单中的“工具”命令中“填写和签名”子命令，则在工具栏中增加了“填写和签名”工具栏，如图 5-1-10 红色框所示。

图 5-1-10　“双页视图”模式

(2) 单击图 5-1-10 所示工具栏中的“签名”命令按钮，弹出“添加签名”及“添加缩写签名”两个选项，如图 5-1-11 所示。单击“添加签名”选项，弹出输入签名内容的对话框，输入文字“无线通信技术”，如图 5-1-12 所示。然后单击“应用”按钮，此时光标上会出现文字“无线通信技术”，在正文中需要签名的地方单击即可，如图 5-1-13 所示。

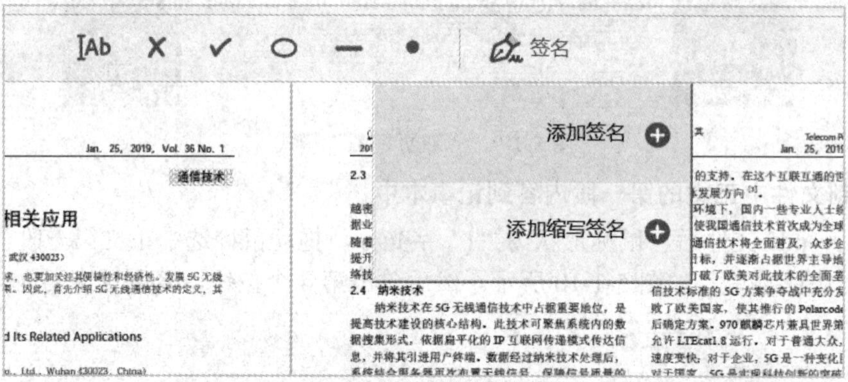

图 5-1-11　“签名”选项

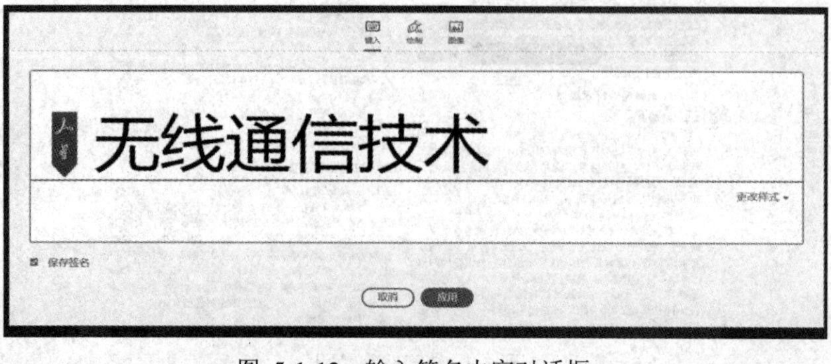

图 5-1-12　输入签名内容对话框

图 5-1-13　应用签名

任务 5.2　阅读 CAJ 文档——CAJViewer 的使用

一、任务目的

(1) 熟悉 CAJViewer 软件工作界面；

(2) 掌握打开 CAJ 文件的方法；

(3) 掌握在不同的显示比例下阅读 CAJ 文件的方法；

(4) 掌握复制 CAJ 文件中的文本内容到记事本中的方法。

二、任务内容

(1) 下载并安装 CAJViewer 软件；

(2) 启动 CAJViewer 软件，打开文件“D：\素材\“5G 无线通信技术及其相关应用_李维.caj”；

(3) 用不同显示比例查看“5G 无线通信技术及其相关应用_李维”文件内容；

(4) 搜索文件中的“纳米技术”一词；

(5) 复制“5G 无线通信技术及其相关应用_李维”文件中正文第一段内容到记事本。

三、操作步骤

1. 下载并安装 CAJViewer 软件

(1) 打开 Internet Explorer 浏览器，在地址栏中输入网址“中国知网”：www.cnki.net，按回车键，进入“中国知网”的首页。

(2) 在首页的最下方有 CAJViewer 软件下载链接，显示如图 5-2-1 所示方框内的内容。单击“CAJViewer 阅读器”超链接，进入 CAJViewer 软件的下载页面，如图 5-2-2 所示。然后单击“点击下载最新版”命令按钮，下载 CAJViewer 软件。

图 5-2-1 “CAJViewer 阅读器”下载位置

图 5-2-2 下载“CAJViewer 阅读器”

(3) 双击下载的安装包文件“CAJViewer 7.2.0.115.self.exe”，按照提示信息一步一步地安装好 CAJViewer 软件。

2. 启动 CAJViewer 软件

双击桌面上的 CAJViewer 软件快捷图标，或单击“开始”组中“所有程序”下“CAJViewer 7.2”程序项也可打开 CAJViewer 软件，软件打开后的工作界面如图 5-2-3 所示。

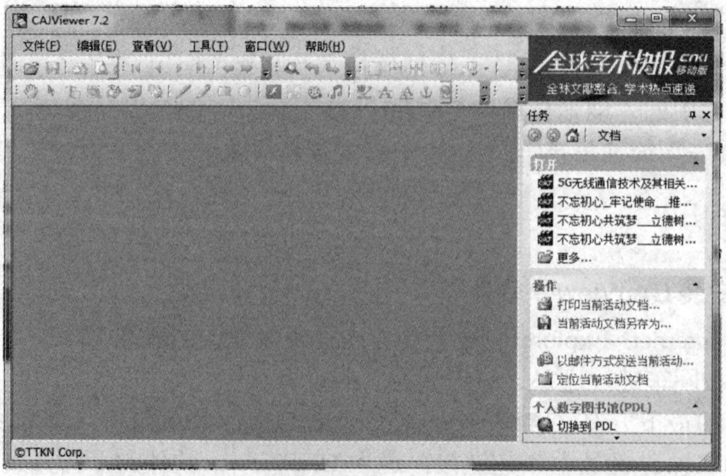

图 5-2-3 CAJ 工作界面

3. 打开 CAJ 文件

方法 1：单击“文件”菜单中的“打开”命令，弹出“打开”对话框，如图 5-2-4 所示。在对话框中选择 D:\素材文件夹，然后单击选择“5G 无线通信技术及其相关应用_李维.caj”文件，再单击“打开”按钮，则在 CAJViewer 工作窗口显示“5G 无线通信技术及其相关应用_李维.caj”文件内容，如图 5-2-5 所示。

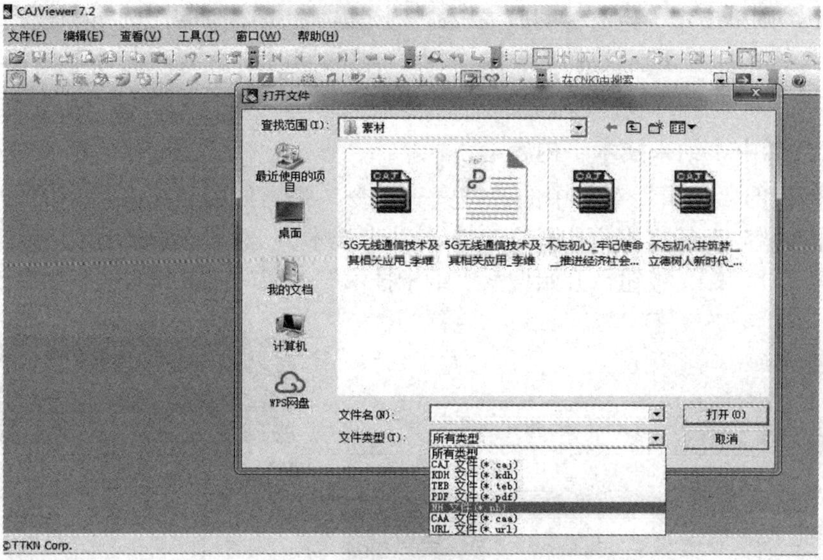

图 5-2-4　打开 CAJ 文件对话框

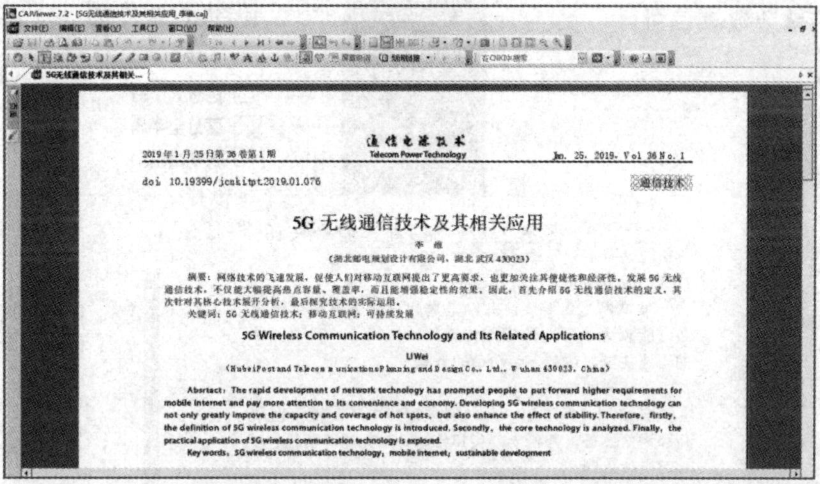

图 5-2-5　“5G 无线通信技术及其相关应用_李维.caj”文件内容

方法 2：双击“5G 无线通信技术及其相关应用.caj”文件，即可打开文件。

4. 用不同的显示比例浏览“5G 无线通信技术及其相关应用”文件内容

方法 1：单击工具栏中的放大、缩小命令按钮查看 CAJ 文件

(1) 单击工具栏中的放大、缩小命令按钮，即如图 5-2-6 所示的方框中的命令按钮，此时光标变为带有“+”号的放大镜光标。

图 5-2-6　放大或缩小工具按钮

(2) 在正文中单击鼠标，每单击一次则将文字放大 20%，直到满足查看要求。如果要缩小文字显示，则单击带“－”号的放大镜命令按钮，会按 20%的比例缩小显示文件内容。

方法 2：将光标置于正文中，按住“Ctrl”键的同时上下滚动鼠标即可将内容放大或缩小显示。

5. 搜索文件中“纳米技术”内容

单击菜单栏的“编辑”菜单中的“搜索”命令，弹出如图 5-2-7 所示的任务窗格，在“请输入搜索内容:”的文本框中输入文字“纳米技术”，然后选择“在当前活动文档中搜索”选项，再单击“→”按钮，开始搜索“纳米技术”一词，搜索到的结果如图 5-2-8 所示。

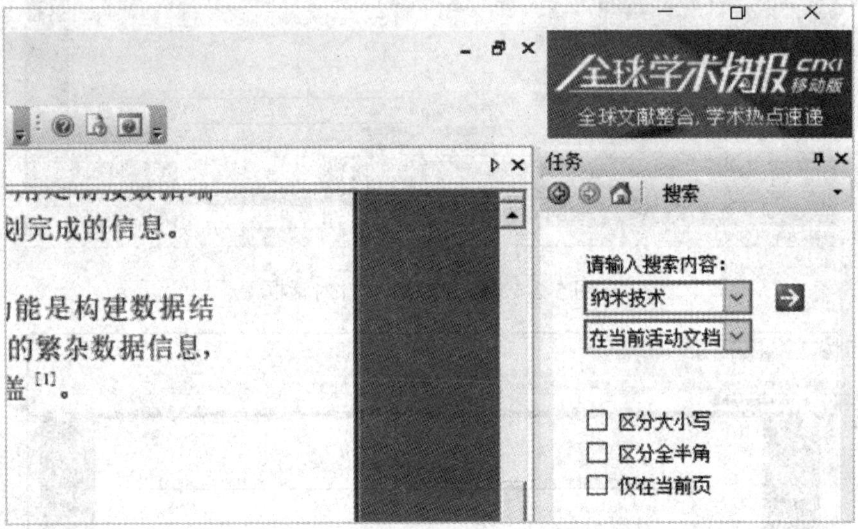

图 5-2-7　“搜索”命令按钮

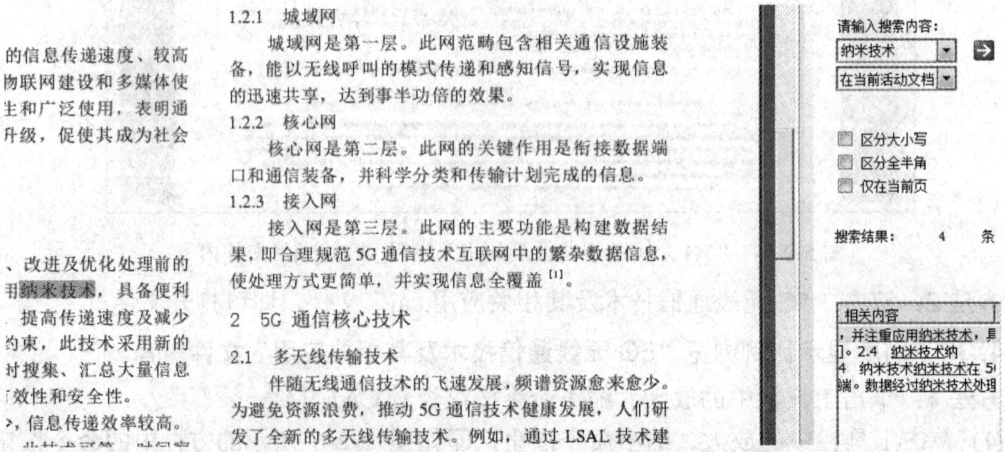

图 5-2-8　搜索“纳米技术”结果

6. 复制文件中 “1.1 基本定义”对应的内容到记事本中

(1) 打开 CAJ 文件后，单击工具栏的“选择文本”按钮，即如图 5-2-9 所示方框中的按钮。此时鼠标形状变为“I”字光标，拖动鼠标选中“1.1 基本定义”中的全部内容，如图 5-2-10 所示，然后单击鼠标右键，在快捷菜单中选择“复制”命令按钮。

图 5-2-9　选择文本的命令按钮

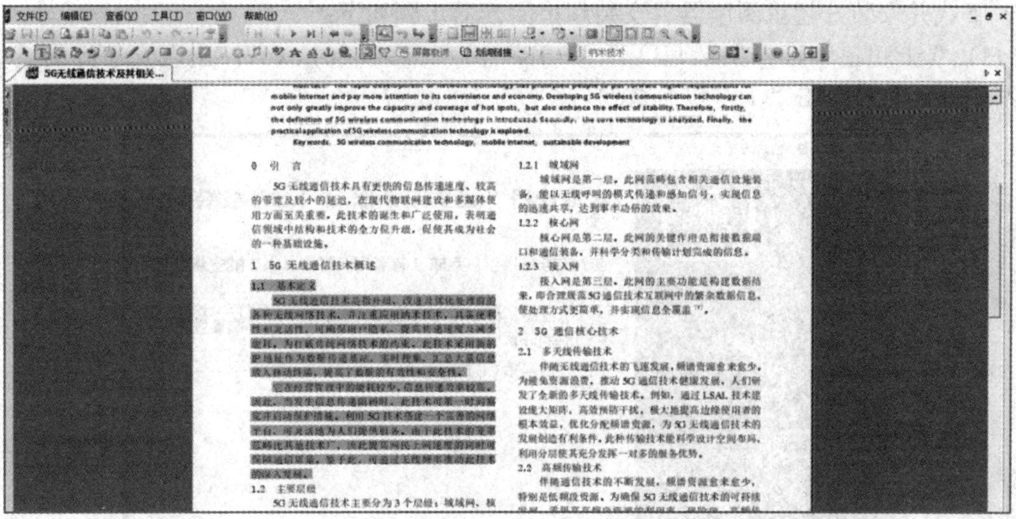

图 5-2-10　选择文本

(2) 打开“记事本”软件，在窗口的空白处单击鼠标右键，在弹出的快捷菜单中选择“粘贴”命令，则将 CAJ 文件中“1.1 基本定义”中的全部内容复制到记事本中。

任务 5.3　网上数字化图书馆——超星阅读器的使用

一、任务目的

(1) 掌握安装、启动超星阅读器的方法；
(2) 熟悉超星阅读器的界面；
(3) 掌握在超星阅读器中创建书签的方法；
(4) 掌握在超星阅读器中查找、阅读及下载文件的方法；
(5) 掌握在超星阅读器中保存图片的方法。

二、任务内容

(1) 安装超星阅读器；

(2) 使用超星阅读器在线查找和阅读“朝花夕拾”图书内容；
(3) 学习创建书签，添加“朝花夕拾”图书书签；
(4) 搜索“朝花夕拾”图书并下载1～6页的内容；
(5) 搜索图片“八骏图”，并保存。

三、操作步骤

1. 安装超星阅读器

首先查看电脑上是否安装有超星阅读器，如果没有，则在百度上搜索“超星阅读器”，下载并安装好超星阅读器。安装超星阅读器步骤如下：

(1) 双击超星阅读器安装包文件“SSR415F(20190820).exe”，出现安装界面，如图5-3-1所示，然后单击“下一步”按钮。

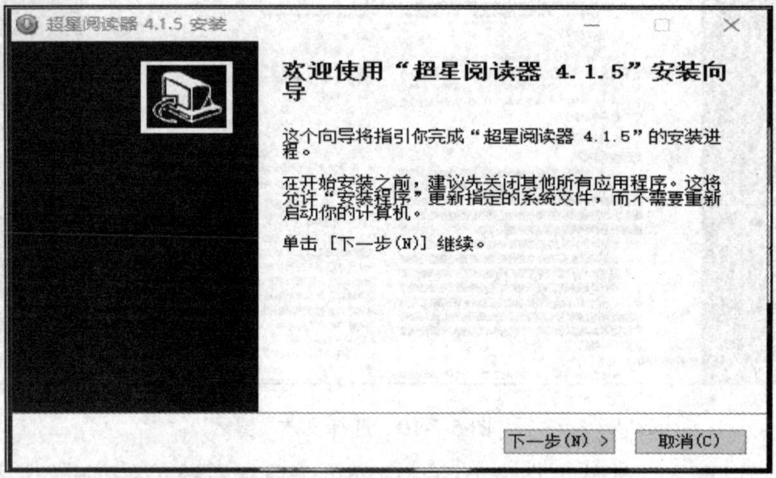

图5-3-1　启动“超星阅读器”安装界面

(2) 弹出“许可证协议”对话框，单击“我接受”按钮，如图5-3-2所示。

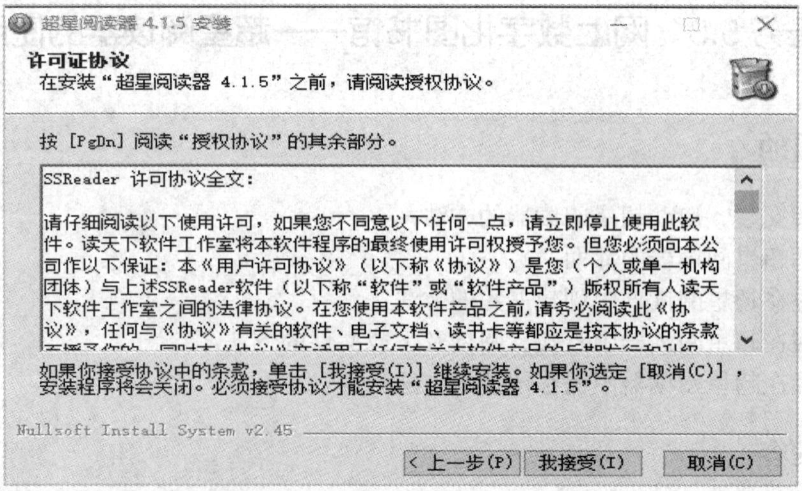

图5-3-2　“超星阅读器”安装协议

(3) 选择合适的安装位置后单击“安装”按钮，如图 5-3-3 所示。

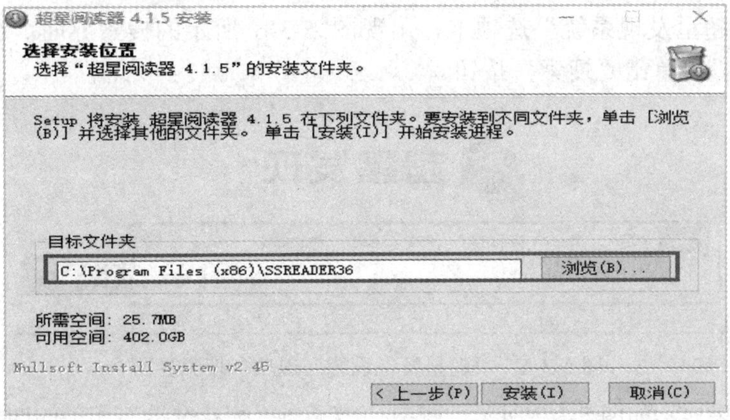

图 5-3-3　“超星阅读器”安装位置选择

(4) 出现图 5-3-4 对话框表示已安装完成，默认选项，单击“完成”按钮，则打开超星阅读器界面。

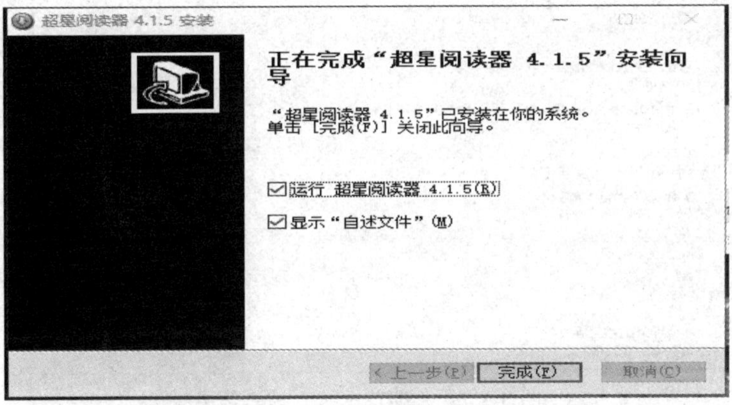

图 5-3-4　完成“超星阅读器”的安装界面

(5) 用手机完成超星阅读器的注册。

2. 超星阅读器界面认识

(1) 双击桌面上的“超星阅读器”快捷方式图标启动超星阅读器，启动后的界面如图 5-3-5 所示。

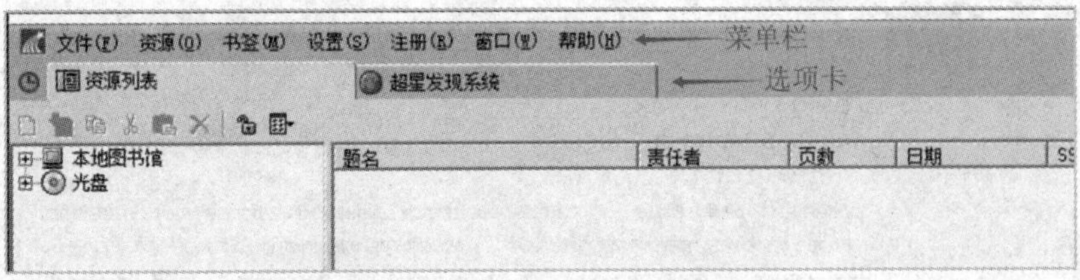

图 5-3-5　超星阅读器工作界面

(2) 菜单下方有“资源列表”和“超星发现系统”两个选项卡。通过“资源列表”选项卡，选项卡可添加想要阅读的图书，或者通过光盘导入所需要的图书。通过“超星发现系统”选项卡可在网上搜索超星公司库存的图书，并可在线阅读图书。

3. 搜索“朝花夕拾”图书

(1) 单击“超星发现系统”选项卡，出现图 5-3-6 所示的搜索界面。在搜索框中输入文字“朝花夕拾”，单击“搜索”按钮。

图 5-3-6　“超星发现系统”选项卡搜索界面

(2) 搜索结果显示如图 5-3-7 所示，图中列出了与“朝花夕拾”相关的期刊与图书列表。

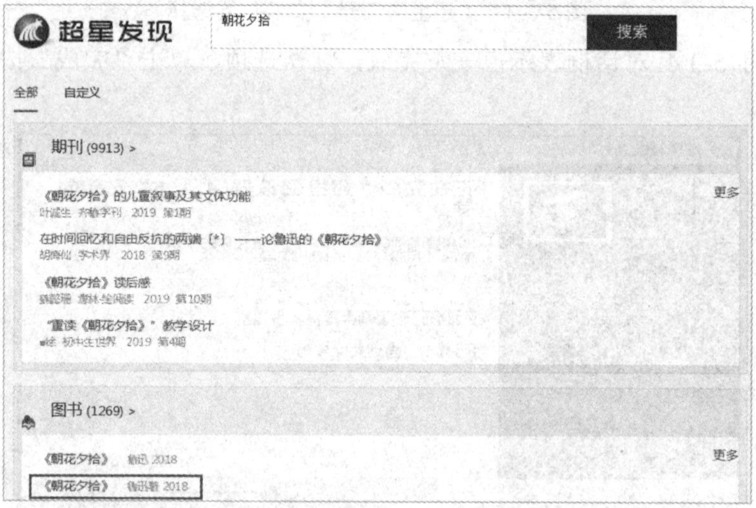

图 5-3-7　“朝花夕拾”搜索结果

(3) 单击“图书”选项列表中第一条搜索结果，打开“朝花夕拾”电子图书，如图 5-3-8 所示。

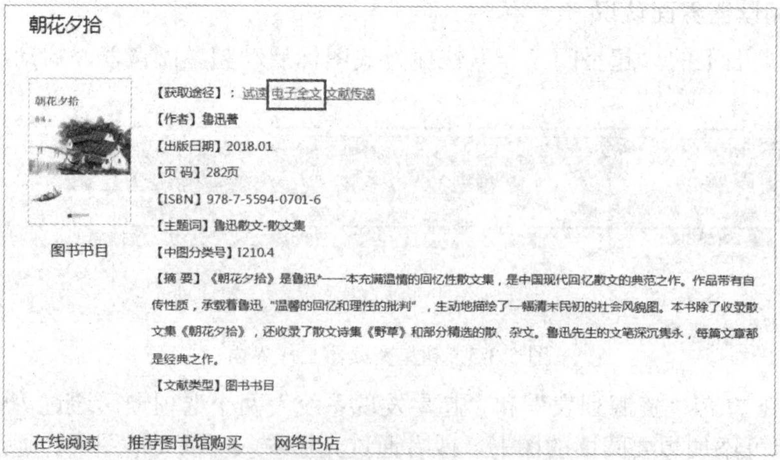

图 5-3-8　打开“朝花夕拾”电子图书

(4) 单击“电子全文”超链接，即可阅读“朝花夕”图书全文内容。

4. 添加“朝花夕拾”书签

单击菜单栏的“书签”菜单中的“添加”命令，弹出“添加书签”对话框，如图 5-3-9 所示。在对话框中系统默认书签名为“超星发现系统”，输入文字“朝花夕拾”，然后单击“确定”按钮，完成“朝花夕拾”书签的添加。以后登录超星阅读器只需单击“书签”菜单栏中的“朝花夕拾”书签即可打开“朝花夕拾”图书。

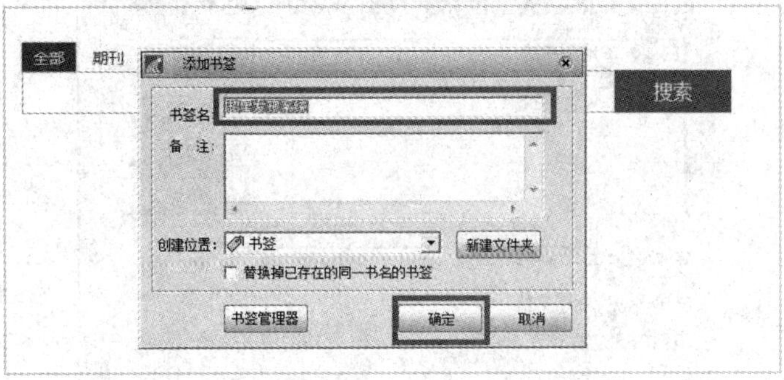

图 5-3-9　添加书签

5. 下载“朝花夕拾”图书 1～6 页内容

(1) 单击菜单栏中的“书签”选项的“朝花夕拾”命令，打开如图 5-3-8 所示的界面。

(2) 单击图 5-3-8 方框中的“电子全文”超链接，阅读“朝花夕拾”图书全文内容。

(3) 单击超星阅读器工具栏中的“下载”按钮，窗口显示如图 5-3-10 所示，弹出“下载选项”对话框，如图 5-3-11 所示。

图 5-3-10　“下载”工具按钮

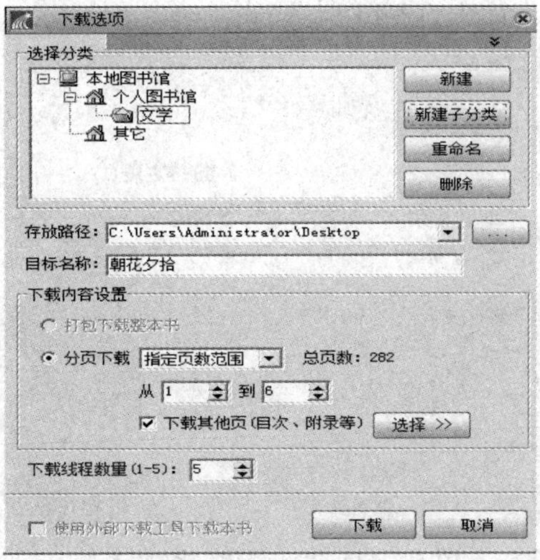

图 5-3-11　“下载选项”对话框

(4) 在“下载选项”对话框中单击“其它”目录项，然后单击“新建子分类”，输入“散文”两个字，再按回车键。

(5) 存放路径设置为“桌面”，在目标名称框中输入文字“朝花夕拾”，“分页下载”设置为“指定页数范围”，并设置页数为“1 到 6”页，如图 5-3-12 所示，最后单击“下载”按钮，则完成“朝花夕拾”图书 1～6 页内容的下载。

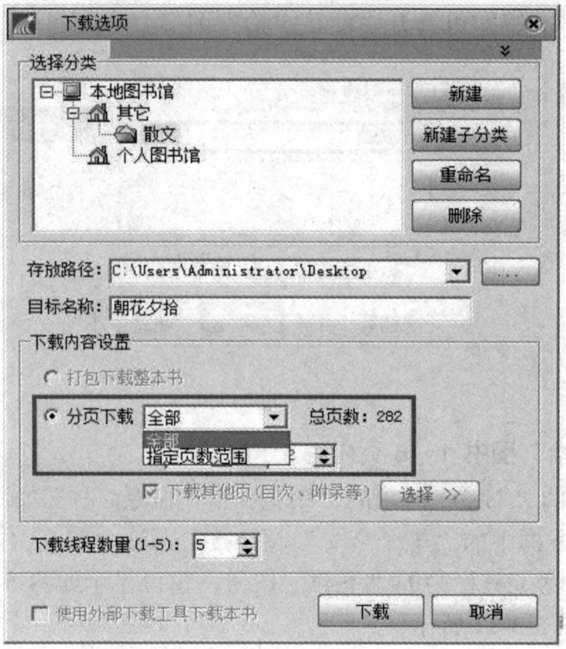

图 5-3-12　“下载选项”对话框设置

6. 搜索图片“八骏图”并保存

(1) 单击 “超星发现”选项卡，在搜索文本框中输入文字“八骏图”，并单击“搜索”按钮，则显示与“八骏图”有关的期刊、报纸与图书的一个列表。在页面的最下面有一项为“图书章节”列表，如图 5-3-13 所示。

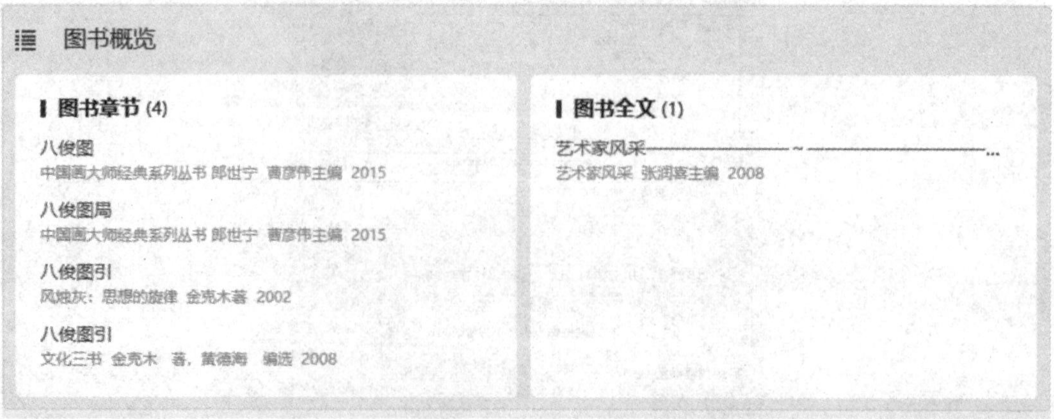

图 5-3-13　“八骏图”搜索结果

(2) 单击“图书章节”列表中的第一项，显示结果如图 5-3-14 所示。单击第一张图片，在弹出的快捷菜单中选择“图片另存为”命令，在弹出对话框中保存位置选择“桌面”，输入文件名为“八骏图”，然后单击“保存”按钮保存图片。

图 5-3-14　保存图片“八骏图”

第6章　多媒体工具

任务6.1　视频播放控制

一、任务目的

(1) 掌握视频播放器软件的打开；

(2) 掌握视频列表的创建、管理与删除；

(3) 掌握视频播放的暂停、快进、倒退、定位以及音量的控制；

(4) 掌握视频播放状态与媒体库状态的切换；

(5) 掌握视频的全屏播放以及其他视频尺寸大小的设置。

二、任务内容

在 Windows Media Player 播放器中打开素材库文件夹下的视频文件“wall.mp4”。具体要求如下：

(1) 启动 Windows 7 系统自带的播放器，创建一个自定义的播放列表“我的 MTV 音乐视频”。

(2) 打开视频文件“wall.mp4”，将它添加到该播放列表中，以备下次播放时能快速找到并播放该视频文件。

(3) 播放该视频文件，并切换到全屏模式。

(4) 将视频暂停，并拖到 4 分 30 秒的位置。

(5) 将音量大小值调到 80。

(6) 分别单击快进、后退控制按钮快速地浏览整个视频内容，把整个视频播放进度暂停在画面出现文字“舞蹈教学”的位置。

(7) 返回播放器的媒体库界面，再建一个播放列表“我的教学视频”。将“我的 MTV 音乐视频”列表中的“wall.mp4”转移到该播放列表，并将“我的 MTV 音乐视频”列表删除。

(8) 退出整个播放器，然后再次打开该播放器，在列表中找到并打开“wall.mp4”进行播放，播放窗口大小设置为 200%。

三、操作步骤

(1) 单击“开始”按钮，在“所有程序”的列表中找到并单击执行“Windows Media Player”命令，弹出如图 6-1-1 所示窗口。单击窗口中间的“单击此处”文字链接，在左侧播放列表下面会自动创建一个名为“无标题的播放列表”，将该名字更改为“我的 MTV 音乐视频”，按回车键确认。

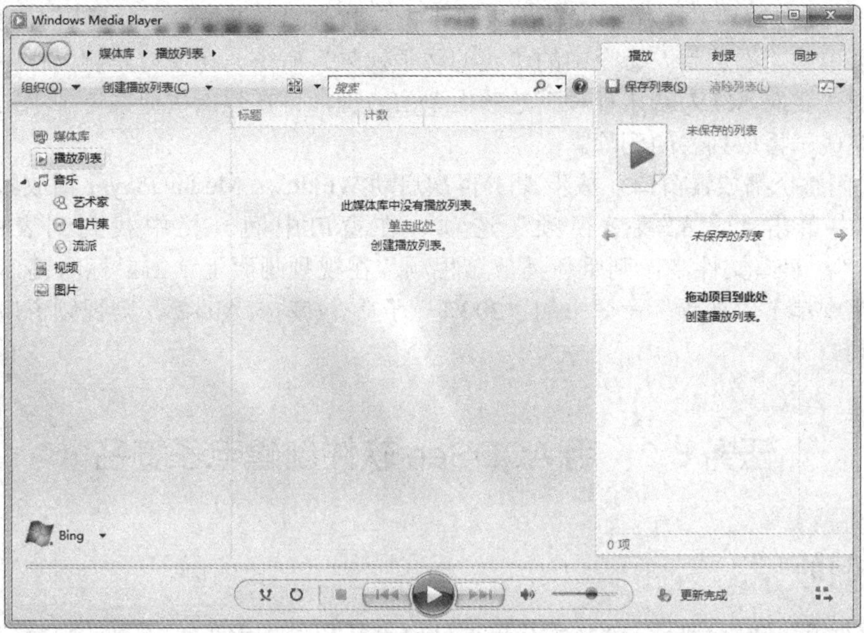

图 6-1-1　Windows Media Player 主界面

(2) 在窗口紧挨标题栏下方的空白区域单击右键，在弹出的快捷菜单中选择“文件”命令的“打开”子命令(或按快捷键 Ctrl+O)，再在弹出的对话框中找到目标文件夹中的文件“wall.mp4”，单击“确定”按钮，则立即播放该视频。单击播放窗口右上角(关闭按钮正下方位置)的切换到媒体库按钮，回到播放器主窗口。此时在窗口右侧的“未保存的列表”中会显示当前文件名字，在文件名上单击鼠标右键，然后单击快捷菜单中的“添加到”命令，并选择子菜单中的“我的 MTV 音乐视频”选项。至此，当前文件已经被添加到该播放列表中。

(3) 单击当前窗口最右下角的切换到正在播放按钮返回到视频播放画面。在窗口中的视频播放区，单击右键，然后在弹出快捷菜单中单击“全屏”命令，或按快捷键 Alt+Enter，视频将全屏播放。

(4) 单击如图“6-1-2”所示的圆形按钮，将视频暂停播放，然后单击控制按钮上方的蓝色进度条不放并左右拖动，注意时间提示，在 4 分 30 秒处松开鼠标即可。

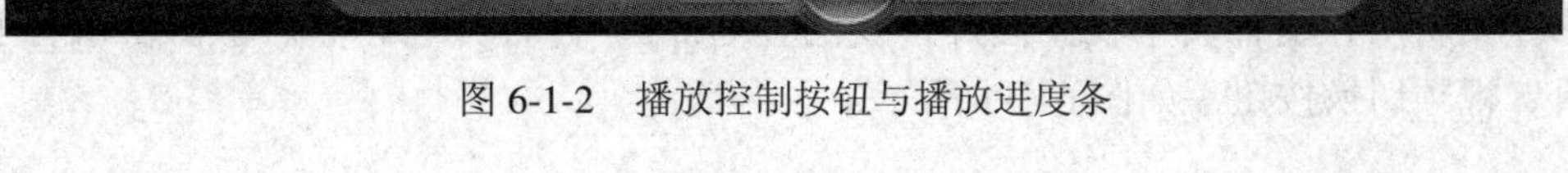

图 6-1-2　播放控制按钮与播放进度条

(5) 用鼠标单击上图右端的蓝色小球状按钮并左右拖动，在显示音量值 80 时松开鼠标。

(6) 通过单击中间圆形按钮左侧和右侧的两个双三角形按钮，可以分别用来倒退和快进视频的播放，以快速浏览整个视频的内容，当画面出现文字“舞蹈教学”时，再单击中间的圆形大按钮暂停视频的播放。

(7) 按步骤(2)的方法，重新返回播放器的媒体库界面，再创建一个新的播放列表“我的教学视频”，在窗口右侧的未保存列表栏下方，找到“wall.mp4”并单击右键，然后在弹出快捷菜单的“添加到”命令中的“我的教学视频”命令。在窗口左侧一栏中的“播放列表”下的“我的 MTV 音乐视频”选项上单击右键，再在弹出快捷菜单中单击“删除”命令，即完成了播放列表的删除。

(8) 关闭整个播放器窗口，按步骤(1)再次启动 Windows Media Player 播放器。直接在播放列表中单击“我的教学视频”选项，在窗口中间一栏中找到列表中的文件“wall.mp4”，双击文件名，则重新播放该视频。在视频画面上单击鼠标右键，然后在弹出快捷菜单中单击“视频”命令中的“200%”子命令(或按 Alt+2)，则视频窗口以两倍大小播放视频。

任务 6.2　用 ACDSee 软件创建电子签名

一、任务目的

(1) 了解和熟悉 ACDSee 软件工作界面的组成及各部分的功能；
(2) 掌握在 ACDSee 软件中对文件的打开和保存等基本操作；
(3) 掌握在 ACDSee 软件中对图片大小、位置的设置；
(4) 掌握对图片文件的曝光度、对比度的调整。

二、任务内容

(1) 启动 ACDSee 软件，打开素材文件“我的签名.jpg”(事先在一张白纸上写上自己的名字，然后用手机拍摄下来，再通过网络或其他方式发送到计算机中)。

(2) 切换到编辑视图，将图片旋转 90° (如果有需要的话)。

(3) 把图片进行裁剪，大小以能包含所有笔画并略大为准。

(4) 对图片的曝光值进行调整，让字迹与背景颜色反差更大一些，突出字的笔画。

(5) 将文件保存，并插入到 Word 文档中，观看电子签名的应用效果。

三、操作步骤

(1) 双击桌面上的 ACDSee 图标启动 ACDSee 软件，执行“文件”菜单中的“打开”命令，在素材所在文件夹中找到图片“我的签名.jpg”并打开它。然后单击窗口右上方的“编辑”视频切换按钮，如图 6-2-1 所示。

图 6-2-1　书签图片处理前效果图

(2) 因为图片字为垂直方向，须将其水平旋转 90°。单击窗口左侧一栏中的“几何图形”下的“旋转”命令，将“方向”选项设置为“向左旋转 90 度”(用户应根据实际情况选择方向)，并单击左下方的“应用”按钮，即完成图片旋转。

(3) 单击窗口左边“几何形状”中的“裁剪”命令，则在文字的四周出现一个矩形控制框，拖动四周橙色的小方框，调整图片大小，再用鼠标单击矩形框内，移动方框的位置。也可以在左侧的“宽度”和“高度”选项中直接输入精确的调整图片数值大小。设置完毕后，单击“应用”按钮完成操作。

(4) 单击窗口左边“曝光/光线”中的“曝光”命令，将曝光值和对比度的值进行调整，直到文字和背景色反差较大，单击“应用”按钮完成操作。

(5) 单击“文件”菜单中的“保存”命令，将修改后的签名图片进行保存。用户可以打开 Word 软件新建一空白 Word 文档，将该签名图片插入到文档中，并调整大小，以查看最终应用效果。

任务 6.3　用 ACDSee 软件制作一寸照片

一、任务目的

(1) 掌握图片尺寸的调整方法；

(2) 掌握图片污点的修复方法；

(3) 掌握色调的调整方法。

二、任务内容

(1) 将一张人脸图像(该实例的人物脸上有大量的雀斑，用户可以自行选择其他面部有瑕疵的人物头像图片)。

(2) 利用 ACDSee 软件的修复工具，将人脸上的瑕疵去除掉。

(3) 将人物的肤色调白亮一些。

(4) 将图片的尺寸大小调整为一寸照片的标准。

二、操作步骤

(1) 启动 ACDSee 软件，单击“文件”菜单中的“打开”命令，打开素材库中的图片，单击窗口右上角的“编辑”视图切换按钮，切换到图片编辑视图。

(2) 单击窗口左侧“修复”栏下面的“修复工具”按钮，则光标变成圆形形状，把光标移到人物面部皮肤正常的位置，按住 Alt 键不放并单击一下鼠标，点击的地方所采集的肤色将作为修补的颜色，再将鼠标移到有瑕疵的地方，按住左键不放进行移动，就会把瑕疵一一地抹除掉，从而起到修复的作用。全部修复完成后，单击“应用”按钮，结束操作。修复前后对比效果如图 6-3-1 和图 6-3-2 所示。

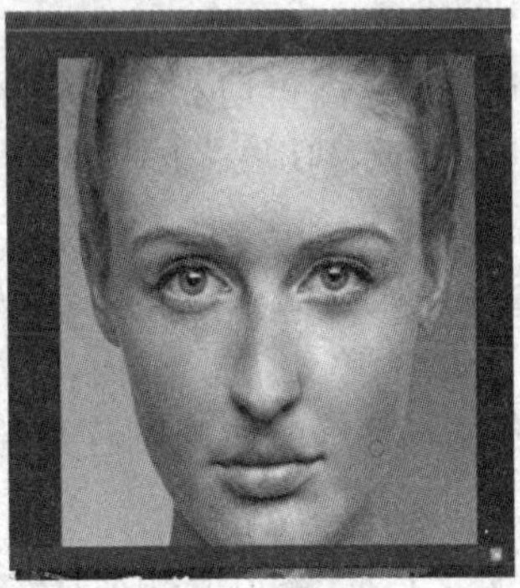

图 6-3-1 处理前效果

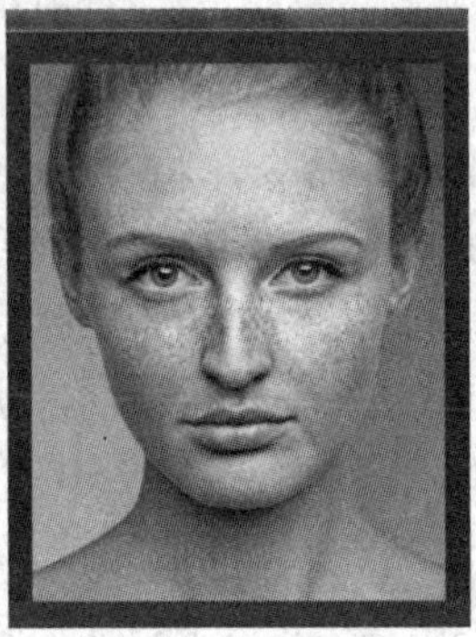

图 6-3-2 处理后效果

(3) 单击窗口左侧的“曝光/光线”中的“色调曲线”选项，在图中的直线上单击一下，产生一个控制点。然后选中它移动鼠标，调整图片的明亮度，然后单击“应用”按钮以确认最终效果，如图 6-3-3 所示。

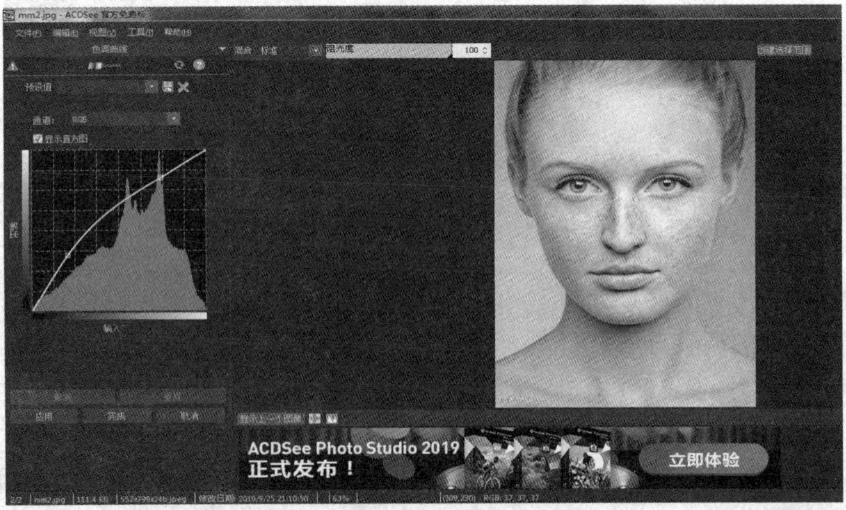

图 6-3-3 色调曲线操作界面

(4) 单击窗口左侧“几何图形”中的“调整大小”选项，并选择“实际/打印大小”选项，先将单位“英寸”改为“厘米”，然后再输入一寸照片的标准值，即“宽”为 2.5 厘米，“高”为 3.6 厘米，如有小量误差，可以忽略，如有较大误差，则应先进行按比例裁剪后，再来调整大小。最后单击“应用”按钮完成操作。

(5) 执行“文件”菜单中的“保存”命令，将修改后的图片进行保存。

任务 6.4　用 Photoshop 软件制作海报

一、任务目的

(1) 了解并熟悉 Photoshop 软件的工作界面的组成及其各部分的功能；

(2) 掌握软件的基本操作；

(3) 掌握图层的基本操作；

(4) 掌握利用磁性套索工具进行“扣图”的方法；

(5) 掌握常用羽化功能的设置并理解其作用；

(6) 掌握文字工具的使用方法。

二、任务内容

设计并制作一张简单的“校园卡拉 OK 比赛”宣传海报，要求如下：

(1) 打开背景图片素材，以此图为基础制作海报。

(2) 将话筒从素材的背景中扣取出来，移到背景图片中的适当位置，并调整到合适的大小。

(3) 在背景图片上的适当位置添加宣传文字，根据需要设置文字的字体、大小和颜色等。

(4) 先把文件以源文件保存(格式为默认的“.psd”格式)，再将文件保存成“.jpg”格式。

三、操作步骤

(1) 双击桌面上的 Photoshop 图标启动该软件，单击“文件”菜单中的“打开”命令，弹出“打开”对话框。然后在对话框中选择文件“背景.jpg”并打开。

(2) 打开图片“话筒.jpg”，单击工具箱中的磁性套索工具按钮。先在窗口上方的工具属性栏中将“羽化值”设置为“20”，然后在话筒的边缘某一位置单击鼠标，创建选区的起始位置，再沿着话筒边缘移动光标一圈直到回到起始位置，单击鼠标，此时鼠标画过的线条正好形成一个闭合的区域，将自动地转变成了选区，线条变成了闪烁的黑白相间的线条，如图 6-4-1 所示。

(3) 把背景图片窗口与话筒图片窗口并列排放，单击工具箱中的移动工具，将选取的话筒从话筒图片窗口移到背景图片窗口中，关闭话筒图片文件窗口。

图 6-4-1　话筒选区效果图

(4) 因为两个图片素材的大小不匹配，所以需要调整话筒的大小和位置都。单击话筒图片，按快捷键“Ctrl+T”，然后在窗口上方的工具属性栏中，对话筒的图片大小进行设置，如图 6-4-2 所示。将其中的“W”(宽)值和“H”(高)值都设置为“20%”，并在图片上双击，确认修改，最后把话筒图片拖到背景图片下方的中间位置。

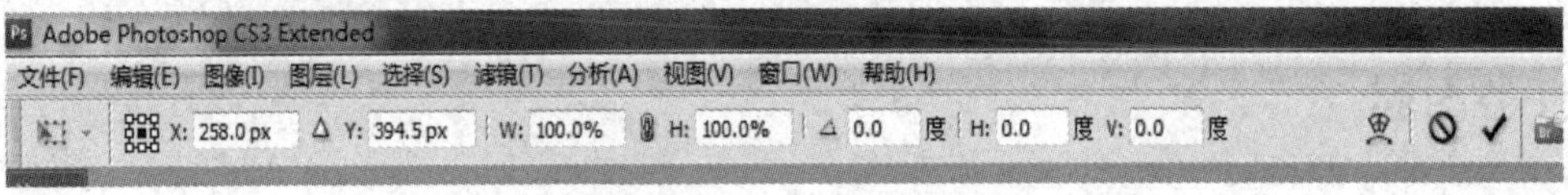

图 6-4-2　调整大小属性栏

(5) 分别利用文字工具中的横排文字工具和直排文字工具输入文字。先在窗口上的工具属性栏设置好文字的字体、大小、颜色，如图 6-4-3 所示。然后在背景图片的上方相应的位置单击鼠标，分别输入如图 6-4-4 所示的宣传文字，文字输完以后，按回车键确认。

图 6-4-3　文字工具属性设置栏

图 6-4-4　海报最终效果图

(6) 单击“文件”菜单中的“保存”命令，在弹出的对话框中输入文件名“宣传海报”。

注意：文件扩展名默认为“.psd”，该文件即为源文件，只能在 Photoshop 软件中打开，并可以反复修改、编辑，它不能被用在其他地方，比如发布到网上，或插入到其他文档如 Word 文档中。

(7) 单击“文件”菜单中的“另存为”命令，在弹出的对话框中，将“格式”选项改为“.JPEG”，然后再单击“保存”按钮。此时，所制作出来的原本包含了多个图层的图片被组合成为一个图层，原有各层的信息已经无法单独修改，这就是平常使用图片时用到的文件格式。

任务 6.5　用 Photoshop 软件制作名片

一、任务目的

(1) 掌握文件画布大小的设置；
(2) 掌握选区颜色的填充；
(3) 掌握矩形选区工具的使用；
(4) 掌握文本工具的使用。

二、任务内容

制作一张标准尺寸(90 mm×50 mm)的个人名片要求如下：

(1) 新建一个文件，画布大小设置为宽 90 mm，高 50 mm，背景为白色。

(2) 用矩形选取工具分别把名片的上、下的一小部分选定，然后分别填充两种不同的颜色，如黑色和蓝色。

(3) 在图中上、中、下三处，分别输入文字“湖南省爱生活有机食品有限公司”“总经理：李友亮”“联系方式：138****6688”“QQ：33****68”，将其颜色设置为与背景相适应的颜色。

三、操作步骤

(1) 启动 Photoshop 软件，单击“文件”菜单中的“新建”命令，在弹出“新建”对话框中将文件大小设置为 90 mm 宽，50 mm 高，背景颜色为白色。

(2) 按快捷键 Z，然后在窗口空白处单击，把画面放大到 200%的比例，以方便操作。

(3) 单击工具栏中的矩形选区工具，将画布顶部大概 1/4 的部分框选住(如选择有失误，可按 Ctrl+D 撤销选区，再重新选)。如图 6-5-1 所示。

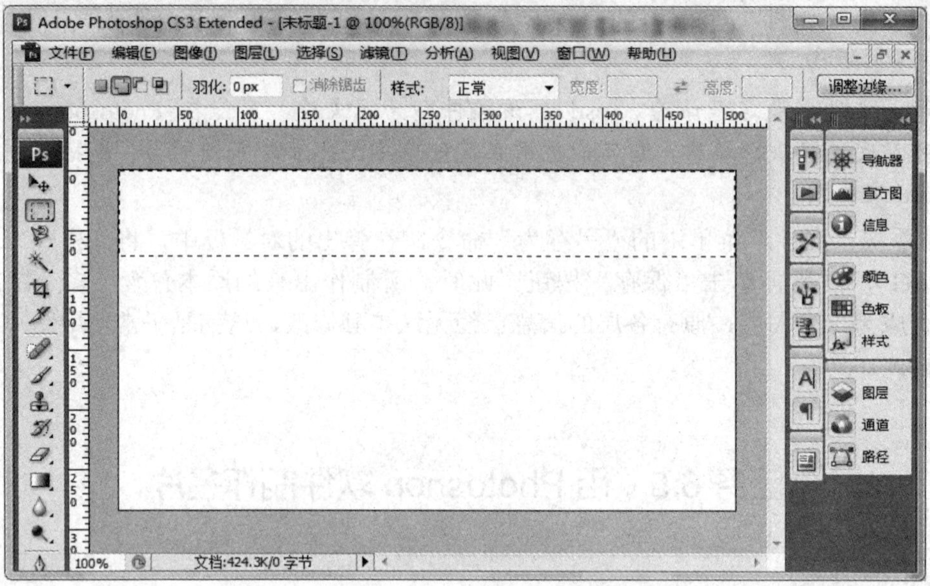

图 6-5-1 名片框选效果图

(4) 单击“编辑”菜单中的“填充”命令，弹出“填充”对话框。在对话框中单击“颜色”选项，弹出“选取一种颜色”对话框。在此对话框中选择一种颜色如“蓝色”，如图 6-5-2 所示。单击两次“确定”按钮，则选区被填充成蓝色。

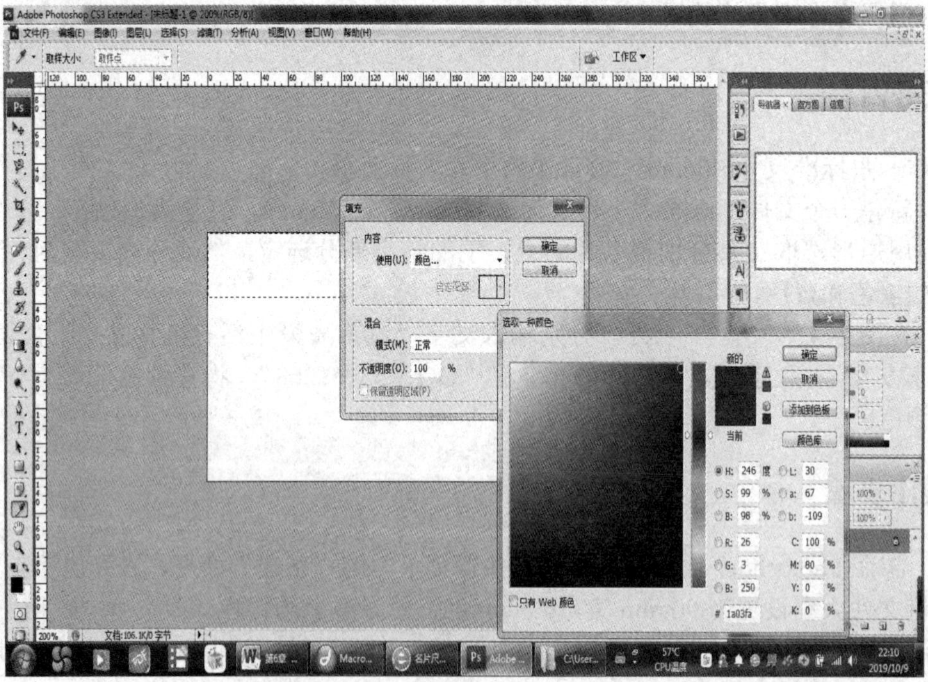

图 6-5-2 填充颜色设置对话框

(5) 重复前面步骤(3)、(4)，把画布下面的部分填充成黑色。

(6) 单击工具箱中的横排文本工具，然后在窗口的工具属性栏中，将字体设置为华文新魏，大小为 15，颜色为红色。在画布的顶部输入文字“湖南省爱生活有机食品有限公司”，采用同样的方法在画布中间白色部分输入文字“总经理：李友亮”，黑色部分输入两行文字：“联系方式：138****6688”和“QQ：33****68”，并调整到合适位置。最终效果如图 6-5-3 所示。

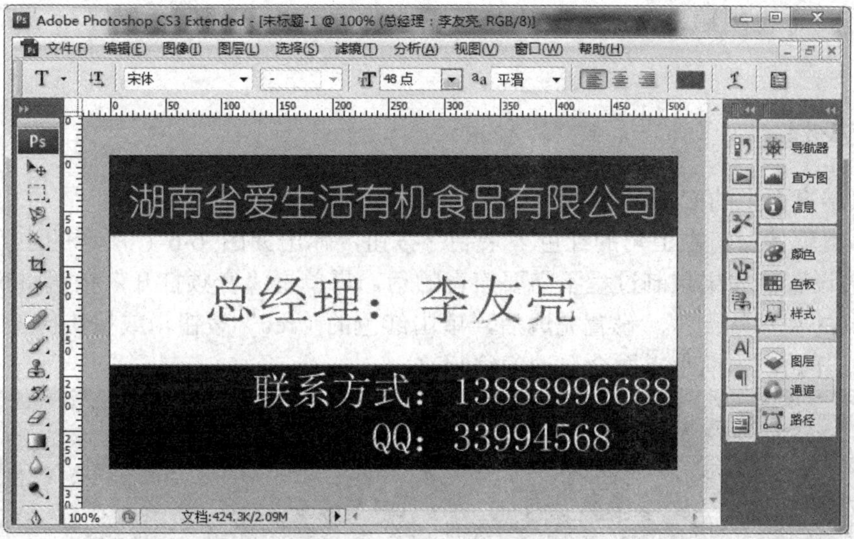

图 6-5-3　名片最终效果图

(7) 单击“文件”菜单中的“保存”命令，将制作好的文件以“我的名片.psd”为名保存，再单击“文件”菜单中的“另存为”命令，将文件保存类型设置为“.jpg”进行保存，文件名为“我的名片.jpg”。

任务 6.6　用 Camtasia Studio 录制一个视频并编辑

一、任务目的

(1) 了解和熟悉 Camtasia Studio 软件的工作界面的组成及各部分的功能；
(2) 掌握视频项目文件的创建与保存；
(3) 掌握视频录制的设置、开始和终止；
(4) 掌握视频轨道的拆分；
(5) 掌握时间进度指针的控制和操作；
(6) 掌握视频字幕的添加和编辑；
(7) 掌握视频文件的最终输出。

二、任务内容

(1) 录制一段视频，视频内容为在电脑上玩扫雷或纸牌等游戏的全过程，时间长度不少于两分钟。

(2) 要求将视频首尾多余的部分截取掉，只保留从游戏开始时刻到整个游戏结束之间的内容。

(3) 给整个视频添加文本字幕“我的第一个电脑屏幕视频”，字幕显示时间为 10 s。

(4) 将整个项目文件保存到计算机上“我的文档”中的“视频”文件夹中。

(5) 将整个视频输出为“.mp4”格式的文件，输出文件保存位置与项目文件位置相同。

三、操作步骤

(1) 双击桌面上的 Camtasia 软件图标启动该软件。

(2) 单击软件窗口左上角的红色“录制”按钮，弹出如图 6-6-1 所示的小界面。一般采用默认的设置，如果录制过程不需要声音的话，需单击“音频打开”按钮将声音轨道关闭，则录制的视频就无声。设置完成后，单击红色的“rec”按钮，或按快捷键“F9”，视频录制正式开始，当前小界面会自动隐藏起来。

图 6-6-1　录制设置窗口

(3) 在开始菜单栏中单击“游戏”选项，在弹出的窗口中找到要玩的游戏项目并启动它。把该游戏试玩两分钟以上，然后结束游戏，并关闭该游戏界面。

(4) 按“F10”键，完成视频的录制，重新切换到软件的主界面，如图 6-6-2 所示。出现在窗口下边的“轨道 1”和“轨道 2”，分别为视频和音频轨道，通过它们可以分别对视频和音频进行编辑、修改。

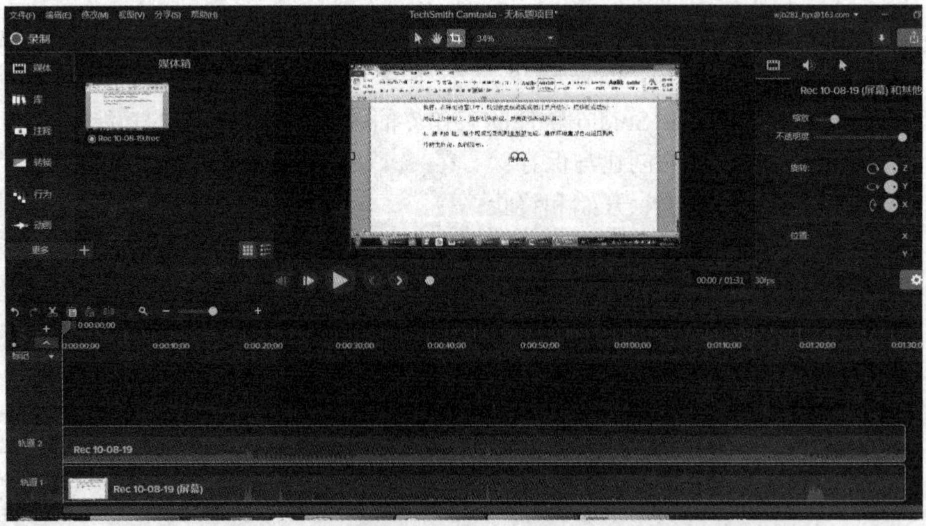

图 6-6-2　视频编辑界面

(5) 拖动轨道上的播放进度控制按钮，并同时仔细观察画面的变化，在要保留时段的开始时刻位置停止拖动，单击“编辑”菜单中的“全部拆分”命令，此时会将两个轨道从当前时刻分成前后两段，如图 6-6-3 所示。则在播放进度指示线的左右两侧分别产生两个相互独立的片段。

图 6-6-3　轨道拆分效果图

(6) 分别单击选中轨道 1、轨道 2 上左侧的片段，再单点右键，在弹出快捷菜单中单击“删除”命令，则把视频开始时的多余部分删掉。然后分别把余下的片段从各自的轨道上拖到最左端，让它从时刻 0 s 开始播放。采用同样的方法，把视频末端多余的片段折分并删除。

(7) 先将播放进度指针拖到最左端，再单击“修改”菜单中的“字幕”命令的“添加字幕”子命令，则在窗口下方产生“轨道 3”。在视频播放位置出现一个黑色的输入框，如图 6-6-4 所示，输入相应的文字，并把持续时间由默认值 4 s 修改成 10 s，鼠标在窗口其他位置单击一下，退出字幕编辑状态。

图 6-6-4　添加字幕效果图

(8) 单击“文件”菜单中的“保存”命令，弹出对话框。在弹出对话框中将当前文件以项目文件类型保存到文件夹“我的文档”中，文件名为“我录制的视频.tscproj”，以便以后重新编辑该视频。

(9) 单击“分享”菜单中的“本地文件”命令，弹出“生成向导”对话框。按照默认的设置，连续单击“下一步”按钮，在“生成视频”步骤时，将视频的文件名修改为“我录制的视频”，视频保存的文件夹位置修改为“我的文档”。此时，视频文件则以默认的“.mp4”格式输出到指定的位置，这是平常使用视频时的常用格式。

第二部分

计算机公共基础知识

第 7 章　程序设计基础

程序设计是给出解决特定问题程序的过程，是软件构造活动中的重要组成部分。程序设计以某种程序设计语言为工具，设计出这种语言下的程序。程序设计过程应当包括分析、设计、编码、测试、排错等不同阶段。专业的程序设计人员常被称为程序员。

任何设计活动都是在各种约束条件和相互矛盾的需求之间寻求一种平衡，程序设计也不例外。在计算机技术发展的早期，由于机器资源比较昂贵，程序的运行时间和占用空间往往是程序设计关心的主要因素。随着硬件技术的飞速发展和软件规模的日益庞大，程序的结构、可维护性、复用性、可扩展性等因素日益重要。

7.1　程序设计概述

7.1.1　程序设计的风格

程序设计风格指一个人编制程序时所表现出来的特点、习惯、逻辑思路等。在程序设计时要求程序结构合理、清晰，还要求程序员要有良好的编程习惯；对编好的程序的要求不仅可以在机器上执行并产生正确的结果，而且要便于程序的调试和维护；对程序员要求编写的程序不仅自己看得懂，而且也要让别人能看懂。程序设计基本的指导原则如下：

1. 源程序文档化

(1) 标识符应按意取名。

(2) 程序应加注释。注释是程序员与日后读者之间沟通的重要工具，用自然语言或伪码描述。它说明了程序的功能，特别在程序维护阶段，对理解程序提供帮助。注释分序言性注释和功能性注释。序言性注释应置于每个模块的起始部分，主要内容有：

① 说明每个模块的用途、功能。

② 说明模块的接口。程序调用形式、参数描述及从属模块的清单。

③ 数据描述。重要数据的名称、用途、限制、约束及其他信息。

④ 开发历史。设计者、审阅者姓名及日期，修改说明及日期。

功能性注释嵌入在源程序内部，说明程序段或语句的功能以及数据的状态。需要注意以下几点：

① 注释用来说明程序段，而不是每一行程序都要加注释。

② 使用空行、缩格、括号，以便很容易区分注释和程序。

③ 修改程序后也应修改注释。

2. 数据说明原则

为了使数据定义更易于理解和维护，遵循下指导原则：

(1) 数据说明顺序应规范，使数据的属性更易于查找，从而有利于测试、纠错与维护。例如可按以下顺序说明：常量寿命说明、类型说明、全程量说明、局部量说明。

(2) 一个语句说明多个变量时，各变量名按字典序排列。

(3) 对于复杂的数据结构，要加注释，说明在程序实现时的特点。

3. 语句构造原则

(1) 简单直接，不能为了追求效率而使代码复杂化。

(2) 为了便于阅读和理解，不要一行多个语句。

(3) 不同层次的语句采用缩进形式，使程序的逻辑结构和功能特征更加清晰。

(4) 要避免复杂的判定条件，避免多重的循环嵌套。

(5) 表达式中使用括号以提高运算次序的清晰度等等。

4. 输入、输出原则

在编写输入和输出程序时应考虑以下原则：

(1) 输入操作步骤和输入格式尽量简单。

(2) 应检查输入数据的合法性、有效性，报告必要的输入状态信息及错误信息。

(3) 输入一批数据时，使用数据或文件结束标志，而不要用计数来控制。

(4) 交互式输入时，提供可用的选择和边界值。

(5) 当程序设计语言有严格的格式要求时，应保持输入格式的一致性。

(6) 输出数据表格化、图形化。

输入、输出风格还受其他因素的影响，如输入、输出设备，用户经验及通信环境等。

5. 追求效率原则

效率指处理机时间和存储空间的使用，对效率的追求明确以下几点：

(1) 效率是一个性能要求，目标在需求分析时给出。

(2) 追求效率建立在不损害程序可读性或可靠性基础上。要先使程序正确，再提高程序效率；要先使程序清晰，再提高程序效率。

(3) 提高程序效率的根本途径在于选择良好的设计方法、良好的数据结构算法，而不是靠编程时对程序语句做调整。

7.1.2　程序设计的方法与步骤

1. 程序设计的方法

目前，程序设计有两种方法，一种是面向过程的结构化程序设计方法，另一种是面向对象的程序设计方法。结构化程序设计方法强调程序设计风格和程序结构的规范化，提倡清晰的结构。面向对象的程序设计方法则主张从客观世界固有的事物出发来构造系统，强调建立的系统能映射问题域。

2. 程序设计的步骤

1) 分析问题

对于接受的任务要进行认真的分析，研究所给定的条件，分析最终应达到的目标，找出解决问题的规律，选择解决问题的方法，最终解决实际问题。

2) 设计算法

设计出解决问题的方法和具体步骤。

3) 编写程序

将算法翻译成计算机程序设计语言，对源程序进行编辑、编译和连接。

4) 运行程序，分析结果

运行可执行程序，得到运行结果。能得到运行结果并不意味着程序正确，还需要对结果进行分析，看它是否合理。如果不合理则要对程序进行调试，即通过上机调试和排除程序中存在的问题。

5) 编写程序文档

大多程序是提供给别人使用的，如同正式的产品应当提供产品说明书一样，正式提供给用户使用的程序，必须向用户提供程序说明书。程序说明书内容应包括程序名称、程序功能、运行环境、程序的装入和启动、需要输入的数据，以及使用注意事项等。

7.1.3　程序设计语言

程序设计语言通常简称为编程语言，是一种用于书写计算机程序的语言。语言的基础是一组记号和一组规则，根据规则由记号构成的记号串的总体就是语言。在程序设计语言中，这些记号串就是程序。程序设计语言有 3 个方面的因素，即语法、语义和语用。语法表示程序的结构或形式，亦即表示构成语言的各个记号之间的组合规律，但不涉及这些记号的特定含义，也不涉及使用者。语义表示程序的含义，亦即表示按照各种方法所表示的各个记号的特定含义，但不涉及使用者。语用表示程序与使用者的关系。

1. 程序设计语言的特性

程序设计语言具有心理、工程及技术等特性。

(1) 心理特性：歧义性、简洁性、局部性、顺序性、传统性。

(2) 工程特性：可移植性，开发工具的可利用性，软件的可重用性、可维护性。

(3) 技术特性：支持结构化构造的语言有利于减少程序环路的复杂性，使程序易测试、易维护。

2. 程序设计语言的分类

1) 从发展历程来分

自 20 世纪 60 年代以来，世界上公布的程序设计语言已有上千种之多，但是只有很小一部分得到了广泛的应用。从发展历程来看，程序设计语言可以分为 4 代。

(1) 第一代机器语言。机器语言是由二进制 0、1 代码指令构成，不同的 CPU 具有不同的指令系统。机器语言程序难编写、难修改、难维护，需要用户直接对存储空间进行分配，编程效率极低。这种语言已经被渐渐淘汰了。

(2) 第二代汇编语言。汇编语言指令是机器指令的符号化，与机器指令存在着直接的对应关系，所以汇编语言同样存在着难学难用、容易出错、维护困难等缺点。但是汇编语言也有自己的优点：可直接访问系统接口，汇编程序翻译成的机器语言程序的效率高。从软件工程角度来看，只有在高级语言不能满足设计要求，或不具备支持某种特定功能的技术性能(如特殊的输入输出)时，汇编语言才被使用。

(3) 第三代高级语言。高级语言是面向用户的、基本上独立于计算机种类和结构的语言。其最大的优点是形式上接近于算术语言和自然语言，概念上接近于人们通常使用的概念。高级语言的一个命令可以代替几条、几十条甚至几百条汇编语言的指令，因此，高级语言易学易用，通用性强，应用广泛。高级语言种类繁多，可以从应用特点和对客观系统的描述两个方面对其进行进一步分类。

(4) 第四代非过程化语言。第四代非过程化语言(简称 4GL)在编码时只需说明“做什么”，无需描述算法细节。数据库查询和应用程序生成器是 4GL 的两个典型应用。用户可以用数据库查询语言(SQL)对数据库中的信息进行复杂的操作。用户只需将要查找的内容在什么地方、根据什么条件进行查找等信息告诉 SQL，SQL 将自动完成查找过程。应用程序生成器则是根据用户的需求“自动生成”满足需求的高级语言程序。真正的第四代程序设计语言应该说还没有出现。所谓的第四代语言大多是指基于某种语言环境具有 4GL 特征的软件工具产品，如 System Z、PowerBuilder、FOCUS 等。第四代程序设计语言是面向应用，为最终用户设计的一类程序设计语言。它具有缩短应用开发过程、降低维护代价、最大限度地减少调试过程中出现的问题以及对用户友好等优点。

2) 从应用角度分类

从应用角度来看，高级语言可以分为基础语言、结构化语言和专用语言。

(1) 基础语言。基础语言也称通用语言。它历史悠久，流传很广，有大量的已开发的软件库，拥有众多的用户，为人们所熟悉和接受。属于这类语言的有 FORTRAN、COBOL、BASIC、ALGOL 语言等。

(2) 结构化语言。自 20 世纪 70 年代以来，结构化程序设计和软件工程的思想日益为人们所接受和欣赏。在它们的影响下，先后出现了一些很有影响力的结构化语言，这些结构化语言直接支持结构化的控制结构，具有很强的过程结构和数据结构能力。PASCAL、C、Ada 语言就是它们的突出代表。

(3) 专用语言。专用语言是为某种特殊应用而专门设计的语言，通常具有特殊的语法形式。一般来说，这种语言的应用范围狭窄，移植性和可维护性不如结构化程序设计语言。随着时间的发展，被使用的专业语言已有数百种，应用比较广泛的有 APL、Forth、LISP 语言等。

3) 从客观系统的描述分类

从描述客观系统来看，程序设计语言可以分为面向过程语言和面向对象语言。

(1) 面向过程语言。以“数据结构+算法”程序设计范式构成的程序设计语言，称为面向过程语言。前面介绍的程序设计语言大多为面向过程语言。

(2) 面向对象语言。以“对象+消息”程序设计范式构成的程序设计语言，称为面向对象语言。比较流行的面向对象语言有 Delphi、Visual Basic、Java、C++等。

3. 高级语言的执行方式

高级语言的执行方式有编译执行和解释执行两种。

1) 编译执行

编译执行是指利用事先编好的一个称为编译程序的机器语言程序，作为系统软件存放在计算机内，当用户将高级语言编写的源程序输入计算机后，编译程序便把源程序整个地翻译成用机器语言表示的与之等价的目标程序，然后计算机再执行该目标程序，以完成源程序要处理的运算并得到结果。

2) 解释执行

解释执行是指源程序进入计算机后，解释程序边扫描边解释，逐句输入逐句翻译，计算机一句句执行，并不产生目标程序。

编译执行过程简单，解释执行速度快。

7.2　结构化程序设计

结构化程序设计方法引入了工程思想和结构化思想，使大型软件的开发和编程都得到了极大的改善。

7.2.1　结构化程序设计的原则

结构化程序设计的原则是自顶向下，逐步求精，模块化，结构化编码。

(1) 自顶向下。程序设计时，先考虑总体，后考虑细节；先考虑全局目标，后考虑局部目标。

(2) 逐步求精。对复杂问题，设计一些子目标作为过渡，逐步细化。

(3) 模块化。把一个复杂问题要解决的总目标分解为分目标，再进一步分解为具体的小目标，每个小目标称为一个模块。

(4) 结构化编码。所谓编码就是把已经设计好的算法用计算机语言表示，即根据已经细化的算法正确写出计算机程序。结构化的语言(如 Pascal，C，QBASIC 等)都有与三种基本结构对应的语句。

总的来说，结构化程序设计就是把一个功能较多、较复杂的任务分解为几个功能较简单的子任务模块，还可以将子任务再细分解为若干功能更简单的子任务。每一个子任务模块由相应的子程序来完成。

7.2.2　结构化程序设计的基本结构

1. 基本结构

结构化程序由若干基本结构组成，每一个基本结构可以包含一个或多个命令，它们有以下三种基本结构。

(1) 顺序结构，如图 7-2-1 所示。该结构先执行 A 操作，再执行 B 操作，两者是顺序执行的关系。

(2) 分支结构，如图 7-2-2 所示。该结构中 P 代表一个条件，当条件 P 成立时执行 A 操作，否则执行 B 操作。注意，只能执行 A 或 B 之一，在执行完 A 或 B 之后再继续执行后续命令语句。

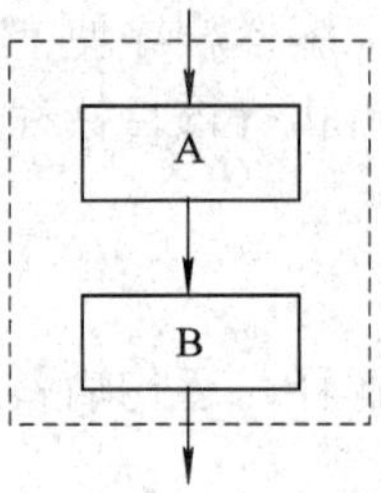

图 7-2-1　顺序结构

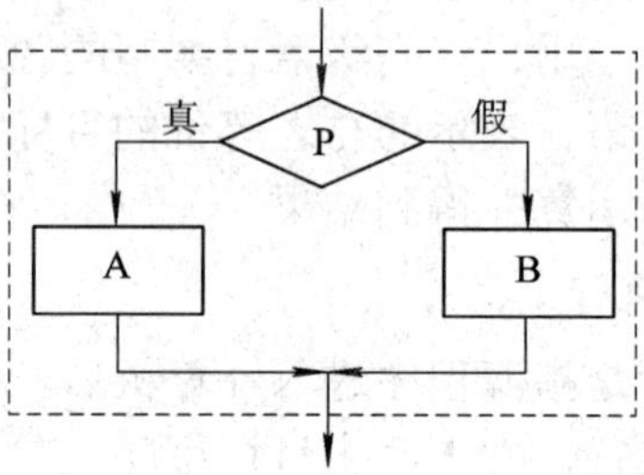

图 7-2-2　选择结构

(3) 循环结构，该结构有以下两种形式：

① 当型循环结构，如图 7-2-3 所示，当条件 P 成立时反复执行 A 操作，直到条件 P 不成立(即为“假”)时才停止循环。

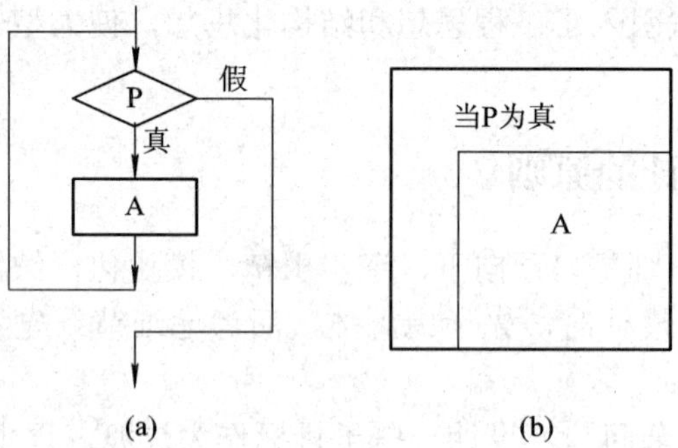

图 7-2-3　当型循环结构流程图图

② 直到型循环结构，如图 7-2-4 所示，先执行 A 操作，再判断条件 P 是否不成立(即为“假”)，若条件 P 为“假”，再反复执行 A，直到条件 P 成立(即为“真”)时才停止循环。

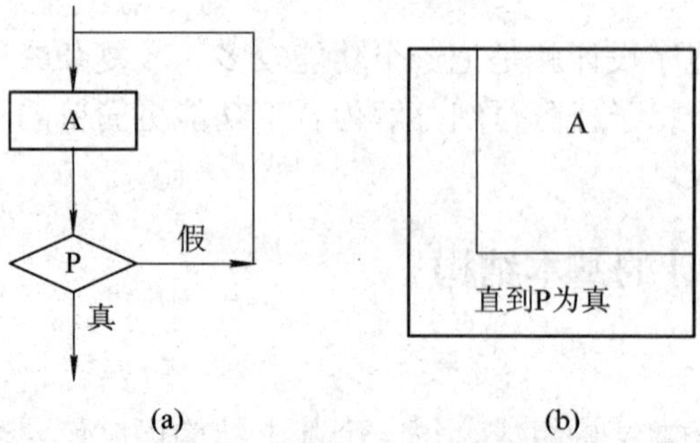

图 7-2-4　直到型循环结构流程图

以上各图中，(a)图是传统结构流程图，流程图中方框表示处理，菱形框表示判断，箭头线表示控制流。(b)图为 N-S 图表示，相比传统流程图，它的功能更清晰，控制不能随意转移，且数据的作用域更易确定。

2. 注意事项

在结构化程序设计中，需要注意以下几点：

(1) 使用顺序结构、选择结构和循环结构表示程序的控制逻辑。

(2) 选用的控制结构只允许有一个入口和一个出口。

(3) 复杂结构应该用嵌套的基本控制结构实现。

(4) 尽量避免 GOTO 语句的使用。

7.2.3 结构化程序设计的优缺点

1. 结构化程序设计的特点

(1) 可读性强。每个模块功能明确，模块间的关系简单、清晰。

(2) 独立性好。每个模块内部的修改尽可能不影响其他模块。

(3) 易验证。每个模块的正确性容易验证，各模块连接起来后，整个程序也便于验证。

2. 结构化程序设计的优点

由于模块相互独立，因此在设计其中一个模块时，不会受到其他模块的影响，因而可将原来较为复杂的问题化简为一系列简单模块的设计。模块的独立性还为扩充已有的系统、建立新系统带来了不少的方便，因为程序员可以充分利用现有的模块作积木式的扩展。

按照结构化程序设计的观点，任何算法功能都可以通过由程序模块组成的三种基本程序结构的组合来实现。

结构化程序设计的基本思想是采用“自顶向下，逐步求精”的程序设计方法和“单入口单出口”的控制结构。“自顶向下、逐步求精”的程序设计方法从问题本身出发，经过逐步细化，将解决问题的步骤分解为由基本程序结构模块组成的结构化程序框图。“单入口单出口”的思想认为一个复杂的程序，如果它仅是由顺序、选择和循环三种基本程序结构通过组合、嵌套构成，那么这个新构造的程序一定是一个单入口单出口的程序，据此就很容易编写出结构良好、易于调试的程序来。

综上所述，结构化程序设计具有以下优点：

(1) 整体思路清楚，目标明确。

(2) 设计工作中阶段性非常强，有利于系统开发的总体管理和控制。

(3) 在系统分析时可以诊断出原系统中存在的问题和结构上的缺陷。

3. 结构化程序设计的缺点

(1) 用户要求难以在系统分析阶段准确定义，致使系统在交付使用时产生许多问题。

(2) 用系统开发每个阶段的成果来进行控制，不能适应事物变化的要求。

(3) 系统的开发周期长。

7.3　面向对象的程序设计

7.3.1　面向对象的程序设计概述

1. 面向对象的程序设计

面向对象的程序设计(Object Oriented Programming，简称 OOP)是 20 世纪 80 年代初提出的，起源于 Smalltalk 语言。面向对象方法的本质是主张从客观世界固有的事物出发来构造系统，提倡用人类在现实生活中常用的思维方法来认识、理解和描述客观事物，强调最终建立的系统能够映射问题域。也就是说，系统中的对象以及对象之间的关系能够如实地反映问题域中固有的事物及其关系。

用面向对象的方法解决问题，不是将问题分解为过程，而是将问题分解为对象。对象是现实世界中可以独立存在、可以区分的实体，也可以是一些概念上的实体。世界是由众多对象组成的，对象有自己的数据(属性)，也有作用于数据的操作(方法)，将对象的属性和方法封装成一个整体，供程序设计者使用。对象之间的相互作用通过消息传递来实现。

2. 面向对象的程序设计的特点

1) 封装性

封装是指将一个计算机系统中的数据以及与这个数据相关的一切操作语言(即描述每一个对象的属性以及其行为的程序代码)组装到一起，一并封装在一个有机的实体中，把它们封装在一个“模块”中，也就是一个类中，为软件结构的相关部件所具有的模块性提供良好的基础。在面向对象技术的相关原理以及程序语言中，封装的最基本单位是对象，而使得软件结构的相关部件的实现“高内聚、低耦合”的“最佳状态”便是面向对象技术的封装性所需要实现的最基本的目标。对于用户来说，对象是如何对各种行为进行操作、运行、实现等细节是不需要刨根问底了解清楚的，用户只需要通过封装外的通道对计算机进行相关方面的操作即可。这样大大地简化了操作的步骤，使用户使用起计算机来更加高效、更加得心应手。

2) 继承性

继承性是面向对象技术中的另外一个重要特点，其主要指的是两种或者两种以上的类之间的联系与区别。继承顾名思义是后者延续前者的某些方面的特点，而在面向对象技术则是指一个对象针对于另一个对象的某些独有的特点、能力进行复制或者延续。如果按照继承源进行划分，则可以把继承分为单继承(一个对象仅仅从另外一个对象中继承其相应的特点)与多继承(一个对象可以同时从另外两个或者两个以上的对象中继承所需要的特点与能力，并且不会发生冲突等现象)。如果从继承中包含的内容进行划分，则继承可以分为四类，分别为取代继承(一个对象在继承另一个对象的能力与特点之后将父对象进行取代)、包含继承(一个对象在将另一个对象的能力与特点进行完全的继承之后，又继承了其他对象所包含的相应内容，结果导致这个对象所具有的能力与特点大于等于父对象，实现了对于父对象的包含)、受限继承、特化继承。

3) 多态性

从宏观的角度来讲，多态性是指在面向对象技术中，当不同的多个对象同时接收到同一个完全相同的消息之后，所表现出来的动作是各不相同的，具有多种形态。从微观的角度来讲，多态性是指在一组对象的一个类中，面向对象技术可以使用相同的调用方式来对相同的函数名进行调用，即便这些若干个具有相同函数名的函数所表示的函数功能是不同的。

3. 面向对象的程序设计的优缺点

面向对象的程序设计出现以前，结构化程序设计是程序设计的主流，结构化程序设计又称为面向过程的程序设计。在面向过程程序设计中，问题被看作一系列需要完成的任务，函数(在此泛指例程、函数、过程)用于完成这些任务，解决问题的焦点集中于函数。其中函数是面向过程的，即它关注如何根据规定的条件完成指定的任务。

1) 优点

比较面向对象程序设计和面向过程程序设计，面向对象程序设计有以下优点：

(1) 数据抽象的概念可以在保持外部接口不变的情况下改变内部实现，从而减少甚至避免对外界的干扰。

(2) 通过继承大幅减少冗余的代码，并可以方便地扩展现有代码，提高编码效率，也减低了出错概率，降低软件维护的难度。

(3) 结合面向对象分析、面向对象设计，允许将问题域中的对象直接映射到程序中，减少软件开发过程中中间环节的转换过程。

(4) 通过对对象的辨别、划分可以将软件系统分割为若干相对为独立的部分，在一定程度上更便于控制软件复杂度。

(5) 以对象为中心的设计可以帮助开发人员从静态(属性)和动态(方法)两个方面把握问题，从而更好地实现系统。

(6) 通过对象的聚合、联合可以在保证封装与抽象的原则下实现对象在内在结构以及外在功能上的扩充，从而实现对象由低到高的升级。

2) 缺点

(1) 运行效率较低。类的大量加载会牺牲系统性能，降低运行速度。虽然 CPU 速度在提高，内存容量也在增加，但这一问题仍会随着系统规模变大而逐渐显现出来。

(2) 类库庞大。由于类库过于庞大，程序员对它们的掌握需要一段时间，从普及、推广的角度来看，类库应在保证其功能完备的基础上进行相应的缩减。

(3) 类库可靠性低。越庞大的系统必会存在无法预知的问题隐患，程序员无法完全保证类库中的每个类在各种环境中百分之百的正确，当使用的类发生了问题，就会影响后续工作，程序员也有可能因此推翻原来的全部工作。

7.3.2 面向对象的程序设计的基本概念

面向对象方法涵盖对象及对象的属性与方法、类、消息、继承、多态性等几个基本要素。这些概念是理解和使用面向对象方法的基础和关键。

1. 对象(Object)

对象是面向对象方法中最基本的概念，用来表示客观世界中的任何实体，可以是任何有明确边界和意义的事物。它可能是一个人、一部车或一张桌子。

对象由对象名、对象的属性和对象的方法三个部分组成。对象名用来标识对象；对象的属性是实体所具有的性质(外形与状态)；对象的方法是实体所拥有的行为。

2. 类(Class)和实例(Instance)

程序设计中，往往会涉及许多对象。根据属性和方法将相似的对象分门别类归为类，即类是具有共同属性、共同方法的对象的集合。类与对象的关系如同一个模具与用这个模具铸造出来的铸件之间的关系。类给出了属于该类的全部对象的抽象定义，而对象则是符合这种定义的一个实例。

3. 消息(Message)

在计算机系统中，一个系统由若干个对象组成，各个对象之间相互联系、相互作用。消息就是对象之间联系的纽带，是一个实例与另一个实例之间传递的信息，它请求对象执行某一处理或回答某一要求的信息，它统一了数据流和控制流。一条消息可以发送给不同的对象，而消息的解释则完全由接收对象完成。对象之间的消息发送必须遵循一定的规则，采用一定的格式。消息的形成用消息模式来描述，一个消息模式定义了一类消息，它可以对应内容不同的消息。一个消息由接收消息的对象的名称、消息标识符(消息名)和零个或多个参数三部分组成。发送消息的对象不需要知道接收消息的对象如何响应该请求。

4. 继承(Inheritance)

继承是面向对象软件技术当中的一个概念，与多态、封装共为面向对象的三个基本特征。继承可以使子类具有父类的属性和方法，或者重新定义、追加属性和方法等。

5. 多态性(Polymorphism)。

多态性指允许不同类的对象对同一消息做出响应，或者说是同一命名方法提供了多态性结果，当同样的消息被不同的对象接收时，却导致完全不同的行为。

多态性的作用为：多态性机制不仅增加了面向对象软件系统的灵活性，进一步减少了信息冗余，而且显著地提高了软件的可重用性和可扩充性。

7.3.3 面向对象程序设计语言

1. 几种面向对象的语言

1) Smalltalk 语言

Smalltalk 语言并不是一种单纯的程序设计语言，而是反映面向对象程序设计思想的程序设计环境。这个系统强调了对象概念的归一性，引入了类、方法、实例等概念和术语，应用了单重继承和动态绑定，成为面向对象程序设计语言发展过程中的一个引人注目的里程碑。

2) Eiffel 语言

Eiffel 语言的主要特点是全面的静态类型化、有大量的开发工具、支持多继承。Eiffel 语言也全面支持面向对象的概念。

3) C++语言

C++语言是一种面向对象的强类型语言，由 AT&T 公司的 Bell 实验室于 1980 年推出。C++语言是 C 语言的一个向上兼容的扩充，而不是一种新语言。C++语言是一种支持多范型的程序设计语言，它既支持面向对象的程序设计，也支持面向过程的程序设计。C++语言支持基本的面向对象概念：对象、类、方法、消息、子类和继承。

4) Java 语言

Java 语言起源于 Oak 语言，Oak 语言能运行在设备的嵌入芯片上。Java 程序经编译成伪代码，这需要一个虚拟机来对其进行解释，Java 的虚拟机几乎在每一种平台上都可以运行，这实质上可以使得开发与机器独立无关，并且提供了通用的可移植性。

Java 语言把类的概念和接口的概念区分开，并试图通过只允许接口的多继承来克服多继承的危险。Java Beans 是组件，即类和其所需资源的集合，它们主要被设计用来提供定制的 GUI 小配件。

2. 面向对象语言的优点

面向对象设计的结果，既可以用面向对象语言实现，也可以用非面向对象语言实现。面向对象程序设计语言本身就支持面向对象概念的实现，其编译程序可以自动地实现面向对象概念到目标程序的映射。而且与非面向对象语言相比，面向对象语言还具有以下一些优点。

(1) 一致的表示方法。

面向对象的采用从问题域表示到面向对象分析，再到面向对象设计与实现方法始终稳定不变。一致的表示方法不但有利于在软件开发过程中始终使用统一的概念，也有利于维护人员理解软件的各种配置成分。

(2) 具有可重用性。

为了能带来可观的商业利益．必须在更广泛的范围中运用重用机制，而不是仅仅在程序设计这个层次上进行重用。软件开发组织既可能重用它在某个问题域内的 OOA 结果，也可能重用相应的 OOD 和 OOP 结果。

(3) 可维护性强。

在实际软件系统开发中，维护人员面对的主要是源程序，如果程序设计语言本身能显式地表达问题域语义，对维护人员理解所要维护的软件将有很大帮助。

因此，选择程序设计语言应该考虑的首要因素是哪个程序设计语言能最好地表达问题域语义。一般来说，实现面向对象分析、设计的结果，应该尽量选用面向对象程序设计语言。

7.4　二级考试选择题

1. 用高级程序设计语言编写的程序，要转换成等价的可执行程序，必须经过(　　)。
   A) 汇编　B) 编辑　C) 解释　D) 编译和连接
2. 用高级程序设计语言编写的程序(　　)。
   A) 计算机能直接执行　B) 具有良好的可读性和可移植性
   C) 执行效率高但可读性差　D) 依赖于具体机器，可移植性差
3. 以下(　　)不属于对象的基本特征。
   A) 继承性　B) 封装性　C) 分类性　D) 多态性
4. 下列叙述中，正确的是(　　)。
   A) C++语言是高级程序设计语言的一种
   B) 用 C++程序设计语言编写的程序可以直接在机器上执行
   C) 当代最先进的计算机可以直接识别、执行任何语言编写的程序
   D) 机器语言和汇编语言是同一种语言的不同名称
5. 下列说法中，正确的是(　　)。
   A) 只要将高级程序语言编写的源程序文件(try.c)的扩展名更改为.exe，则它就成为可执行文件了
   B) 高档计算机可以直接执行用高级程序语言编写的程序
   C) 源程序只有经过编译和连接后才能成为可执行程序
   D) 用高级程序语言编写的程序可移植性和可读性都很差
6. 下列关于类、对象、属性和方法的叙述中，错误的是(　　)。
   A) 类是对一类具有相同的属性和方法对象的描述
   B) 属性用于描述对象的状态
   C) 方法用于表示对象的行为
   D) 基于同一个类产生的两个对象不可以分别设置自己的属性值
7. 对建立良好的程序设计风格，下面描述正确的是(　　)。
   A) 程序应简单、清晰、可读性好　B) 符号名的命名只要符合语法
   C) 充分考虑程序的执行效率　D) 程序的注释可有可无
8. 事件的名称(　　)。
   A) 都要由用户定义　B) 有的由用户定义，有的由系统定义
   C) 都是由系统预先定义　D) 是不固定的
9. 当事件能被触发时，(　　)就会对该事件作出响应.
   A) 对象　B) 程序　C) 控件　D) 窗体
10. 用高级语言编写的程序称为(　　)。
    A) 源程序　B) 编译程序　C) 可执行程序　D) 编辑程序
11. 计算机的指令集合称为(　　)。

A) 机器语言　B) 高级语言　C) 程序　D) 软件

12. 以下(　　)语言是脚本语言。

A) Basic　B) Java　C) VBScript　D) Java Applet

13. (　　)属于面向对象的程序设计语言。

A) COBOL　B) FORTRAN　C) Pascal　D) C++

14. 下列论述中，不属于“结构化程序设计思想要点”的是(　　)。

A) 自顶向下，逐步求精　B) 模块化设计

C) 程序设计中必须讲究编程技巧　D) 结构化编码

15. 关于程序设计，正确的论述是(　　)。

A) 面向对象的程序设计方法将大量的工作交给语言系统预先编制的控件对象来完成

B) 面向对象的程序设计就是要抛弃结构化程序设计方法

C) 面向对象的分解突出过程，强调的是如何做，代码的功能如何完成

D) 结构化的分解强调的是做什么

16. 下面叙述正确的是(　　)。

A) 由于机器语言执行速度快，所以现在人们还是喜欢用机器语言编写程序

B) 使用了面向对象的程序设计方法就可以扔掉结构化程序设计方法

C) GOTO 语句控制程序的转向方便，所以现在人们在编程时还是喜欢使用 GOTO 语句

D) 使用了面向对象的程序设计方法，在具体编写代码时仍需要使用结构化编程技术

17. 以下关于编译程序的说法正确的是(　　)。

A) 编译程序直接生成可执行文件

B) 编译程序直接执行源程序

C) 编译程序完成高级语言程序到低级语言程序的等价翻译

D) 各种编译程序构造都比较复杂，所以执行效率高

18. 结构化程序设计的 3 种结构是(　　)。

A) 顺序结构，分支结构，跳转结构　B) 顺序结构，选择结构，循环结构

C) 分支结构，选择结构，循环结构　D) 分支结构，跳转结构，循环结构

19. 下列特征中不是面向对象方法主要特征的是(　　)。

A) 多态性　B) 标识唯一性　C) 封装性　D) 耦合性

20. 汇编语言是一种(　　)。

A) 依赖于计算机的低级程序设计语言

B) 计算机能直接执行的程序设计语言

C) 独立于计算机的高级程序设计语言

D) 面向问题的程序设计语言

21. 将汇编源程序翻译成目标程序(.OBJ)的程序称为(　　)。

A) 编辑程序　B) 编译程序　C) 链接程序　D) 汇编程序

22. 面向对象的程序设计语言是(　　)。

A) 汇编语言　　B) 机器语言
C) 高级程序语言　　D) 形式语言

23. 不属于结构化程序设计的控制成分是(　　)。
A) 顺序结构　　B) 循环结构
C) GOTO 结构　　D) 选择结构

24. 结构化程序设计的目的是(　　)。
A) 提高程序的可读性　　B) 提高程序运算精度
C) 减少程序的长度　　D) 提高程序运行速度

25. 计算机能直接运行的程序是(　　)。
A) 高级语言程序　　B) 自然语言程序
C) 机器语言程序　　D) 汇编语言程序

26. 下列说法正确的是(　　)。
A) 编译程序的功能是将高级语言源程序编译成目标程序
B) 解释程序的功能是解释执行汇编语言程序
C) Intel 8086 指令不能在 Intel P4 上执行
D) C++语言和 Basic 语言都是高级语言，因此它们的执行效率相同

27. 下列叙述正确的是(　　)。
A) 对象是包含数据又包含对象数据进行操作的方法的物理实体
B) 对象的属性只能在属性窗口中设置
C) 不同的对象能识别不同的事件
D) 事件过程都要由用户单击对象来触发

28. 以下程序设计语言是低级语言的是(　　)。
A) RORTRAN 语言　　B) JAVA 语言
C) VISUAL BASIC 语言　　D) 8086 汇编语言

29. 结构化程序设计中，模块划分的原则是(　　)。
A) 各模块应包括尽量多的功能
B) 各模块的规模应尽量大
C) 模块内具有高内聚度、模块间具有低耦合度
D) 模块内具有高耦合度、模块间具有低内聚度

30. 下列选项中属于面向对象设计方法的主要特征的是(　　)。
A) 继承　　B) 自顶向下　　C) 模块化　　D) 逐步求精

31. 早期的计算机语言中，所有的指令、数据都用一串二进制数 0 和 1 表示，这种语言称为(　　)。
A) Basic 语言　　B) 机器语言
C) 汇编语言　　D) java 语言

32. 能够把由高级语言编写的源程序翻译成目标程序的系统软件叫(　　)。
A) 解释程序　　B) 汇编程序
C) 操作系统　　D) 编译程序

第 8 章　算法与数据结构

数据是信息的载体，是计算机程序处理的“原料”，在程序设计中数据结构和算法是核心，数据结构和算法相当于程序设计人员的“内功”，其他的框架就相当于各种“招式”，如果没有足够深厚的“内功”作为基础，其他招式可能都不能发挥最大的作用。在信息和大数据时代，了解和掌握数据结构和算法的基本知识，不仅是参加全国计算机等级二级考试的需要，也是有效提高大脑思考能力的途径之一。

8.1 算　法

8.1.1　算法的基本概念

算法在中国古代文献中称为“术”，最早出现在《周髀算经》和《九章算术》中。特别是在《九章算术》中，给出了四则运算、最大公约数、最小公倍数、开平方根、开立方根、求素数的埃拉托斯特尼筛法、线性方程组求解的算法等。三国时代的刘徽给出了求圆周率的算法——刘徽割圆术。经典的算法有很多，如欧几里德算法(求最大公约数的辗转相除法)、求素数的埃拉托塞尼筛法、割圆术、秦九韶算法等。

算法(Algorithm)是解决特定问题求解步骤的描述，在计算机中表现为指令的有限序列，每条指令可表示一个或多个操作。

8.1.2　算法的特征、运算及设计方法

1．算法的基本特征

(1) 输入(Input)。一个算法有 0 个或 1 个或多个输入，0 个输入是指算法本身已经给出了初始条件。

(2) 输出(Output)。一个算法必须有一个或多个输出。

(3) 有穷性(Finiteness)。一个算法在执行有限的步骤之后，自动结束而不会出现无限循环，并且一个步骤能在可接受的时间内完成。

(4) 确定性(Definiteness)。算法的每一步骤都有确定的含义，不会出现二义性。

(5) 可行性(Effectiveness)。算法的每一步都是必须可行的，也就是说，每一步都能够通过执行有限次数的操作完成。

2．运算

为处理数据需要在数据上进行各种运算，数据的运算是定义在数据逻辑结构上的操作，但运算的具体实现要在存储结构上进行。数据的各种逻辑结构都有相应的运算，每种逻辑结构都有一个运算的集合。数据的运算对数据结构是非常重要的。常用的运算有：

(1) 查找：在数据结构里查找满足一定条件的结点。

(2) 插入：在数据结构里增加新的结点。

(3) 删除：把指定的结点从数据结构里去掉。

(4) 替换：改变指定结点的一个或多个域的值。

(5) 排序：保持线性结构的结点序列里的结点数不变，把结点按某种指定的顺序重新排列。

3．算法的设计方法

算法设计的任务是为各类具体的问题设计高质量的算法，以及研究设计算法的一般规律和方法。对于一个给定的问题，需要找到行之有效的算法。以下介绍几种常见的算法设计。

1) 递归

程序调用自身的编程称为递归(Recursion)。递归是指一个过程或函数在其定义或说明中直接或间接调用自身的一种方法，它通常把一个大型复杂的问题层层转化为一个与原问题相似的规模较小的问题来求解。递归策略只需少量的程序就可描述出解题过程所需要的多次重复计算，大大减少了程序的代码量。递归的能力在于用有限的语句来定义对象的无限集合。一般来说，递归需要有边界条件、递归前进段和递归返回段。当边界条件不满足时，递归前进；当边界条件满足时，递归返回。

2) 穷举

穷举法也称为暴力破解法，是一种针对密码的破译方法，即将密码进行逐个推算直到找出真正的密码为止。例如一个已知是四位并且全部由数字组成的密码，其可能共有10 000种组合，因此最多尝试10 000次就能找到正确的密码。理论上利用这种方法可以破解任何一种密码，问题只在于如何缩短试误时间。因此有些人运用计算机来增加效率，有些人辅以字典来缩小密码组合的范围。

3) 迭代

迭代法也称辗转法，是一种不断用变量的旧值递推新值的过程。与迭代法相对应的是直接法(或者称为一次解法)，即一次性解决问题。迭代法分为精确迭代和近似迭代两种。“二分法”和“牛顿迭代法”属于近似迭代法。迭代算法是用计算机解决问题的一种基本方法。它利用计算机运算速度快、适合做重复性操作的特点，让计算机对一组指令(或一定步骤)进行重复执行，在每次执行这组指令(或这些步骤)时，都从变量的原值推出它的一个新值。

4) 回溯

回溯法也称为试探法，该方法首先暂时放弃关于问题规模大小的限制，将问题的候选解按某种顺序逐一枚举和检验。当发现当前候选解不可能是解时，就选择下一个候选解；

倘若当前候选解除了不满足问题规模要求外，满足所有其他要求时，继续扩大当前候选解的规模，并继续试探；如果当前候选解满足包括问题规模在内的所有要求时，该候选解就是问题的一个解。在回溯法中，放弃当前候选解，寻找下一个候选解的过程称为回溯。扩大当前候选解的规模，继续试探的过程称为向前试探。

5) 查找

查找是指在一个给定的数据列表中查找出指定的数据及该数据在列表中的位置。若找到了，称为查找成功；否则(找不到)，则称为查找失败。常用的查找方法有顺序查找、折半查找、索引顺序查找、树表查找和哈希查找等。这里只介绍两种基本的查找方法——顺序查找和二分法查找。

(1) 顺序查找。顺序查找是从数据列表中的第一个元素开始，依次将列表中的元素与被查找的元素进行比较，若相等则表示找到(即查找成功)；若列表中所有的元素都与被查找的元素进行了比较但都不相等，则表示数据列表中没有要找的元素(即查找失败)。

在进行顺序查找过程中，如果数据列表中的第一个元素就是被查找的元素，则只需做一次比较就查找成功，查找效率最高。但如果被查的元素是数据列表中的最后一个元素，或者被查元素根本不在列表中，则为了查找这个元素需要与列表中所有的元素进行比较，这是顺序查找的最坏情况。在平均情况下，利用顺序查找法在数据列表中查找一个元素，大约要与数据列表中一半的元素进行比较。因此，对于长度为 n 的线性表，平均要进行 $n/2$ 次比较，在最坏的情况下要进行 n 次比较。

顺序查找适用于无序的小列表，当数据量非常大时，用顺序查找效率太低。

(2) 折半查找(二分查找)。折半查找只适用于顺序存储的有序表。有序表是指数据列表中的元素按由小到大或由大到小有序排列。查找的基本思想是：先确定待查找记录所在的范围，然后逐步缩小范围，直到找到或确认找不到该记录为止。

设由小到大有序排列的数据列表的长度为 n，被查元素为 x，则二分查找的方法如下：

将 x 与数据列表的中间项(中间项 $\text{mid}=(n-1)/2$，mid 的值四舍五入取整)进行比较。

① 若中间项的值等于 x，则说明查到，查找结束；

② 若 x 小于中间项的值，则在线性表的前半部分(即中间项以前的部分)以相同的方法进行查找；

③ 若 x 大于中间项的值，则在线性表的后半部分(即中间项以后的部分)以相同的方法进行查找。

这个过程一直进行到查找成功或子表长度为 0(说明数据列表中没有这个元素)为止。

只有当有序数据列表为顺序存储时才能采用二分查找，并且，二分查找的效率要比顺序查找高得多。可以证明，对于长度为 n 的有序线性表，在最坏情况下，二分查找只需要比较 $\text{lb}n$(即 $\log_2 n$)次，而顺序查找需要比较 n 次。

6) 排序

排序是将一组“无序”的数据列表调整为“有序”的数据列表。常用的排序方法有冒泡排序、选择排序、直接插入排序、折半插入排序、快速排序、希尔排序、堆排序等。本书后面还将重点介绍冒泡排序、选择排序和直接插入排序等常用排序技术。

8.1.3 算法的复杂性

算法的复杂度就是当算法在编写成可执行程序后，运行时所需要的资源。资源包括时间资源和内存资源。

同一个问题可以用不同的算法解决，而一个算法的质量优劣将影响到算法乃至程序的效率。算法分析的目的在于选择合适算法和改进算法。一个算法的评价主要从时间复杂度和空间复杂度两个方面来考虑。

1．时间复杂度

所谓时间复杂度是指执行算法时所需要的计算工作量。算法的工作量用算法所执行的基本运算次数来度量。一般选取一个标准操作，找出随着问题规模 n 的变化，算法所执行标准操作的运算次数与其之间的函数关系为 $f(n)$，以 $f(n)$的数量级 $O(f(n))$来表示时间复杂度 $T(n)$，有

$$T(n) = O(f(n))$$

时间复杂度指的是在给定的问题规模 n 下，算法中语句重复执行次数的数量级。其中 $f(n)$表示基本操作的重复执行次数。

常见的时间复杂度有：常数阶 $O(1)$、线性阶 $O(n)$、平方阶 $O(n^2)$、立方阶 $O(n^3)$、对数阶 $O(\log_2 n)$和指数阶 $O(2^n)$等。分析某算法的时间复杂度时，有时还从最好情况、最坏情况、平均情况等方面进行全面比较。例如：

```
for(i=1;i<=n;i++)
for(j=1;j<=n;j++)
        a++;
```

以上算法中频度最大的是第 3 条语句，它的执行次数与循环变量 i 和 j 有直接关系，其基本操作重复执行次数 $f(n)=n\times n$，所以该算法的时间复杂度为平方阶，记作 $T(n)=O(n^2)$。

2．空间复杂度

所谓空间复杂度是指执行算法所需要的内存空间。算法执行期间所需要的内存空间包括：算法程序所占的空间、输入的初始数据所占的存储空间以及算法执行过程中所需要的额外空间等。

一个算法所需的存储空间用 $f(n)$表示。类似于算法的时间复杂度，空间复杂度作为算法所需存储空间的度量，记作 $S(n)=O(f(n))$，其中 n 为问题的规模(或大小)，空间复杂度也是问题规模 n 的函数。

8.1.4 递归方程求解的方法

算法设计中经常会用到递归方程求解法。利用递归方程求解法可以清晰地显示算法的整个过程。对于算法复杂度的分析，解递归方程就有了用处。递归方程求解的方法主要有以下几种。

1．代换法

代换法实质上就是数学归纳法，即先对一个小的值做假设，然后推测更大的值的正确性。代换法可以有两种计算形式：

(1) 猜测解的形式。

(2) 用数学归纳法求出解中的常数，并证明解是正确的。

2．递归树方法

利用递归树方法求算法复杂度，其实是提供了一个好的猜测，简单而直观。在递归树中，每一个结点表示一个单一问题的代价，子问题对应某次递归函数调用。将树中每层中的代价求和，得到每层代价，然后将所有层的代价求和，得到所有层次的递归调用总代价。

递归树最适合用来生成好的猜测，然后可用代入法来验证猜测是否正确。当使用递归树来生成好的猜测时，常常要忍受的是“不精确”，因为关注的是如何寻找解的一个上界。

在递归树中，每一个结点都代表一个子代价，每层的代价是该层所有子代价的总和，总问题的代价就是所有层的代价总和。所以，利用递归树求解代价，只需知道每一层的代价和层数即可。

3．主方法

主方法也叫做主定理方法，利用这个方法，在满足一定的条件下，就可以快速解出递归式。

将余项 $f(n)$与函数进行比较，直觉上来说两个函数的较大者决定了递归式的解，如果两个函数相当，则乘上一个对数因子 $\log_2 n$。

需要注意的是主方法并没有覆盖所有可能性，所有的大于和小于都是多项式意义上的大于和小于，有些递归式夹在三种情况的间隙中，是无法用主方法来求解的。下面解释一下什么是多项式意义上的小于和大于：

$f(x)$多项式大于 $g(x)$：存在实数 $e>0$，使得 $f(x)>g(x)*n$^e

$f(x)$多项式小于 $g(x)$：存在实数 $e>0$，使得 $f(x)<g(x)*n$^e

8.2　数据结构的基本概念

计算机可以对各种各样的数据进行处理，包括数值数据和非数值数据。在计算机中如何组织数据，如何存储数据，从而更好地对数据进行运算，是数据结构的基本研究内容。

8.2.1　什么是数据结构

数据结构(Data Structure)是指相互之间存在一种或多种特定关系的数据元素的集合，是计算机存储、组织数据的方式。数据结构包括三个方面：数据的逻辑结构、数据的(存储)物理结构以及对数据的操作(运算)。

1．数据与数据结构

数据是指计算机能够处理的各种信息，如数字、文字、声音等。数据有时是简单的数值数据，如：整数“0”，字符“a”等。但更多情况是由多个数据项(Item)构成的数据元素(Data Element)，例如描述一个学生信息的数据元素可由下列 5 个数据项组成：

学号	姓名	出生日期	性别	政治面貌

结构是指被计算机加工的数据元素不是孤立无关的，它们彼此间存在着某些关系。通常将数据元素间的这种关系称为结构。数据结构是指相互之间存在一种或多种特定结构关系的相同数据元素的集合。

在许多类型的程序设计中，选择数据结构是基本的设计考虑因素。许多大型系统的构造经验表明，系统实现的困难程度和系统构造的质量都依赖于是否选择了最优的数据结构。选择了数据结构，算法也会随之确定，系统构造的关键因素是数据而不是算法。

2．数据的逻辑结构

只抽象地反映数据元素的结构，而不管其存储方式的数据结构称为数据的逻辑结构，逻辑结构是对数据元素间逻辑关系的描述。根据数据元素间逻辑关系的不同特性，通常将数据的逻辑结构分为下列四类：

(1) 集合结构。该结构中的数据元素之间除了同属于一个集合外，别无其他关系。

(2) 线性结构。该结构中的数据元素之间存在一个对一个的关系。

(3) 树形结构。该结构中的数据元素之间存在一个对多个的关系。

(4) 图形结构(网状结构)。该结构中的数据元素之间存在多个对多个的关系。

其中树形结构和图形结构被称为非线性结构。

3．数据的存储(物理)结构

存储结构(Storage Structure)也称为物理结构(Physical Structure)，指的是数据的逻辑结构在计算机中的存储形式。数据的存储结构一般可以反映数据元素之间的逻辑关系，分为顺序存储结构和链式存储结构。

顺序存储(物理)结构的特点是借助元素在存储器中的相对位置来表示数据元素之间的逻辑关系；链式存储结构的特点是借助指示元素存储地址的指针表示数据元素之间的逻辑关系。

(1) 顺序存储结构。顺序存储结构是把逻辑上相邻的元素存储在物理位置相邻的存储单元中，这种存储方式主要用于线性数据结构。顺序存储结构只存储结点的值，不存储结点之间的关系，结点之间的关系由存储单元的邻接关系来体现。它常借助于程序设计语言中的数组来实现。

(2) 链式存储结构。链式存储结构对逻辑上相邻的元素不要求其物理位置相邻，元素间的逻辑关系通过附设的指针字段来表示。链式存储结构不仅存储结点的值，而且存储结点之间的关系。链式存储结构中的结点由两部分组成：一部分存储结点本身的值，称为数据域；另一部分存储该结点后继结点的存储单元地址，称为指针域。

顺序存储方式具有结构简单、可以随机存取等优点，但也存在插入或删除的运算效率低、存储空间不便于扩充、不便于对存储空间的动态分配等缺点。而链式存储方式就可以克服这些缺点，灵活进行各种运算，实现存储空间的动态分配。

8.2.2　数据结构的图形表示

一个数据结构除了用二元关系表示外，还可以直观地用图形表示。在数据结构的图形表示中，对于数据集合 D 中的每一个数据元素用中间标有元素值的方框表示，一般称之为数据结点，简称为结点；为了进一步表示各数据元素之间的前后件关系，对于关系 R 中的每一个二元组，用一条有向线段从前件结点指向后件结点。

通常，一个数据结构中的元素结点可能是在不断变化的。根据需要或在处理过程中，可以在一个数据结构中增加一个新结点(称为插入运算)，也可以删除数据结构中的某个结点(称为删除运算)。插入与删除是数据结构的两种基本运算。除此之外，对数据结构的运算还有查找、分类、合并、分解、复制和修改等。在对数据结构的处理过程中，不仅数据结构中的结点(即数据元素)个数在不断地变化，而且，各数据元素之间的关系也有可能在不断地变化。例如，一个无序表可以通过排序处理而变成有序表；一个数据结构中的根结点被删除后，它的某一个后件结点可能就变成了根结点；在一个数据结构中的终端结点后插入一个新结点，则原来的那个终端结点就不再是终端结点而成为内部结点了。

8.2.3　线性结构与非线性结构

数据结构分为线性结构和非线性结构两大类型，具体介绍如下：

1．线性结构

线性结构(非空的数据结构)是一个有序数据元素的集合，需满足以下两个条件。

(1) 有且只有一个根结点。

注：在数据结构中，没有前件的结点称为根结点。

(2) 每一个结点最多有一个前件，也最多有一个后件。

注：一般情况下，在具有相同特征的数据元素集合中，各个数据元素之间存在某种关系(即联系)，这种关系反映了该集合中的数据元素所固有的一种结构。在数据处理领域中，通常把数据元素之间这种固有的关系简单地用前后件关系(即直接前驱与直接后继关系)来描述。

常见的线性结构有线性表、线性栈、线性队列和线性链表等。

2．非线性结构

非线性结构是指不满足线性结构条件的数据结构。常见的非线性结构有树、二叉树和图等。

8.3　线性表及其顺序存储结构

8.3.1　线性表的基本概念

线性表(Linear List)是一种最简单、最常用的数据结构。

线性表是由 $n(n\geqslant0)$个数据元素 a_1，a_2，…，a_n 组成的一个有限序列，表中的每一个数据元素，除了第一个元素(首元素)外，有且只有一个前趋，除了最后一个元素(尾元素)外，有且仅有一个后继。线性表或是一个空表，或可表示为$(a_1，a_2，…，a_i，…，a_n)$其中$a_i(i=1，2，…，n)$是性质相同的数据元素，也称为线性表中的一个结点。

线性表的长度是指表中的元素个数 n，当 $n=0$ 时称为空表。

非空线性表有以下结构特征：

(1) 有且仅有一个开始结点 a_1(无直接前趋)。

(2) 有且仅有一个终端结点 a_n(无直接后继)。

(3) 其余的结点 $a_i(1<i<n)$都有且仅有一个直接前趋 a_{i-1} 和一个直接后继 a_{i+1}。

8.3.2　线性表的顺序存储结构

用顺序存储结构存储的线性表称为顺序表。顺序表可以用一个一维数组和一个整型变量来描述，一维数组表示线性表的存储空间(容量)，整型变量表示线性表的长度。

各种高级语言里的一维数组就是用顺序方式存储的线性表，设 a_1 的存储地址为 $\mathrm{Loc}(a_1)$，每个数据元素占 d 个存储单元，则第 i 个数据元素的地址为：

$$\mathrm{Loc}(a_i)=\mathrm{Loc}(a_1)+(i-1)\times d \qquad 1\leqslant i\leqslant n$$

只要知道顺序表的首地址和每个数据元素所占单元的个数就可以求出第 i 个数据元素的地址，这也是顺序表具有按数据元素的序号随机存取的特点。

8.3.3　顺序表的插入运算

顺序表的插入是指在表的第 $i(1\leqslant i\leqslant n)$个位置上插入一个值为 x 的新元素，插入后使原表长为 n 的表$(a_1, a_2,…, a_{i-1}, a_i, a_{i+1},…, a_n)$变成表长为 $n+1$ 的表$(a_1, a_2,…, a_{i-1}, x, a_i, a_{i+1},…, a_n)$。

完成这一运算的步骤如下：

(1) 将原来的第 n 个元素 a_n 至第 i 个元素 a_i 依次往后移动一个位置；

(2) 把要插入的元素 x 放在第 i 个位置上；

(3) 顺序表的长度增加 1。

在最坏的情况下，要在第一个位置插入元素，顺序表中的所有元素均需要往后移动。

8.3.4　顺序表的删除运算

顺序表的删除是指将表的第 $i(1\leqslant i\leqslant n)$个位置上的元素删除，删除后使原表长为 n 的表$(a_1, a_2,…, a_{i-1}, a_i, a_{i+1},…, a_n)$变成表长为 $n+1$ 的表$(a_1, a_2,…, a_{i-1}, x, a_i, a_{i+1},…, a_n)$。

完成这一运算的步骤如下：

(1) 把第 i 个元素 a_i 之后的 $n-i$ 个元素依次前移一个位置；

(2) 顺序表的长度减小 1。

在最坏的情况下，要删除第一个位置的元素，顺序表中除第一个元素外，所有元素均需要往前移动。

8.4　栈 和 队 列

8.4.1　栈及其基本运算

栈(Stack)是一种特殊的线性表。

1．栈的定义

栈是限制在表的一端进行插入和删除运算的线性表，又称为后进先出的线性表(LIFO 表)。表尾称为栈顶(top)，允许插入和删除运算。表头称为栈底(bottom)，不允许插入和删除运算。表中无元素时称为空栈。

如图 8-4-1 所示，栈中有元素 a_1，a_2，…，a_n，a_1 称为栈底元素。新元素进栈要置于 a_n 之上，删除或出栈必须先对 a_n 进行操作。这就是“后进先出”的栈结构。

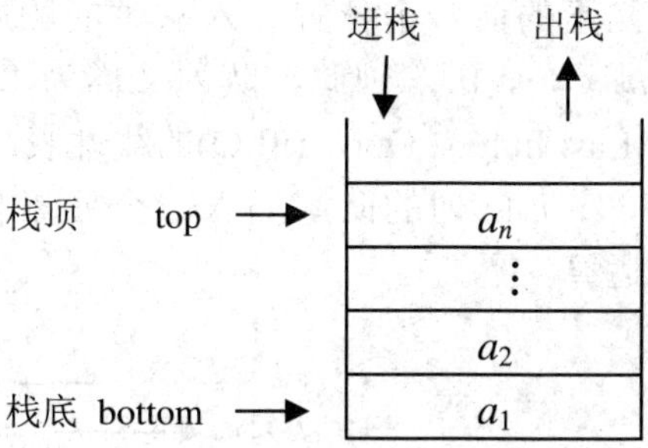

图 8-4-1　栈结构

栈有以下结构特征：

(1) 栈顶元素是最后被插入和最早被删除的元素。

(2) 栈底元素是最早被插入和最后被删除的元素。

(3) 栈的插入和删除运算不需要移动表中其他的数据元素。

2．栈的顺序存储结构

一般用一维数组 $S[m]$作为栈的存储空间，其中 m 为栈的最大容量。S(bottom)为栈底元素(在栈非空的情况下)，设置栈顶指针 top 指向下次进栈的位置。top=0 表示空栈；top=m 表示栈满。

3．栈的基本运算

栈的基本运算有进栈、出栈、置空栈、取顶元素等。下面介绍进栈和出栈运算。

1) 进栈运算

进栈运算是指在栈顶位置插入一个新元素 x，完成这一运算的步骤如下：

(1) 判断栈是否已满，若栈满，则进行溢出处理；若栈未满，则将栈顶指针加 1(即 top 加 1)。

(2) 将新元素 x 插入到栈顶指针指向的位置。

2) 出栈运算

出栈运算是指取出栈顶元素并赋给一个指定的变量。完成这一运算的步骤如下：

(1) 判断栈是否为空，若栈空，则进行下溢处理；若栈不空，则将栈顶元素赋给变量(若不需要保留栈顶元素，可不赋值)。

(2) 将栈顶指针减 1(即 top 减 1)。

当栈顶指针为 0 时，说明栈空，不能进行退栈操作，这种情况称为栈“下溢”错误；若栈非空，则将栈顶元素赋给一个指定的变量，修改栈顶指针，将栈顶指针减 1。

8.4.2 队列及其基本运算

1. 队列的定义

队列(Queue)是一种特殊的线性表，指允许在一端进行插入，而在另一端进行删除的线性表，如图 8-4-2 所示。允许插入的一端称为队尾，通常用一个称为尾指针(rear)的指针指向队尾元素；允许删除的一端称为队头，通常用一个称为头指针(front)的指针指向队头元素的前一个位置。入队时的顺序依次为 a_1，a_2，…，a_n，出队时的顺序仍然是 a_1，a_2，…，a_n，因此，队列又称为“先进先出”(First In First Out，FIFO)或“后进后出”(Last In Last Out，LILO)的线性表，是一种运算受限制的线性表。

向队列的队尾插入一个元素称为入队运算，从队列的队头删除一个元素称为出队运算。

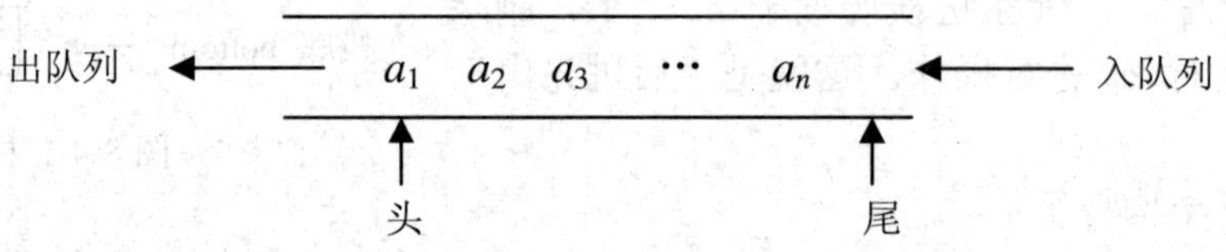

图 8-4-2 队列的示意图

2. 循环队列

在实际应用中，队列的顺序存储结构一般采用循环队列的形式。循环队列就是将队列存储空间的最后一个位置绕到第一个位置，形成逻辑上的环状空间。

一般用一维数组 $Q[m]$作为队列的存储空间，其中 m 为队列的最大容量。即把一维数组 $Q[m]$想象成首尾相接的循环数组，设想 $Q[1]$接在 $Q[m]$之后。

3. 循环队列的基本运算

循环队列的基本运算有入队、出队及求队列长度等。

1) 入队运算

入队运算是指在循环队列的队尾加入一个新元素 x，完成这一运算的步骤如下：

(1) 将队尾指针加 1(即 rear=rear+1)，并当 rear=m+1 时置 rear=1；

(2) 将新元素 x 插入到队尾指针指向的位置。

当循环队列非空且队尾指针等于队头指针时，说明循环队列已满，不能进行入队运算，这种情况称为“上溢”。

2) 出队运算

出队运算是指在循环队列的队头位置退出一个元素并赋给指定的变量，完成这一运算的步骤如下：

(1) 将队头指针指向的元素赋给指定的变量。

(2) 将队头指针加 1(即 front=front+1)，并当 front=m+1 时置 front=1；

当循环队列为空时，不能进行出队运算，这种情况称为“下溢”。

3) 求队列长度

求队列长度即求队列中元素的个数，(rear-front+m)mod m。

8.5　线 性 链 表

8.5.1　线性链表的基本概念

线性链表是具有链接存储结构的线性表，它用一组地址任意的存储单元存放线性表中的数据元素，逻辑上相邻的元素在物理上不要求相邻，不能随机存取。一般用结点描述。(结点(表示数据元素)=数据域(数据元素的映象) + 指针域(指示后继元素存储位置))

8.5.2　线性链表的基本运算

在链式存储结构中，存储数据结构的存储空间可以不连续，各数据结点的存储顺序与数据元素之间的逻辑关系可以不一致，而数据元素之间的逻辑关系是由指针域来确定的。链式存储方式既可用于表示线性结构，也可用于表示非线性结构。

一般来说，在线性表的链式存储结构中，各数据结点的存储符号是不连续的，并且各结点在存储空间中的位置关系与逻辑关系也不一致。对于线性链表，可以从头指针开始，沿各结点的指针扫描到链表中的所有结点。

8.5.3　单链线性链表

在线性表的链接存储中，为了方便在表头插入和删除结点的操作，经常在表头结点(存储第一个元素的结点)的前面增加一个结点，称之为头结点或表头附加结点。这样原来的表头指针由指向第一个元素的结点改为指向头结点，头结点的数据域为空，头结点的指针域指向第一个元素的结点。

8.5.4　循环链表及其基本运算

循环链表是另一种形式的链式存储结构。它的特点是表中最后一个结点的指针域指向头结点，整个链表形成一个环。

循环链表可分为以下两类：

(1) 单循环链表。在单链表中，将终端结点的指针域 NULL 改为指向表头结点或开始结点即可。

(2) 多重链的循环链表。将表中结点链在多个环上。

8.6 树与二叉树

8.6.1 树的基本概念

树(Tree)型结构是一种简单的非线性结构。树是由一个或多个结点组成的有限集合，其中没有前趋的结点只有一个，称为树的根(Root)结点，其余的结点分为 $m(m \geqslant 0)$个不相交的集合 T_1，T_2，…，T_m，每个集合又是一棵树，称 T_1，T_2，…，T_m 为根结点的子树。

下面以图 8-6-1 所示的树为例说明树的表示方法。

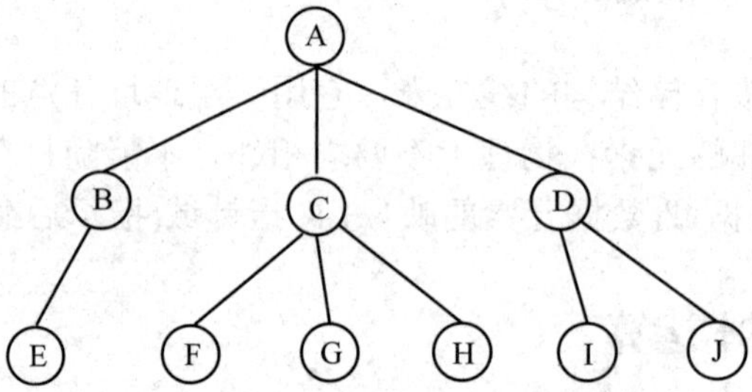

图 8-6-1　树的表示

(1) 根结点。无前趋的结点，一棵树只有一个根结点，结点 A 是根。

(2) 父结点。若一个结点含有子结点，则这个结点称为其子结点的父结点。结点 A、B、C、D 都是父结点。

(3) 子结点。每一个结点可以有多个后继，它们都称为该结点的子结点。如结点 E 是结点 B 的子结点。而没有后继的结点称为叶子结点。叶子结点有 E、F、G、H、I 和 J。

(4) 度。一个结点所拥有的后继个数称为该结点的度。如结点 A 的度为 3。在树中，所有结点中的最大的度称为树的度。结点 A 和 C 的度最大，均为 3，所以该树的度为 3。

(5) 深度。树的最大层次称为树的深度，也可称为树的高度。该树的深度为 3。

8.6.2 二叉树及其基本性质

二叉树(Binary Tree)是一种非线性结构，是有限的结点集合，该集合为空(空二叉树)或由一个根结点及两棵互不相交的左右二叉子树组成。二叉树有如图 8-6-2 所示的 5 种基本形态：图(a)为空二叉树；图(b)为只有一个根结点的树；图(c)为只有左子树的二叉树；图(d)为只有右子树的二叉树；图(e)为左右子树都有的二叉树。

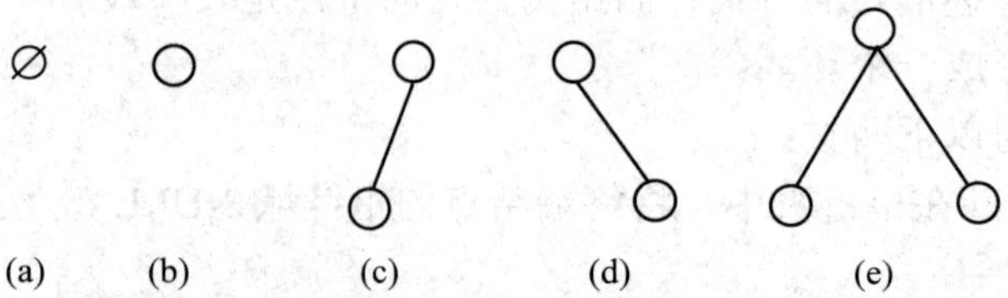

图 8-6-2　二叉树的 5 种形态

1. 二叉树的特点

(1) 非空二叉树只有一个根结点；

(2) 每一个结点最多有两棵子树，称为左子树和右子树。

2. 满二叉树与完全二叉树

一棵深度为 k 且具有 $2k-1$ 个结点的二叉树称为满二叉树。

深度为 k，有 n 个结点的二叉树，当且仅当其每个结点都与深度为 k 的满二叉树中层次编号从 1～n 的结点一一对应时，称之为完全二叉树。

3. 二叉树的性质

性质 1：在二叉树的第 i 层上，至多有 $2i-1(i>\geqslant 1)$个结点。

性质 2：深度为 k 的二叉树中结点总数最多为 $2k-1(k\geqslant 1)$。

性质 3：对任意的一棵二叉树，度为 0 的结点(即叶子结点)数 n_0 总比度为 2 的结点数 n_2 多 1 个，即 $n_0=n_2+1$。

性质 4：具有 n 个结点的二叉树，其深度至少为$[\log_2 n]+1$。(这里的[ ]表示取整)

性质 5：具有 n 个结点的完全二叉树的深度为$[\log_2 n]+1$。(这里的[ ]表示取整)

性质 6：设完全二叉树共有 n 个结点，如果从根结点开始，按层序(每一层从左到右)用自然数 $1, 2, \cdots, n$ 给结点进行编号，则对于编号为 $k(k=1, 2, \cdots, n)$的结点有以下结论：

(1) 若 $k=1$，则该结点为根结点，它没有父结点；若 $k>1$，则该结点的父结点的编号为$[k/2]$。

(2) 若 $2k\leqslant n$，则编号为 k 的左子结点编号为 $2k$；否则该结点无左子结点。

(3) 若$(2k+1)\leqslant n$，则编号为 k 的右子结点编号为 $2k+1$；否则该结点无右子结点。

8.6.3 二叉树的存储结构

二叉树通常采用链式存储结构。链表中每个结点由三个域组成，除了数据域外，还有两个指针域，分别用来给出该结点左子树和右子树所在的链结点的存储地址。结点的存储结构如图 8-6-3 所示。

lchild	data	rchild

图 8-6-3 二叉树结点的存储结构

其中，data 域存放某结点的数据信息，lchild 与 rchild 分别存放指向左子树和右子树的指针。当左子树或右子树不存在时，相应指针域值为空(用符号∧或 NULL 表示)。

8.6.4 二叉树的遍历

遍历是树形结构的一种重要运算。遍历一个树形结构就是按一定的顺序访问该结构中的所有结点，使每个结点恰好被访问一次。可以按多种不同的顺序遍历树形结构。二叉树的遍历包括前序遍历(DLR)、中序遍历(LDR)和后序遍历(LRD)。

1. 前序遍历

先访问根结点，再前序遍历左子树，最后前序遍历右子树。

2．中序遍历

先中序遍历左子树，再访问根结点，最后中序遍历右子树。

3．后序遍历

先后序遍历左子树，再后序遍历右子树，最后访问根结点。

例：写出如图 8-6-4 所示的一棵二叉树对应的遍历序列。

按前序遍历序列：abdgehcf

按中序遍历序列：dgbheacf

按后序遍历序列：gdhebfca

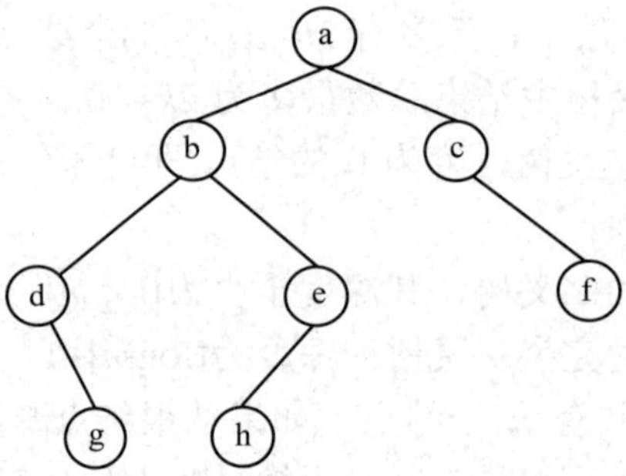

图 8-6-4 二叉树的结构

8.7 排序技术

计算机中的排序技术，就是使一串记录，按照其中的某个或某些关键字的大小，递增或递减地排列起来的操作。排序算法(Sorting Algorithm)则是一种能将一串数据依照特定的方式进行排列的一种算法。

排序方式一般是利用所需重排记录的排序码(Sort Key)的值的大小，按照升序或降序将原记录的顺序重新安排。排序类别又分为内排序和外排序，其中内排序可以分为插入排序(Insertion Sort)、选择排序(Selection Sort)、交换排序(Exchange Sort)、归并排序(Merge Sort)以及分配排序(Distribution Sort)。下面我们主要介绍交换排序、插入排序和选择排序。

8.7.1 交换排序法

所谓交换排序，就是根据序列中两个记录键值的比较结果来交换这两个记录在序列中的位置。交换排序的特点是：将键值较大的记录向序列的尾部移动，键值较小的记录向序列的前部移动。两两比较待排序的关键字，并交换不满足顺序要求的那对数，直到整个表都满足顺序要求为止。

交换排序具体分为冒泡排序和快速排序，具体介绍如下。

1．冒泡排序(Bubble Sort)

冒泡排序是通过相邻数据元素的交换逐步将数据列表变成有序排列列表。

1) 基本思想

从数据列表的一端开始，逐个比较相邻的两个元素的值，如果不符合顺序要求(由小到大或由大到小)就立即交换。每一次比较都是将值大(或小)的元素后移，将值小(或大)的元素前移。每一轮比较的结果都是将当前数据列表中值最大(或最小)的元素排到最后，就像在水面上的重物下沉、轻物上浮一样，故称之为冒泡排序。

例如，已知一组无序数据 a_1、a_2、…、a_n，需要将其按升序排列，根据冒泡排序的思想，排序过程如下：

(1) 首先比较 a_1 和 a_2 的值，若 a_1 大于 a_2，则交换两者的值，否则不变；

(2) 接着比较 a_2 和 a_3 的值，若 a_2 大于 a_3，则交换两者的值，否则不变；

(3) 再比较 a_3 和 a_4 的值，若 a_3 大于 a_4，则交换两者的值，否则不变；

(4) 以此类推，最后比较 a_{n-1} 和 a_n 的值。

第一轮比较结束后，a_n 的值就是这组数据中最大的。接着对 a_1～a_{n-1} 以相同方法处理一轮，则 a_{n-1} 的值就是 a_1～a_{n-1} 中最大的。再对 a_1～a_{n-2} 以相同方法处理一轮，以此类推。共处理 $n-1$ 轮后 a_1、a_2、…、a_n 就以升序排列了。

降序排列与升序排列类似，若 a_1 小于 a_2，则交换两者的值，否则不变，后面以此类推。

对于长度为 n 的序列，冒泡排序最多进行 $n-1$ 轮，在某轮的两两比较过程中，如果一次交换都未发生，表明已经有序，则排序结束。

2) 时间效率

若文件的初始状态是正序的，一轮扫描即可完成排序，所需的关键字比较次数($N-1$)和记录移动次数(0)均达到最小值，所以冒泡排序最好时间复杂度为 $O(N)$。若初始文件是反序的，需要进行 $N-1$ 轮排序。每轮排序要进行 $N-i$ 次关键字的比较($1 \leqslant i \leqslant N-1$)，且每次比较都必须移动记录三次来达到交换记录位置。在这种情况下，比较次数($N(N-1)/2$)和移动次数($3N(N-1)/2$)均达到最大值。所以，冒泡排序的最坏时间复杂度为 $O(N^2)$。因此，冒泡排序的平均时间复杂度为 $O(N^2)$。总结起来，其实就是一句话：当数据越接近正序时，冒泡排序性能越好。

3) 空间效率

在整个算法中，需要一个用于交换记录的辅助空间，所以空间复杂度为 $O(1)$。

4) 稳定性

冒泡排序就是把小的元素往前调或者把大的元素往后调。比较是对相邻的两个元素进行比较，交换也发生在这两个元素之间，所以相同元素的前后顺序并没有改变，所以冒泡排序是一种稳定排序算法。

2. 快速排序(Quick Sort)

快速排序又被称为分区排序。

1) 基本思想

在待排序文件中任选一个记录(称为基准记录)，以它的排序码为基准值，将排序码比它小的记录都放到它的前面，排序码比它大的记录都放到它的后面。至此，该基准记录就找到了排序的最终位置，同时将文件划分成前、后两个区。在两个区上用同样的方法继续划分，直到每个区中最多只有一个记录，则排序完成。在快速排序过程中，比较和交换是从数组的两端向中间进行的，使得排序码较小或较大的记录一次就能够交换到数组的前面或后面，记录的每次移动距离都较远，因而使得总的比较和移动次数较小。快速排序是对冒泡排序的一种改进，它是目前所有的内部排序方法中速度最快的一种。

2) 时间效率

在快速排序过程中，记录的比较次数大于记录的移动次数，是因为只有在后面区间发现了小于基准记录排序码的记录或在前面区间发现了大于基准记录排序码的记录时才会移动记录。因此只讨论快速排序的比较次数就可以分析其时间复杂度。

最好的情况下，快速排序过程对应的二叉树是类似一棵完全二叉树。因此，在最好的情况下，对 n 个记录进行排序的过程中需要划分的层数为 $O(\log_2 n)$，而每一层划分中，记录之间的比较次数为 $O(n)$。所以快速排序的最好时间复杂度为 $O(n\log_2 n)$。

最坏的情况下，n 个记录的快速排序过程对应的二叉树是一棵单分支树。若初始记录序列是按排序码有序的，则每一次划分只得到一个非空子区间，另一个子区间为空。此时，需要做 $n-1$ 层的划分，每一层划分的比较次数约为 $O(n)$，所以最坏时间复杂度为 $O(n^2)$，可见，快速排序反而蜕化为冒泡排序。为避免这样的情况发生，通常以三者取中法来选取基准记录，即取排序区间两端及中间位置的三个记录的排序码居中的为基准记录。

理论上已经证明，快速排序的平均时间复杂度仍为 $O(n\log_2 n)$，当 n 较大时，通常快速排序被认为在同数量级的排序方法中是平均性能最好的。

3) 空间效率

快速排序是递归过程，每层递归调用时的指针和参数均要用栈来存放递归调用的深度，其与对应的二叉树的深度一致。因而，最好的空间复杂度为 $O(n\log_2 n)$,最坏的空间复杂度为 $O(n)$，平均空间复杂度也为 $O(n\log_2 n)$。

4) 稳定性

快速排序是一个不稳定的排序方法。

8.7.2　插入排序法

插入排序法是将一个数目插入该占据的位置。就是检查第 i 个数字，如果在它的左边的数字比它大，则进行交换，这个动作一直继续下去，直到这个数字的左边数字比它还要小，就可以停止了。插入排序法主要的回圈有 i 和 j 两个变数，每一次执行这个回圈，就会将第 i 个数字放到左边恰当的位置去。

插入排序法基本思想是输入一个元素，检查数组列表中的每个元素，将其插入到一个已经排好序的数列中的适当位置，使数列依然有序，当最后一个元素放入合适位置时，该数组排序完毕。

例如：输入数组“5，1，4，2，3”，从第二个数字开始，这个数字是 1，只要看 1 有没有在正确的位置，方法是和这个数字左边的数字相比，即比较 1 和 5，1 比 5 小，所以就交换 1 和 5 位置，原来的数组排列就变成了“1，5，4，2，3”。

接下来，看第三个数字有没有在正确的位置。这个数字是 4，它的左边数字是 5，4 比 5 小，所以将 4 和 5 位置交换，排列变成了“1，4，5，2，3”。必须继续看 4 有没有在正确的位置，4 的左边是 1，1 比 4 小，4 就维持原位置不动。

再来看第四个数字，这个数字是 2，将 2 和它左边的数字相比，都比 2 大，所以就将 2 一直往左移动，一直移到 2 的左边是 1，这时数组排序变成了“1，2，4，5，3”。

最后，检查第五个数字，这个数字是 3，3 必须往左移，一直移到 3 的左边是 2 为止，所以数组的排列就变成了“1，2，3，4，5”，至此排序完成。

8.7.3　选择排序法

选择排序法是在要排序的一组数中，选出最小(或最大)的一个数与第一个位置的数交换；再在剩下的数当中选出最小的，与第二个位置的数交换，即顺序放在已排好序的数列的最后，依此循环，直到全部数据元素排完为止。

1．基本思想

选择排序法的第一层循环从起始元素开始选到倒数第二个元素，主要是在每次进入第二层循环之前，将外层循环的下标赋值给临时变量，接着在第二层循环中如果发现有比这个最小位置处的元素更小的元素，则将这个更小的元素的下标赋给临时变量。最后，在二层循环退出后，如果临时变量改变，则说明有比当前外层循环位置更小的元素，需要将这两个元素交换。

2．类别

常见的选择排序可以分为直接选择排序(Straight Selection Sort)、树形选择排序(Tree-Type Selection Sort)以及堆排序(Heap Sort)。

1) 直接选择排序

(1) 基本思想：每步从排序记录中选出排序码最小(最大)的记录，放在已排序记录序列的最后(前)。

(2) 算法特点：对 n 个记录的文件进行直接选择排序，可经过 $n-1$ 轮直接选择排序得到有序结果。

2) 树形选择排序

基本思想：保存先前比较的结果以减少比较次数，是一种不稳定的排序方法。首先对 n 个记录的关键字进行两两比较，然后在 $n/2$ 个较小者之间再进行两两比较，如此重复，直至选出最小的记录为止。

3) 堆排序

(1) 基本思想：堆排序是一种树形选择排序，是对直接选择排序的有效改进。

(2) 算法描述：堆排序需要两个过程，即建立堆和堆顶与堆的最后一个元素交换位置。所以堆排序由两个函数组成，一个是建堆的渗透函数，另一个是反复调用渗透函数实现排序的函数。

(3) 算法特点：堆排序可通过树形结构保存部分比较结果，可减少比较次数。但由于建初始堆所需的比较次数较多，所以堆排序不适宜于记录数较少的文件。

8.8 二级考试选择题

1. 算法的有穷性是指(　　)。

A) 算法程序的运行时间是有限的

B) 算法程序所处理的数据量是有限的

C) 算法程序的长度是有限的

D) 算法只能被有限的用户使用

2. 对长度为 n 的线性表排序，在最坏情况下，比较次数不是 $n(n-1)/2$ 的排序方法是(　　)。

A) 快速排序　　B) 冒泡排序

C) 直接插入排序　　D) 堆排序

3. 下列关于栈的叙述正确的是(　　)。

A) 栈按“先进先出”组织数据　　B) 栈按“先进后出”组织数据

C) 只能在栈底插入数据　　D) 不能删除数据

4. 一个栈的初始状态为空。现将元素 1、2、3、4、5、A、B、C、D、E 依次入栈，然后再依次出栈，则元素出栈的顺序是(　　)。

A) 12345ABCDE　　B) EDCBA54321

C) ABCDE12345　　D) 54321EDCBA

5. 下列叙述中正确的是(　　)。

A) 循环队列有队头和队尾两个指针，因此，循环队列是非线性结构

B) 在循环队列中，只需要队头指针就能反映队列中元素的动态变化情况

C) 在循环队列中，只需要队尾指针就能反映队列中元素的动态变化情况

D) 循环队列中元素的个数是由队头指针和队尾指针共同决定

6. 下列叙述中正确的是(　　)。

A) 顺序存储结构的存储一定是连续的，链式存储结构的存储空间不一定是连续的

B) 顺序存储结构只针对线性结构，链式存储结构只针对非线性结构

C) 顺序存储结构能存储有序表，链式存储结构不能存储有序表

D) 链式存储结构比顺序存储结构节省存储空间

7. 下列叙述中正确的是(　　)。

A) 栈是“先进先出”的线性表

B) 队列是“先进后出”的线性表

C) 循环队列是非线性结构

D) 有序线性表既可以采用顺序存储结构，也可以采用链式存储结构

8. 支持子程序调用的数据结构是(　　)。

A) 栈　　B) 树　　C) 队列　　D) 二叉树

9. 某二叉树有 5 个度为 2 的结点，则该二叉树中的叶子结点数是(　　)。

A) 10　　B) 8　　C) 6　　D) 4

10. 下列排序方法中，最坏情况下比较次数最少的是(　　)。

A) 冒泡排序　　B) 简单选择排序

C) 直接插入排序　　D) 堆排序

11. 下列数据结构中，属于非线性结构的是(　　)。

A) 循环队列　　B) 带链队列　　C) 二叉树　　D) 带链栈

12. 下列数据结构中，能够按照“先进后出”原则存取数据的是(　　)。

A) 循环队列　　B) 栈　　C) 队列　　D) 二叉树

13. 对于循环队列，下列叙述中正确的是(　　)。

A) 队头指针是固定不变的

B) 队头指针一定大于队尾指针

C) 队头指针一定小于队尾指针

D) 队头指针可以大于队尾指针，也可以小于队尾指针

14. 算法的空间复杂度是指(　　)。

A) 算法在执行过程中所需要的计算机存储空间

B) 算法所处理的数据量

C) 算法程序中的语句或指令条数

D) 算法在执行过程中所需要的临时工作单元数

15. 下列叙述中正确的是(　　)。

A) 线性表的链式存储结构与顺序存储结构所需要的存储空间是相同的

B) 线性表的链式存储结构所需要的存储空间一般要多于顺序存储结构

C) 线性表的链式存储结构所需要的存储空间一般要少于顺序存储结构

D) 线性表的链式存储结构所需要的存储空间与顺序存储结构没有任何关系

16. 下列叙述中正确的是(　　)。

A) 栈是一种先进先出的线性表　　B) 队列是一种后进先出的线性表

C) 栈与队列都是非线性结构　　D) 栈与队列都是线性结构

17. 下列叙述中正确的是(　　)。

A) 在栈中，栈中元素随栈底指针与栈顶指针的变化而动态变化

B) 在栈中，栈顶指针不变，栈中元素随栈底指针的变化而动态变化

C) 在栈中，栈底指针不变，栈中元素随栈顶指针的变化而动态变化

D) 在栈中，栈中元素不会随栈底指针与栈顶指针的变化而动态变化

18. 某二叉树共有 7 个结点，其中叶子结点只有 1 个，则该二叉树的深度为(假设根结点在第 1 层)(　　)。

A) 3　　B) 4　　C) 6　　D) 7

19. 下列叙述中正确的是(　　)。

A) 算法就是程序

B) 设计算法时只需要考虑数据结构的设计

C) 设计算法时只需要考虑结果的可靠性

D) 以上三种说法都不对

20. 下列叙述中正确的是(　　)。

A) 有一个以上根结点的数据结构不一定是非线性结构
B) 只有一个根结点的数据结构不一定是线性结构
C) 循环链表是非线性结构
D) 双向链表是非线性结构

21. 下列关于二叉树的叙述中，正确的是(　　)。
A) 叶子结点总是比度为 2 的结点少一个
B) 叶子结点总是比度为 2 的结点多一个
C) 叶子结点数是度为 2 的结点数的两倍
D) 度为 2 的结点数是度为 1 的结点数的两倍

22. 下列叙述中正确的是(　　)。
A) 循环队列是队列的一种链式存储结构
B) 循环队列是队列的一种顺序存储结构
C) 循环队列是非线性结构
D) 循环队列是一种逻辑结构

23. 下列关于线性链表的叙述中，正确的是(　　)。
A) 各数据结点的存储空间可以不连续，但它们的存储顺序与逻辑顺序必须一致
B) 各数据结点的存储顺序与逻辑顺序可以不一致，但它们的存储空间必须连续
C) 进行插入与删除时，不需要移动表中的元素
D) 各数据结点的存储顺序与逻辑顺序可以不一致，它们的存储空间也可以不一致

24. 一棵二叉树共有 25 个结点，其中 5 个是叶子结点，则度为 1 的结点数为(　　)。
A) 16　　B) 10　　C) 6　　D) 4

25. 在满足实体完整性约束的条件下(　　)。
A) 一个关系中应该有一个或多个候选关键字
B) 一个关系中只能有一个候选关键字
C) 一个关系中必须有多个候选关键字
D) 一个关系中可以没有候选关键字

26. 下列链表中，其逻辑结构属于非线性结构的是(　　)。
A) 二叉链表　　B) 循环链表　　C) 双向链表　　D) 带链的栈

27. 设循环队列的存储空间为 $Q(1:35)$，初始状态为 front=rear=35。现经过一系列入队与退队运算后，front=15，rear=15，则循环队列中的元素个数为(　　)。
A) 15　　B) 16　　C) 20　　D) 0 或 35

28. 下列关于栈的叙述中，正确的是(　　)。
A) 栈底元素一定是最后入栈的元素
B) 栈顶元素一定是最先入栈的元素
C) 栈操作遵循先进后出的原则
D) 以上三种说法都不对

29. 下列叙述中正确的是(　　)。
A) 程序执行的效率与数据的存储结构密切相关
B) 程序执行的效率只取决于程序的控制结构

C) 程序执行的效率只取决于所处理的数据量

D) 以上三种说法都不对

30. 下列与队列结构有关联的是(　　)。

A) 函数的递归调用　　B) 数组元素的引用

C) 多重循环的执行　　D) 先到先服务的作业调度

31. 一个栈的初始状态为空。现将元素 1, 2, 3, A, B, C 依次入栈，然后再依次出栈，则元素出栈的顺序是(　　)。

A) 1, 2, 3, A, B, C　　B) C, B, A, 1, 2, 3

C) C, B, A, 3, 2, 1　　D) 1, 2, 3, C, B, A

32. 下列叙述中正确的是(　　)。

A) 一个算法的空间复杂度大，则其时间复杂度也必定大

B) 一个算法的空间复杂度大，则其时间复杂度必定小

C) 一个算法的时间复杂度大，则其空间复杂度必定小

D) 算法的时间复杂度与空间复杂度没有直接关系

33. 下列叙述中正确的是(　　)。

A) 循环队列中的元素个数随队头指针与队尾指针的变化而动态变化

B) 循环队列中的元素个数随队头指针的变化而动态变化

C) 循环队列中的元素个数随队尾指针的变化而动态变化

D) 以上说法都不对

34. 一棵二叉树中共有 80 个叶子结点与 70 个度为 1 的结点，则该二叉树中的总结点数为(　　)。

A) 219　　B) 229　　C) 230　　D) 231

35. 对长度为 10 的线性表进行冒泡排序，最坏情况下需要比较的次数为(　　)。

A) 9　　B) 10　　C) 45　　D) 90

36. 下列叙述中正确的是(　　)。

A) 算法的效率只与问题的规模有关，而与数据的存储结构无关

B) 算法的时间复杂度是指执行算法所需要的计算工作量

C) 数据的逻辑结构与存储结构是一一对应的

D) 算法的时间复杂度与空间复杂度一定相关

37. 下列叙述中正确的是(　　)。

A) 线性表链式存储结构的存储空间一般要少于顺序存储结构

B) 线性表链式存储结构与顺序存储结构的存储空间都是连续的

C) 线性表链式存储结构的存储空间可以是连续的，也可以是不连续的

D) 以上说法都不对

38. 某二叉树共有 12 个结点，其中叶子结点只有 1 个。则该二叉树的深度为(根结点在第 1 层)(　　)。

A) 3　　B) 6　　C) 8　　D) 12

39. 对长度为 n 的线性表作快速排序，在最坏情况下，比较次数为(　　)。

A) n　　B) $n-1$　　C) $n(n-1)$　　D) $n(n-1)/2$

第 9 章　数据库技术基础

随着计算机技术、通信技术和网络技术的发展，人类社会已经进入了信息化时代，信息资源已成为最重要和最宝贵的资源之一。在信息化社会，如何充分有效地管理和利用各类信息资源，是进行科学研究和决策管理的前提条件。数据库技术是管理信息系统、办公自动化系统、决策支持系统等各类信息系统的核心部分，随着计算机应用的普及和深入，掌握数据库技术显得越来越重要。

9.1　数据库的基本概念

9.1.1　数据库的基本概念

1. 信息(Information)

对数据进行加工处理或解释之后得到的对客观事物产生影响的数据就是信息。如可用"李锐，男，2001-3-6，2008-9-1"一组数据描述一个学生，根据预先定义好的语义，可得到信息：李锐是一个学生，2001 年 3 月 6 日出生，2008 年 9 月 1 日入学。

2. 数据(Data)

描述事物的符号称为数据。数据有多种表现形式，可以是数字，也可以是文字、图形、图像、声音和语言等。

3. 数据库(DataBase，简称 DB)

所谓数据库是指长期存储在计算机内的、有组织的、可共享的数据集合。数据库中的数据按一定的数据模型组织、描述和储存，具有较小的冗余度、较高的数据独立性和易扩展性，并可为各种用户共享。

4. 数据库管理系统(DataBase Management System，简称 DBMS)

数据库管理系统是数据库系统的核心软件之一，是位于用户与操作系统之间的一种数据管理软件。它在操作系统的支持下帮助用户建立、使用和维护数据库。数据库管理系统的功能主要包括数据定义功能、数据操纵功能、数据库的运行管理功能、数据库的建立和维护功能。

1) 数据定义功能

DBMS 提供数据定义语言(Data Definition Language，简称 DDL)，用于方便地定义数

据库中的数据对象，如定义数据表、视图、存储过程、触发器等。

2) 数据操纵功能

DBMS 提供数据操纵语言(Data Manipulation Language，简称 DML)，用于实现对数据库的基本操作，如查询、插入、修改和删除等。

3) 数据库的运行管理功能

数据库在建立、使用和维护时由 DBMS 统一管理、统一控制，以保证数据的安全性、完整性、多用户对数据的并发使用和故障后的系统恢复。

4) 数据库的建立和维护功能

DBMS 提供一些实用程序，包括实现数据库的初始数据的输入、转换功能，数据库的转储、恢复功能，数据库的重组织功能和性能监视、分析功能等。

5. 数据库系统(DataBase System，简称 DBS)

数据库系统是指引进数据库技术后的计算机系统，包括硬件系统、操作系统(OS)、数据库管理系统(DBMS)、应用开发工具、应用系统、数据库管理员和用户等，其组成结构如图 9-1-1 所示。其中，数据库管理系统是数据库系统的核心组成部分。

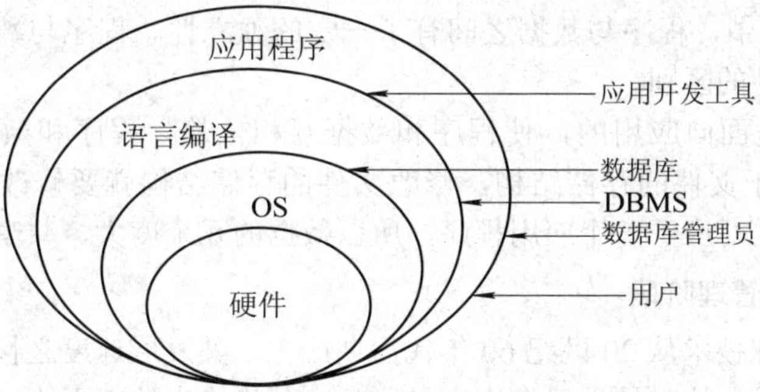

图 9-1-1　数据库系统组成结构图

6. 数据库应用系统(DataBase Application System，简称 DBS)

数据库应用系统是指开发人员利用数据库系统资源开发出来的，面向某一类信息处理问题而建立的软件系统。例如，以数据库为基础的教学管理系统、人事管理系统、账务管理系统系。

9.1.2　数据库技术的发展

数据处理是计算机的一个主要应用，是指对各种数据进行收集、存储、加工和传播等一系列活动。数据管理是数据处理的核心问题，是指对数据进行分类、组织、编码、存储、检索和维护。计算机在数据管理方面经历了由低级到高级的发展过程。随着数据量的不断增加，数据管理技术应运而生，它的演变过程随着计算机硬件、软件技术和计算机应用范围的发展而不断发展，经历了人工管理、文件系统管理和数据库系统管理三个发展阶段。

1. 人工管理阶段

20 世纪 50 年代中期以前，计算机的软、硬件技术均不完善，计算机的应用主要是科学计算。硬件存储设备只有纸带、卡片和磁带，没有直接存取设备。软件方面没有操作系统以及管理数据的软件，都是人工管理数据。这一阶段数据库技术的主要特点是：

(1) 数据与程序不具有独立性，一组数据对应一个程序，数据不能长期保存。程序运行结束后就退出计算机系统，一个程序中的数据无法被其他程序使用，因此程序与程序之间存在大量的重复数据(称之为数据冗余)。

(2) 没有专用的软件对数据进行管理。当数据的物理组织或存储设备改变时，用户就必须重新编写程序，由于数据的组织面向应用，不同的程序之间不能共享数据，一组数据对应一个程序，使得不同的应用之间存在大量的重复数据，应用程序很难维护。

(3) 只有程序概念，没有文件概念。数据的组织方式必须由程序员自行维护。

2．文件系统管理阶段

20 世纪 50 年代后期到 60 年代中后期，计算机开始广泛应用于数据处理工作，出现了磁盘、磁鼓等可以直接存取的硬件设备。在软件方面，出现了高级语言和操作系统。操作系统中的文件系统是专门管理外存储器的数据管理软件。这一阶段数据库技术的主要特点是：

(1) 数据可以以“文件”形式长期保存在外存储器上，可被多次存取。

(2) 在文件系统中，程序与数据之间有了一定的独立性。程序与数据分开存储，有了程序文件和数据文件的区别。

(3) 由于数据是面向应用的，使程序和数据互相依赖，程序和数据之间的独立性较差，应用程序依赖于文件的存储结构，修改文件的存储结构就要修改程序。在文件系统中，一个文件基本上对应于一个应用程序，所以数据的冗余度大、共享性差。

3．数据库系统管理阶段

数据库系统管理技术从 20 世纪 60 年代后期产生，其发展速度之快、应用范围之广是其他技术所远不及的。这时硬件已有大容量磁盘，其价格也持续下降，而软件的价格却在上涨，使得软件开发和维护所需的成本相对增加，以文件系统进行数据管理已经不能满足应用的需求。为了解决多用户、多应用共享数据的需求，使数据为尽可能多的用户服务，数据库系统管理技术应运而生，出现了统一管理数据的专门软件系统——数据库管理系统。

数据库技术的主要目的是有效地管理和存取大量的数据资源，这一阶段的主要特点是：

(1) 数据不是只针对某一特定应用，而是面向企业或部门，具有整体的结构性，共享性高，减少了数据的冗余度。

(2) 程序与数据间具有较高的独立性，从而减少了应用程序的开发和维护代价。

(3) 实现了对数据进行统一的管理和控制，提高了数据的安全性和完整性。

9.1.3　数据库系统的特点

1．数据库系统的数据冗余度小、数据共享度高

(1) 减少冗余数据可以带来以下优点：

① 数据量小可以节约存储空间，使数据的存储、管理和查询都容易实现。
② 数据冗余小可以使数据统一，避免产生数据的不一致问题。
③ 数据冗余小便于数据维护，避免数据统计错误。
(2) 数据库系统通过数据模型和数据控制机制提高数据的共享性。
(3) 数据共享度高使数据库系统具有以下 3 方面的优点：
① 系统现有用户或程序可以共同享用数据库中的数据。
② 当系统需要扩充时，再开发的新用户或新程序还可以共享原有的数据资源。
③ 多用户或多程序可以在同一时刻共同使用同一数据。

2．数据库设计时面向数据模型对象

(1) 数据库设计的基础是数据模型。
(2) 数据库设计的原则：
① 要站在全局需要的角度抽象和组织数据。
② 要完整地、准确地描述数据自身和数据之间联系的情况。
③ 要建立适合整体需要的数据模型。

3．数据库系统的数据和程序之间具有较高的独立性

数据独立性是数据库系统技术发展的一个最重要的目标之一，它能使数据独立于应用程序。数据独立性包括数据的物理独立性和逻辑独立性。

1) 数据的物理独立性(Physical Data Independence)

数据的物理独立性是指应用程序对数据存储结构的依赖程度。数据物理独立性高是指当数据的物理结构发生变化时，应用程序不需要修改也可以正常工作。数据库系统之所以具有数据物理独立性高的特点，是因为数据库管理系统能够提供数据的物理结构与逻辑结构之间的映像(Mapping)或转换功能。

2) 数据的逻辑独立性(Logical Data Independence)

逻辑独立性是指用户的应用程序与数据库的逻辑结构是相互独立的，即当数据的逻辑结构改变时，用户程序可以不变。

4．数据库系统通过 DBMS 进行数据安全性和完整性的控制

(1) 数据的安全性控制(Security Control)是指保护数据库，以防止不合法的使用造成数据泄漏、破坏和更改。

(2) 数据安全性受到威胁是指出现了用户看到了不该看到的数据、修改了无权修改的数据、删除了不能删除的数据等现象。

(3) 数据的完整性控制(Integrity Control)是指为保证数据的正确性、有效性和相容性，防止不符合语义的数据输入或输出所采用的控制机制。

(4) 数据完整性的高低是决定数据库中数据的可靠程度和可信程度的重要因素。

(5) 数据库的数据控制机制还包括数据的并发控制和数据恢复。

5．数据库中数据的最小存取单位是数据项

数据项是数据库中的最小存取单位。

9.1.4 数据库系统的体系结构

通常数据库系统的体系结构采用三级模式结构，在三级模式之间提供两级映射功能。如图 9-1-2 所示。

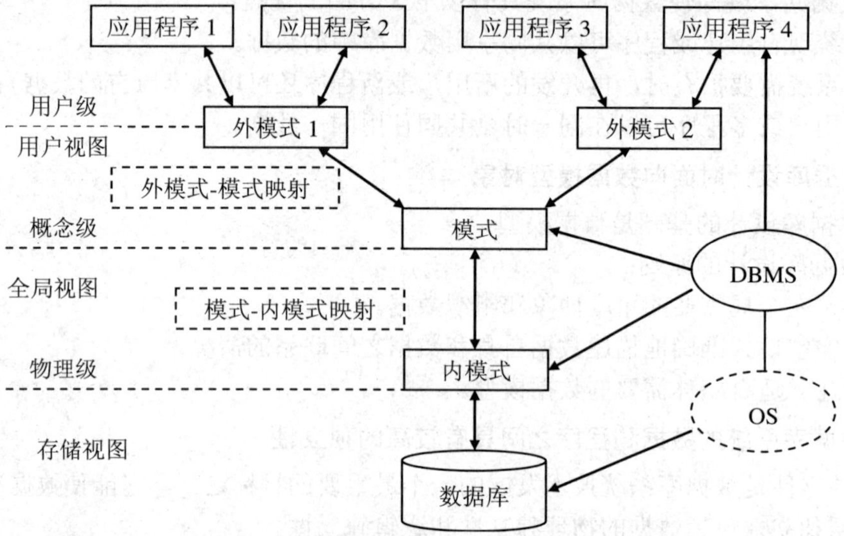

图 9-1-2 数据库系统的体系结构

1. 数据库系统的三级模式结构

数据库系统的三级模式结构是指数据库系统是由外模式、模式和内模式三级构成。

1) 外模式

外模式也称为子模式或用户模式，是数据库用户能够看见和使用的局部数据的逻辑结构和特征的描述，是与某一应用有关的数据的逻辑表示。外模式是模式的子集。一个数据库可以有多个外模式，不同的用户应用需求不同，其外模式也不相同。

外模式是保证数据库安全性的一个有力措施。每个用户只能看见和访问所对应的外模式中的数据，数据库中的其余数据则是不可见的。DBMS 提供外模式描述语言(子模式 DDL)来进行外模式定义。

2) 模式

模式也称为逻辑模式，是对数据库中全体数据的逻辑结构和特征的描述。它是数据库系统三级模式结构的中间层，它既不涉及数据的物理存储和硬件环境，也与具体的应用程序、所用的应用开发工具无关。一个数据库只有一个模式，它以某一个数据模型为基础，充分考虑了所有用户的需求，并将这些需求有机地结合成一个逻辑整体。

定义模式时不仅要定义数据的逻辑结构，例如数据记录由哪些数据项构成，数据项的名字、类型、取值范围等，还要定义数据之间的联系，定义与数据有关的安全性、完整性要求。DBMS 提供模式描述语言(模式 DDL)来进行模式定义。

3) 内模式

内模式也称为存储模式，是数据库中数据的物理结构和特征的描述，是数据在数据库内部的表示方式。如记录的存储方式是顺序存储、按照 B 树结构存储还是按 hash 方法存储；索引按照什么方式组织等。DBMS 提供内模式描述语言(内模式 DDL)来定义内模式。

2. 数据库的二级映射功能与数据独立性

为了实现三层模式之间的联系和转换，数据库管理系统在这三级模式之间提供了两层映射：外模式/模式映射、模式/内模式映射。这两层映射保证了数据库中的数据具有较高的逻辑独立性和物理独立性。

1) 外模式/模式映射

外模式是局部数据的逻辑结构和特征的描述，模式是数据的全局逻辑结构和特征的描述。一个数据库只有一个模式，可以有多个外模式。对于每一个外模式，数据库系统都有一个外模式/模式映射，它定义了外模式与模式之间的对应关系。这些映射定义通常包含在各自外模式的定义中。

当模式改变时，由数据库管理员对各个外模式/模式映射作相应改变，可以使外模式保持不变。应用程序是依据外模式编写的，因而应用程序不必修改，保证了数据与程序的逻辑独立性，简称数据的逻辑独立性。

2) 模式/内模式映射

一个数据库只有一个模式，也只有一个内模式，所以数据库系统只有一个模式/内模式映射，它定义了模式与内模式之间的对应关系，即数据全局逻辑结构和特征与存储结构之间的对应关系。该映射定义通常包含在模式的定义中。

当内模式改变时，即数据的存储结构改变时，由数据库管理员对模式/内模式映射作相应改变，可以使模式保持不变，因而应用程序不必修改，保证了数据与程序的物理独立性，简称数据的物理独立性。

数据库的三级模式结构和两级映射功能使得数据的定义和描述与程序分离，因而具有较高的逻辑独立性和物理独立性。

9.2 数据模型

9.2.1 基本概念

1. 数据模型的三要素

模型(Model)是对现实世界的抽象。在数据库中用数据模型(Data Model)这个工具来抽象、表示和处理现实世界中的数据和信息。数据模型是数据特征的抽象，描述的是数据的共性，从抽象层次上描述了系统的静态特征、动态行为和约束条件。

数据结构、数据操作和数据约束为数据模型的三要素，详细介绍如下。

1) 数据结构

数据模型中的数据结构主要描述数据的类型、内容、性质以及数据间的联系等。数据结构是数据模型的基础，数据操作和约束基本都建立在数据结构上。不同的数据结构具有不同的操作和约束。

2) 数据操作

数据模型中的数据操作主要描述在相应的数据结构上的操作类型和操作方式。

3) 数据约束

数据模型中的数据约束主要描述数据结构内数据间的语法、词义联系，它们之间的制约和依存关系，以及数据动态变化的规则，以保证数据的正确、有效和相容。

2．数据模型的层次类型

数据模型按不同的应用层次一般分为三层：概念数据模型(Conceptual Data Model)、逻辑数据模型(Logic Data Model)和物理数据模型(Physical Data Model)。

1) 概念数据模型

概念数据模型也称概念模型或概念层，它是抽象级别的最高层，是一种面向客观世界、面向用户的模型，其目的是按用户的观点来对世界建模。概念模型着重于对客观世界中复杂事物的结构描述以及它们之间的内在联系的刻画。概念模型是整个数据模型的基础。

2) 逻辑数据模型

逻辑数据模型也称数据模型或逻辑层，它是数据抽象的中间层，是一种面向数据库系统的模型，描述数据库中数据整体的逻辑结构，该模型着重于数据库系统一级的实现。它是用户通过数据库管理系统看到的现实世界，是数据的系统表示。

3) 物理数据模型

物理数据模型也称物理模型或物理层，它是数据抽象的最低层，是一种面向计算机物理表示的模型，给出了数据模型在计算机上物理存储结构和存储方法的表示。

9.2.2　三种世界的划分

数据的加工是一个逐步转化的过程，经历了现实世界、信息世界和计算机世界这三种不同的世界，经历了两级抽象和转换，如图 9-2-1 所示。

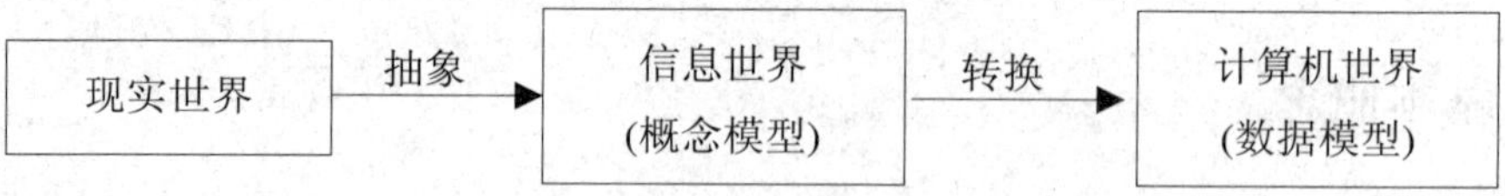

图 9-2-1　数据转换过程

1．现实世界

现实世界是存在于人脑之外的客观世界，事物以及事物间相互联系就处于现实世界中。例如，图书馆中有图书和读者，读者借阅图书。

2．信息世界

信息世界是现实世界在人们头脑中的反映，人们用文字或符号记载事物及事物与事物之间的联系。在信息世界中用到以下术语：

1) 实体(Entity)

客观存在并且可以相互区别的事物称为实体。实体可以是实际的事物，也可以是抽象的概念或事件，例如，职工、图书等属于实际事物；订货、借阅图书、比赛等活动则是比较抽象的事件。

2) 属性(Attribute)

实体所具有的特性称为属性。如工人实体的属性有年龄、住址、婚姻状况、月收入等，汽车实体的属性有颜色、厂家、价格、载客数量等。

3) 实体型(Entity Type)

具有相同属性的实体必然具有共同的特征和性质。用实体名及其属性名的集合来抽象和刻画同类实体，称为实体型。

4) 实体集(Entity Set)

同类型实体的集合称为实体集。例如，一个工厂的所有工人组成了工人的集合，在此集合中的每个工人都具有如上所说的所有属性。

3. 机器世界

信息世界的信息在机器世界中以数据形式存储。机器世界中用于数据描述的术语如下：

1) 字段(Field)

标识实体属性的符号集称为字段或数据项。字段是可以命名的最小数据单位，其命名往往与属性名相同。

2) 记录(Record)

字段的有序集合称为记录。通常用一个记录描述一个实体，因此记录又可以定义为能完整描述实体的符号集。

3) 文件(File)

同一类记录的集合称为文件。文件用来描述实体集，如所有的学生记录构成一个学生文件。

4) 键(Key)

唯一标识文件中每个记录的字段或字段集称为文件的键，或记录的键。

三种世界之间的关系可以用图 9-2-2 表示。

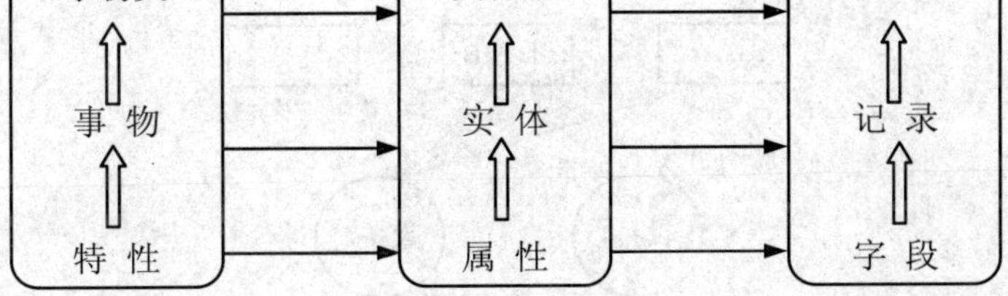

图 9-2-2　三种世界对应关系

9.2.3 数据模型的分类

数据发展过程中产生了三种基本的数据模型，它们是层次模型、网状模型和关系模型。这三种模型是按其数据结构而命名的，前两种采用格式化的结构。在数据结构中实体用记录型表示，而记录型抽象为图的顶点，记录型之间的联系抽象为顶点间的连接弧，整个数据结构与图相对应。其中层次模型的基本结构是树形结构；网状模型的基本结构是一个不加任何限制条件的无向图，关系模型为非格式化的结构，用单一的二维表的结构表示实体及实体之间的联系。其中应用最广泛的是关系模型，在逻辑数据类型中最常用的是层次模型、网状模型、关系模型。

1. 层次模型

采用树型结构来表示实体及其联系的数据模型称为层次模型。这种模型中数据被组织成由根开始的树，每个实体由根开始沿着不同的分支放在不同的层次上，树中的每个结点代表实体，连线代表其联系。上级结点与下级结点之间为一对多的联系。层次模型需满足以下两个条件：

(1) 有一个结点没有父结点，称为根结点。

(2) 其他结点有且仅有一个父结点。

层次模型结构如图 9-2-3 所示。

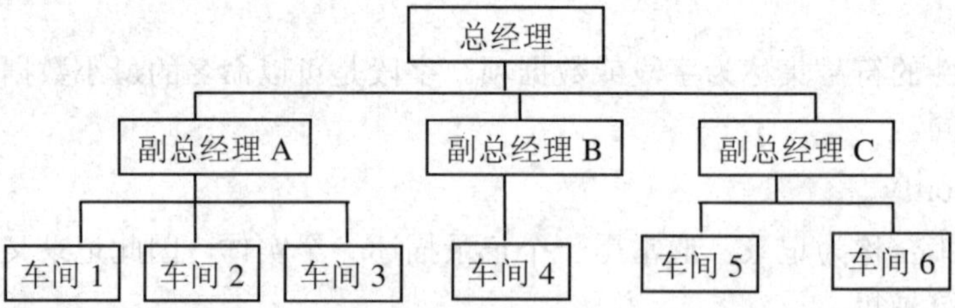

图 9-2-3 层次模型结构

2. 网状模型

网状模型(Network Model)的出现略晚于层次模型，它使用有向图结构表示实体类型及实体间的联系。允许一个以上的结点无双亲，一个结点可以有多于一个的双亲。图 9-2-4 给出了一个简单的网状模型结构。优点是网状模型可以间接地描述多对多联系，因此相比于层次模型，它更适用于描述较为复杂的现实世界。缺点在于网状结构的复杂性，增加了用户查询和定位的困难，需要存储数据间联系的指针，使得数据量增大，数据的修改不方便(指针必须修改)。

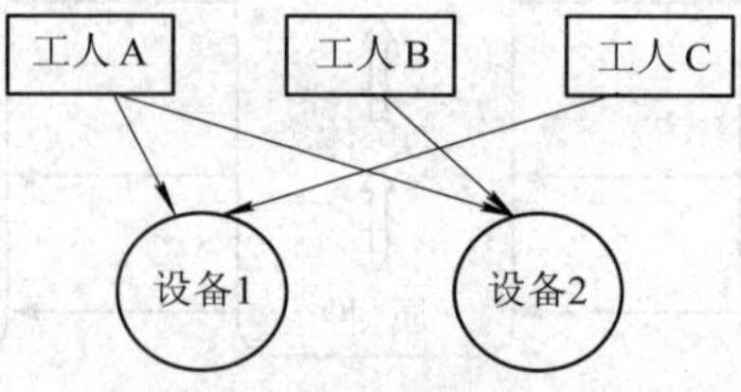

图 9-2-4 网状模型结构

3．关系模型

在关系模型中，描述数据的逻辑结构是一张二维表，称为关系。在关系模型中，实体以及实体之间的联系都用关系来表示。二维表中每一列的数据必须类型相同，行和列的顺序可以是任意的，但任意两行不能完全相同，而且在一个表中不允许再有子表。如表 9-2-1 给出的学生信息表便是一个关系模型。

表 9-2-1　学生信息表

学号	姓名	性别	出生日期	政治面貌
2019020501	王会	男	200103	党员
2019020502	李静	女	200110	团员
2019020503	刘平	男	200106	团员
2019020504	张帆	男	200112	党员

9.2.4　数据联系

在现实世界中，事物内部以及事物之间都有联系，这些联系在信息世界中反映为实体内部属性之间的联系和实体之间的联系。

实体间联系的种类是指一个实体集中可能出现每一个实体与另一个实体集中多少个实体存在联系，可以归结为以下三种类型：

1．一对一的联系(One-to-one Relationship)

如果实体集 S1 中每个实体只能和实体集 S2 中的一个实体有联系，反之亦然，那么实体集 S1 与实体集 S2 的联系就称为一对一的联系，记为“1∶1”。

例如，工厂厂长集与工厂集之间，一个工厂只能有一个厂长，而一个厂长也只能对应一个工厂，这就是一对一的联系。

一对一的联系表现为主表中的每一条记录只与相关表中的一条记录相关联。例如，某单位劳资部门的职工表和财务部门使用的工资表之间就存在一对一的联系。

2．一对多的联系(One-to-many Relationship)

如果实体集 S1 中的每个实体与实体集 S2 中任意多个实体(零个或多个)有联系，而实体集 S2 中的每个实体至多和实体集 S1 中的一个实体有联系，那么称实体集 S1 和实体集 S2 的联系是一对多的联系，记为“1∶m”。

一对多的联系表现为主表中的每一条记录与相关表中的多条记录相关联。例如，工人实体集和工厂实体集之间，一个工人对应一个工厂，而一个工厂却可以有多名工人，这就是一对多的联系。

3．多对多联系(Many-to-many Relationship)

如果实体集 S1 中每个实体与实体集 S2 中任意多个实体(零个或多个)有联系，反之亦然，则称 S1 和 S2 是多对多的联系，记为“m∶n”。

多对多的联系表现为一个表中的多个记录与相关表中的多个记录相关联。例如，工人对设备、教师对学生、学生对图书等都是多对多的联系。

9.3 关系数据库

自 20 世纪 80 年代以来，新推出的数据库管理系统几乎都支持关系数据库，关系数据库是若干个按关系模型设计的数据表文件的集合。

9.3.1 关系模型

关系模型的用户界面非常简单，一个关系的逻辑结构就是一张二维表。

1．关系

关系就是二维表格，每个关系都有一个关系名，图 9-3-1 所列的内容就为一个关系表。

学号	姓名	性别	班级	籍贯	出生日期	是否团员
20060101	陈燕	女	计算机一	广西	12/15/87	T
20060204	张强	男	计算机一	湖南	06/12/88	T
20060103	张军华	男	计算机三	江西	06/05/87	F
20060202	李大鹏	男	计算机二	河南	03/14/86	T
20060210	蔡妍	女	计算机三	湖南	06/12/88	T
20060111	李富春	男	计算机二	湖南	01/10/86	F
20060213	周靖	男	计算机一	广东	08/16/88	T
20060615	袁艺博	男	计算机二	天津	12/07/87	T
20060326	赵春桃	女	计算机三	陕西	09/30/87	F

图 9-3-1　关系表

2．关系模式

对关系的描述称为关系模式，一个关系模式对应于一个关系的结构。其格式为：

关系名(属性名 1，属性名 2，…，属性名 n)

例如表 9-3-1 的关系模式可以表示为：

学生基本情况(学号，姓名，性别，班级，籍贯，出生日期，是否团员)。

3．元组

在一个二维表中，水平方向行称为元组，每一行是一个元组。

4．属性

二维表中每一列称为一个属性。每个属性都有一个属性名，属性值则是各个元组属性的取值。

5．域

属性的取值范围，即一个属性取值所规定的范围。例如，姓名字段的取值只能是文字类型，性别字段的取值只能是“男”或“女”等等。同一个属性中的元组只能在相同的域中取值。

6．关键字

关键字是关系中能唯一标识一个元组的属性或属性集合的字段。多个属性组合的关键字称为组合关键字。如图 9-3-1 中的“学号”字段就是关键字，如果不允许姓名重名，则姓名也可作为关键字。而性别这样的字段，由于不能区分不同元组，就不能作为关键字。

7．候选关键字

一个关系中能成为关键字的属性或属性集合可能有多个，凡在关系中能够唯一区分不同元组的属性或属性集合称为候选关键字。例如，图 9-3-1 中如果还有一个“身份证号”字段，那么“学号”和“身份证号”都是候选关键字。

8．主关键字和外部关键字

在候选关键字中选定一个作为关键字，称为该关系的主关键字。关系中主关键字是唯一的。如果一个关系中的某个属性或属性集合不是本关系的关键字，却是另一个关系的主关键字或候选关键字，称此属性或属性集合为外部关键字。

9.3.2 关系完整性约束

关系模型中的关系操作必须满足完整性约束。关系模型中有以下四类完整性约束。

1．实体完整性

实体完整性保证关系数据库中每个表中的记录都是惟一的。数据库中的表对应着现实世界中的一类事物，每个事物都是可以区别的。实体完整性通过定义主键约束来实现。如图 9-3-1 中每个学生的记录是唯一的，不允许有相同的记录，因此常以学号作为主键。

2．参照完整性

参照完整性保证相互关联的数据表之间的数据保持一致。参照完整性反映了现实世界中事物之间的相互联系。参照完整性通过定义外键约束来实现。如学生选课表中学生的学号必须是图 9-3-1 中已有的学生的学号，即只有图 9-3-1 中已有的学生才能选课，其中选课表中的学号字段是选课表的外键，它的取值要参照图 9-3-1 中的学号。

3．域完整性

域完整性保证数据表的列必须满足某种特定的数据类型或约束。如课程表中学分列必须是数值型。

4．用户定义完整性

用户定义完整性是针对某一具体关系数据库的约束条件。它保证数据表字段或字段之间根据具体数据库要求必须满足某种限制条件。如学生选课表中成绩取值必须是大于等于 0 和小于等于 100 之间的数。

9.3.3 关系代数

关系代数是用关系运算来表达查询的，是一种抽象的查询语言。关系代数用到的运算符包括集合运算符、专门的关系运算符、比较运算符和逻辑运算符 4 类，如表 9-3-1 所示。

表 9-3-1　关系代数运算符

集合运算符	含义	关系运算符	含义	比较运算符	含义	逻辑运算符	含义
∪ － ∩ ×	并 差 交 笛卡尔积	σ π ⋈ ÷	选择 投影 连接 除	> ⩾ < ⩽ = ≠	大于 大于等于 小于 小于等于 等于 不等于	¬ ∧ ∨	非 与 或

关系代数运算分为传统的集合运算和专门的关系运算两类。

1．传统的集合运算

进行并、差、交集合运算的两个关系必须是具有相同的关系模式，即结构相同。如表 9-3-2、表 9-3-3 所示的两个关系 *R* 与 *S*。

表 9-3-2　关系 *R*

A	B	C
*a*1	*b*1	*c*1
*a*2	*b*2	*c*1
*a*3	*b*2	*c*2

表 9-3-3　关系 *S*

A	B	C
*a*1	*b*1	*c*2
*a*1	*b*2	*c*2
*a*2	*b*2	*c*1

1) 并(R∪S)

给定两个相同结构关系，由属于这两个关系的元组(记录)组成的集合，如表 9-3-4 所示。

表 9-3-4　*R*∪*S*

A	B	C
*a*1	*b*1	*c*1
*a*2	*b*2	*c*1
*a*3	*b*2	*c*2
*a*1	*b*1	*c*2
*a*1	*b*2	*c*2

2) 差(R−S)

给定两个相同结构关系 *R* 和关系 *S*，由属于 *R* 而不属于 *S* 的元组组成的集合，即“差”运算的结果是从 *R* 中去掉 *S* 中也有的元组，如表 9-3-5 所示。

表 9-3-5　*R*−*S*

A	B	C
*a*1	*b*1	*c*1
*a*3	*b*2	*c*2

3) 交(R∩S)

给定两个相同结构关系 *R* 和关系 *S*，由既属于 *R* 又属于 *S* 的元组组成的集合。“交”运算的结果是 *R* 和 *S* 的共同元组，如表 9-3-6 所示。

表 9-3-6　$R \cap S$

A	B	C
*a*2	*b*2	*c*1

4) 笛卡尔积($R \times S$)

用于产生两张表中所有行的可能元组对。例两个分别为 n 列和 m 列的关系 R 和 S 的笛卡尔积是一个$(n+m)$列的元组的集合。元组的前 n 列是关系 R 的一个元组，后 m 列是关系 S 的一个元组。若 R 有 $k1$ 个元组，S 有 $k2$ 个元组，则关系 R 和关系 S 的笛卡尔积有 $k1 \times k2$ 个元组。如表 9-3-7 所示。

表 9-3-7　$R \times S$

R.A	*R*.B	*R*.C	*S*.A	*S*.B	*S*.C
*a*1	*b*1	*c*1	*a*1	*b*1	*c*2
*a*1	*b*1	*c*1	A1	*b*2	*c*2
*a*1	*b*1	*c*1	*a*2	*b*2	*c*1
*a*2	*b*2	*c*1	*a*1	*b*1	*c*2
*a*2	*b*2	*c*1	*a*1	*b*2	*c*2
*a*2	*b*2	*c*1	*a*2	*b*2	*c*1
*a*3	*b*2	*c*2	*a*1	*b*1	*c*2
*a*3	*b*2	*c*2	*a*1	*b*2	*c*2
*a*3	*b*2	*c*2	*a*2	*b*2	*c*1

2. 专门的关系运算

1) 选择

选择也称为限制，用于产生表中满足给定条件的所有行，这是从行的角度进行的运算。如在关系 R 中查询属性 B 的值为 $b2$ 的信息，可得到表 9-3-8 所示的关系。

表 9-3-8　关系 R 的选择

A	B	C
*a*2	*b*2	*c*1
*a*3	*b*2	*c*2

2) 投影

投影用于选择出若干属性列，组成新的关系，这是从列的角度进行的运算。如在关系 R 中查询属性 A 和属性 C 的信息，可得到表 9-3-9 所示的关系。

表 9-3-9　关系 R 的投影

A	C
*a*1	*c*1
*a*2	*c*1
*a*3	*c*2

3) 连接(Join)

连接用于对两个或更多表中的信息进行组合，可以通过共同属性将各个独立的表互相连接。连接是从两个关系的笛卡尔积中选取属性间满足一定条件的元组。若有关系 *R* 和关系 *S*，*R* 和 *S* 的连接运算就是从 *R* 和 *S* 的笛卡尔积中选取 *R* 关系在 A 属性组上的值与 *S* 关系在 B 属性组上值满足某种比较关系的元组。连接运算中有两种最为重要也最为常用的连接，一种是等值连接(Equijoin)，一种是自然连接(Natural Join)。

等值连接是从 *R* 和 *S* 的笛卡尔积中选取 A，B 属性值相等的元组。

自然连接是一种特殊的等值连接。它要求两个关系中比较的分量必须是相同的属性组，并且在结果中把重复的属性列去掉。一般的连接操作是从行的角度进行运算，但自然连接还需要取消重复列，所以是同时从行和列的角度进行运算。

表 9-3-10 为具有 2 个属性列的关系 *T*。表 9-3-11 为关系 *R* 和关系 *T* 自然连接的结果。表 9-3-12 为关系 *R* 和关系 *T* 等值连接的结果。

表 9-3-10　关系 *T*

B	D
*b*1	*d*1
*b*2	*d*2
*b*3	*d*1

表 9-3-11　关系 *R* 和关系 *T* 的自然连接

A	B	C	D
*a*1	*b*1	*c*1	*d*1
*a*2	*b*2	*c*1	*d*2
*a*3	*b*2	*c*2	*d*2

表 9-3-12　关系 *R* 和关系 *T* 的等值连接

A	*R*.B	C	*T*.B	D
*a*1	*b*1	*c*1	*b*1	*d*1
*a*2	*b*2	*c*1	*b*2	*d*2
*a*3	*b*2	*c*2	*b*2	*d*2

9.4　数据库设计

9.4.1　数据库设计的步骤

数据库设计是指对于一个给定的应用环境，构造最优的数据库模型，建立数据库及其应用系统，使之能有效地存储数据，满足各种用户的应用需求。数据库模型应当满足以下三个要求：

(1) 符合用户的需求，既包含用户所需处理的所有数据，又支持用户提出的所有处理功能的实现。

(2) 适合现有的某个数据库管理系统，如 SQL Server、Oracle 和 DB2 等。

(3) 具有较高的质量，如结构合理、易于理解、使用方便、便于维护和效率较高等。

数据库设计之前，首先必须选定参加设计的人员，包括系统分析人员、数据库设计人员、程序员、用户和数据库管理员。系统分析人员和数据库设计人员是数据库设计的核心人员，他们自始至终参与数据库设计，他们的水平决定了数据库系统的质量。用户和数据库管理员在数据库设计中主要参加需求分析和数据库的运行维护，他们也是决定数据库设计质量的重要因素。程序员则在系统实施阶段参与进来，负责编写程序和准备软硬件环境。

按照规范设计的方法，考虑数据库及其应用系统开发全过程，将数据库设计分为 6 个阶段，即需求分析、概念结构设计、逻辑结构设计、物理结构设计、数据库实施、数据库运行和维护，如图 9-4-1 所示。

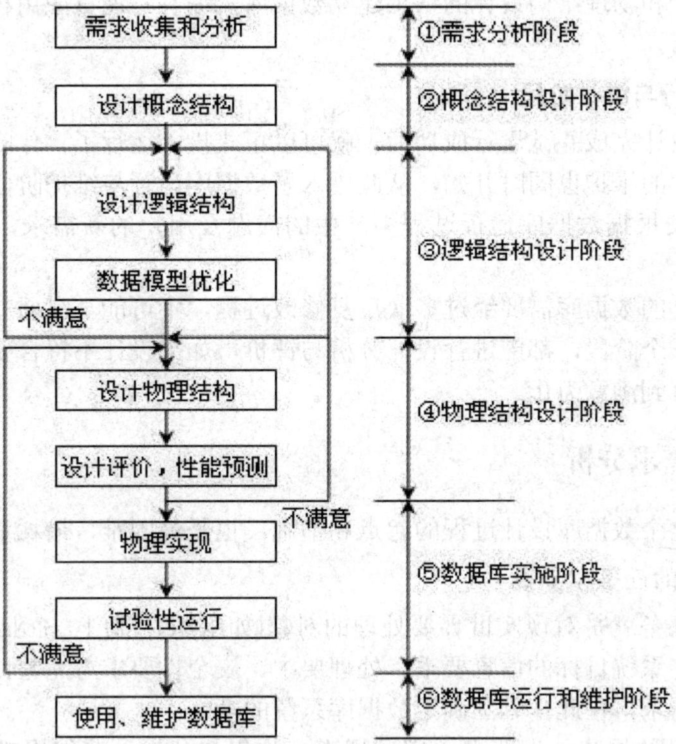

图 9-4-1　数据库设计步骤

1. 需求分析阶段

在需求分析阶段，数据库系统分析人员和设计人员调查用户的各种需求，收集和分析用户对系统的信息需求和处理需求，与用户进行深入沟通，确定用户需求，建立系统的需求模型。需求分析是数据库设计的基础，只有需求分析做得充分与准确，才能保证数据库设计的速度和质量。

2. 概念结构设计阶段

概念结构设计阶段是在需求分析的基础上，依照需求分析中确定的信息需求，通过综合、归纳与概括，建立一个独立于具体数据库管理系统的概念模型，通常建立 E-R 模型。概念结构设计是数据库设计的关键。

3. 逻辑结构设计阶段

在逻辑结构设计阶段由概念模型导出数据库管理系统支持的数据模型，即逻辑模型。

通常就是将 E-R 模型转化为关系模型，转化完成后，再对关系模型进行评价和优化，如果达不到用户要求，还要反复修正或重新设计。

4. 物理结构设计阶段

在物理结构设计阶段，根据数据库管理系统的特点和处理的需求，为逻辑模型选取一个最适合应用环境的物理结构，包括存储结构和存取方法。

5. 数据库实施阶段

在数据库实施阶段，设计人员运行数据库管理系统所提供的数据语言及其宿主语言，根据逻辑结构设计和物理结构设计的结果建立数据库，编写与调试应用程序，组织数据入库，并进行试运行。

6. 数据库运行与维护阶段

数据库系统设计完成并试运行成功后，就可以正式投入运行了。伴随着数据库系统的正式运行，数据库的维护也同时开始，从此进入了数据库运行与维护阶段。在数据库运行过程中，维护人员根据数据库运行过程中产生的问题及用户的新需求，不断地对其进行完善。

一个性能优良的数据库需要经过多次反复修改过程，不可能一蹴而就。在进行数据库设计时，每完成一个阶段，都应进行设计分析与评价。如果设计不符合要求，则要进行修改，如此反复，直到满意为止。

9.4.2 数据库需求分析

需求分析是整个数据库设计过程的起点和基础，也是最困难、最耗费时间的工作。

1. 需求分析的任务和步骤

需求分析的任务就是对现实世界要处理的对象(如组织、部门、企业等)进行详细调查和分析，收集支持系统目标的信息要求、处理要求、安全性要求与完整性要求，明确各类用户的各种具体需求，在此基础上确定数据库系统的功能。

调查的重点是数据和处理要求，通过调查、收集与分析，获得用户对数据库的如下要求：

(1) 信息要求。信息要求指用户需要从数据库中获得信息的内容与性质。由信息要求可以导出数据要求，即在数据库中存储哪些数据。

(2) 处理要求。处理要求指用户需要完成什么处理功能。

(3) 安全性和完整性要求。安全性要求指数据库中的数据共享应在 DBMS 的统一管理之下，只有授权用户才能使用数据库中的数据和执行相应的操作，实施安全保护。完整性要求指操作数据必须保证正确性和相容性。

需求调查的具体步骤如下：

(1) 调查组织机构情况。包括了解该组织部门组成情况、各部门的职责等，为分析信息流程做准备。

(2) 调查各部门的业务活动情况。包括各部门输入什么信息和使用什么数据；如何加工和处理这些数据；输出什么信息；输出到什么部门；输出结果的格式等。这一步骤是调查的重点。

(3) 明确对新系统的要求。包括信息要求、处理要求、安全性和完整性要求。这是调查的又一重点。

(4) 确定新系统的边界。在前面分析调查结果的基础上，确定哪些功能由计算机完成或将来准备由计算机完成，哪些活动由人工完成。

(5) 建立需求分析文档。描述用户单位的组织机构图、业务流程图、数据流程图和数据字典等。

2. 需求调查的方法

在需求调查过程中，可以根据不同的问题和条件，使用不同的调查方法。常用的需求调查的方法有以下几种：

(1) 跟班作业。数据库分析和设计人员通过亲自参加业务工作，深入了解业务活动情况。这种方法可以比较准确地了解用户的需求，但比较耗费时间。

(2) 召开调查会。通过与用户座谈的方式来了解业务活动情况及用户需求。座谈时参加者之间可以相互启发。

(3) 请专人介绍。请业务熟练的专家或用户介绍业务知识和业务活动情况。

(4) 询问。针对某些问题找专人询问。

(5) 设计调查表让用户填写。设计合理的调查表，对需求调查非常有效，这种方法易于为用户所接收。

(6) 查阅记录。查阅与原系统相关的数据记录。

做需求调查时，经常需要同时采用上述多种方法。但无论使用何种调查方法，都必须有用户的积极参与和配合。

3. 编写需求规格说明书

调查了解了用户的需求后，还要表达用户的需求。需求规格说明书是在进行需求分析活动后建立的文档资料。需求规格说明书是数据库系统的一份非常重要的文件，是系统后续开发的标准和依据。需求规格说明书应包括以下内容：

(1) 系统概况、目标、范围、背景、历史和现状。

(2) 系统的原理和技术，对原系统的改善。

(3) 系统总体设计。

(4) 系统功能说明。

(5) 系统方案及技术、经济和操作上的可行性

通常需求规格说明书还应包括分析过程中得到的数据流程图、数据字典、功能模块图及系统的硬件、软件支持环境的选择和规格要求等。

9.4.3　数据库概念结构设计

将需求分析得到的用户需求抽象为信息结构即概念模型的过程就是概念结构设计。它是数据库设计的关键。

1. 概念结构设计的任务

概念结构设计的任务就是将需求分析得到的需求分析结果抽象化成为概念模型。概念

模型通常用实体联系模型即 E-R 模型来表示。

2. 实体联系模型

实体联系模型(Entity-Relationship Model)简称为 E-R 模型，是 1976 年由 P.P.S.Chen 提出的。E-R 模型是用 E-R 图来表示概念模型，是表示概念模型的最著名的方法。

E-R 图提供了表示实体、属性和联系的方法。实体用矩形框表示，框内写明实体名称。属性：用椭圆形表示，椭圆内写明属性名，并将椭圆用无向线与实体连接起来。表明实体及其属性的图形称为实体图，图 9-4-2 所示是系部(简称为系)实体图。联系用菱形框表示，框内写明联系的名称，并用无向线与有关实体连接起来，同时在无向线旁标上联系的类型(如 1∶1，1∶n，m∶n)。如果联系具有属性，则也应用椭圆形表示出来，并与联系用无向线相连。图 9-4-3 所示是学生和课程之间多对多联系的 E-R 图。其中联系被命名为选课，成绩是它的属性，图中省略了各实体的属性。

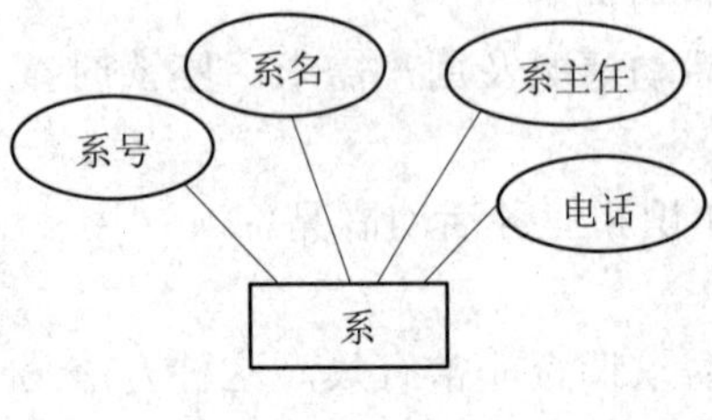

图 9-4-2　系部实体图

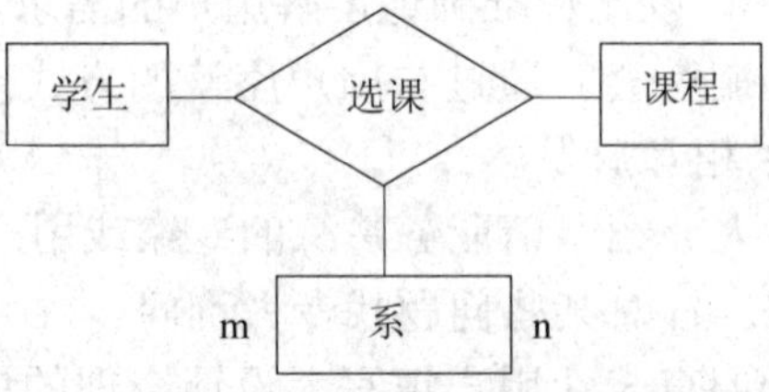

图 9-4-3　学生与课程之间的 E-R 图

3. E-R 模型设计的步骤

用 E-R 图描述实体和实体之间联系得到的模型就是实体联系模型。E-R 模型设计分两步完成：第一步设计局部 E-R 图；第二步将局部 E-R 图合并成全局 E-R 图。

1) 设计局部 E-R 图步骤

根据需求分析的结果，分析实体及实体之间的联系，画出局部 E-R 图。具体步骤如下：

(1) 确定数据库中包含的实体。

(2) 确定实体的属性及实体间的联系，画出局部 E-R 图。

2) 合并生成全局 E-R 图步骤

首先将两个局部 E-R 图合并，然后依次将一个新局部 E-R 图合并进去，最终合并成一个全局 E-R 图。每次合并局部 E-R 图的步骤如下：

(1) 合并。先解决局部 E-R 图之间的冲突，将局部 E-R 图合并生成初步 E-R 图。

(2) 优化。对初步 E-R 图进行修改，消除不必要的冗余，生成基本 E-R 图。

9.4.4　数据库逻辑结构设计

1. 逻辑结构设计的任务

逻辑结构设计的任务就是将概念结构设计的结构即概念模型转化为逻辑模型。由于概念模型与数据模型无关，所以需要将概念模型转化成某种数据库管理系统支持的数据模型。将概念模型转化为关系模型的具体步骤如下：

(1) 将概念模型转化为关系模型。

(2) 对关系模型进行规范化处理。

关系模型是用关系表示实体及实体间联系。关系的描述称为关系模式，通常简记为：

R(U) 或 R(A1，A2，…，An)

其中，R 为关系名，A1，A2，…，An 为域名或属性名，U 为全体属性的集合。

能够唯一标识实体的属性或属性组称为候选码。从候选码中选择一个作为关系模式的主码，主码的属性称为主属性。通常将关系模式的主码用下划线标识出来。

如果一个关系中的属性不是此关系的主码，而是另一个关系的主码，则该属性就是此关系的外码。通常将关系模式的外码用符号*标识出来。

2. E-R 模型向关系模型的转化

E-R 模型转化为关系模型就是将实体和实体间的联系转化为关系模式，确定这些关系模式的属性和主码。将 E-R 模型转化为关系模型应遵循以下 4 条规则：

(1) 一个实体转换为一个关系模式。实体的属性转换为关系的属性，实体的主码就是关系的主码。

(2) 一对一、一对多联系不转换为关系模式。两个实体对应的关系模式依靠外码建立联系，一对一联系外码可包含在任何一端关系模式内，一对多联系外码必须包含在多端关系模式内。

(3) 两个实体多对多的联系转换为一个关系模式。该关系模式主码为各实体主码的组合。

(4) 三个或三个以上实体的多对多联系转换为一个关系模式。该关系模式的主码为各个实体主码的组合。

3. 关系的规范化

在关系数据库中，关系必须满足一定的规范化要求，才能保证数据的正确性和可靠性。这些规范化要求被称为规范化形式，即范式。范式按级别分为 5 种：第一范式(1NF)、第二范式(2NF)、第三范式(3NF)、第四范式(4NF)、第五范式(5NF)。不同范式级别反映了关系模式的属性间相互依赖的不同程度。五种范式之间的关系如图 9-4-4 所示。

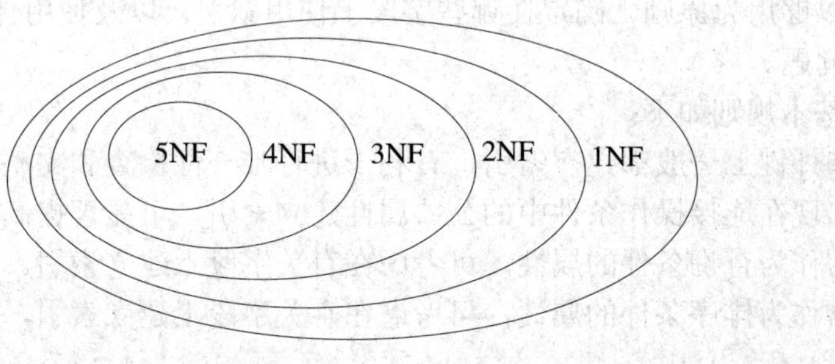

图 9-4-4　5 种范式之间的关系

在实际的数据库设计中最常需要用到的是前 3 种范式。

9.4.5　数据库物理结构设计

数据库在物理设备上的存储结构与存取方法称为数据库的物理结构。结合特定的数据库管理系统，选取一个最适合应用要求的物理结构的过程，就是数据库的物理结构设计。

1. 物理结构设计的任务

确定数据库的物理结构，要从存取时间、存储空间利用率和维护代价 3 个方面考虑，但这三者常常是相互矛盾，必须权衡，选择较优的方案。物理结构设计的具体步骤如下：

(1) 确定数据库的物理结构(存放位置和存储结构)。

(2) 确定数据库的存取方法。

(3) 对物理结构进行评价，评价的重点为时间和空间效率。

如果评价结果满足设计要求则可进入实施阶段，否则，就需重新设计或修改物理结构。

2. 确定数据库的物理结构

确定数据库的物理结构主要是确定数据的存储结构和存取方法，包括确定关系、索引、日志和备份等存储安排与存储结构，以及确定系统存储参数配置。设计数据表结构时应注意以下几点。

(1) 确定数据表字段及其数据类型。将逻辑模型中的每一个关系模式都转化为一个表，关系模式的属性转化为表中的字段，并根据属性的域和特定数据库管理系统确定字段的数据类型和精度。

(2) 确定主键。主键可唯一确定一条记录，主键可以是单个字段，也可以是多个字段的组合，一个数据表只有一个主键。

(3) 确定是否使用外键。将关系模式中的外码定义成对应表的外键，建立数据表间的关系。

(4) 确定哪些字段允许空值。某些字段的数据一开始可能不知道，或不确定，这时应在输入数据时允许为空值。

(5) 确定是否使用约束、默认值和规则。约束、默认值和规则等用于保证数据的完整性，在设计表时应明确是否使用约束、默认值和规则。

(6) 确定是否使用索引。使用索引可以加快数据检索的速度，提高效率。索引并不是越多越好，而是以够用为原则。确定在哪些字段上使用索引，以及使用什么样的索引，是用户必须考虑的问题。

创建索引的基本规则如下：

(1) 在主键和外键上一般都建有索引，有利于进行唯一性检查和完整性约束检查。

(2) 对经常出现在连接操作条件中的公共属性建立索引，可显著提高连接查询效率。

(3) 对于经常作为查询条件的属性，可考虑在有关字段上建立索引。

(4) 对于经常作为排序条件的属性，可考虑在有关字段上建立索引，加快排序查询。

9.4.6　数据库实施

在计算机上安装 SQL Server 2008 数据库管理系统，根据数据库的物理结构，利用数据定义语言，创建数据库、建立数据表、定义数据表约束、装入数据、定义视图、定义数据库存储过程、定义触发器、定义数据库用户、实施数据库备份与恢复管理等，然后试运行，对数据库设计进行评价、调整、修改等维护操作，这就是数据库的实施阶段。

9.4.7　数据库运行和维护

数据库管理系统设计完成并试运行成功后，数据库系统的开发工作就基本结束，即可投入正式运行了。数据库系统一旦投入运行，数据库维护工作就开始了。数据库日常维护主要由数据库管理员完成。维护工作主要包括对数据库的监测、分析和性能的改善；数据库转储和故障恢复；数据库的安全性、完整性控制；数据库的重组和重构造等。

9.5　二级考试选择题

1. 一间宿舍可住多个学生，一个学生只能住在一间宿舍，则实体宿舍和学生之间的联系是(　　)。

　　A) 一对一　　B) 一对多　　C) 多对一　　D) 多对多

2. 在数据管理技术发展的三个阶段中，数据共享是(　　)。

　　A) 人工管理阶段　　B) 文件系统阶段
　　C) 数据库系统阶段　　D) 三个阶段相同

3. 在数据库设计中，将 E-R 图转换成关系数据模型的过程属于(　　)。

　　A) 需求分析阶段　　B) 概念设计阶段
　　C) 逻辑设计阶段　　D) 物理设计阶段

4. 设有表示学生选课的三张表，表 s(学号，姓名，性别，年龄，身份证号)，表 c(课号，课名)，表 sc(学号，课号，成绩)，则表 sc 的关键字(键或码)为(　　)。

　　A) 课号，成绩　　B) 学号，成绩
　　C) 学号，课号　　D) 学号，姓名，成绩

5. 下列叙述中正确的是(　　)。

　　A) 数据库系统是一个独立的系统，不需要操作系统的支持
　　B) 数据库技术的根本目标是要解决数据的共享问题
　　C) 数据库管理系统就是数据库系统
　　D) 以上三种说法都不对

6. 下列叙述中正确的是(　　)。

　　A) 为了建立一个关系，首先要构造数据的逻辑关系
　　B) 表示关系的二维表中各元组的每一个分量还可以分成若干数据项
　　C) 一个关系的属性名表称为关系模式
　　D) 一个关系可以包括多个二维表

7. 在下列关系运算中，不改变关系表中的属性个数但能减少元组个数的是(　　)。

　　A) 并　　B) 交　　C) 投影　　D) 笛卡儿乘积

8. 在 E-R 图中，用来表示实体之间联系的图形是(　　)。

　　A) 矩形　　B) 椭圆形　　C) 菱形　　D) 平行四边形

9. 下列叙述中错误的是(　　)。

　　A) 在数据库系统中，数据的物理结构必须与逻辑结构一致

B) 数据库技术的根本目标是解决数据的共享问题

C) 数据库设计是指在已有数据库管理系统的基础上建立数据库

D) 数据库系统需要操作系统的支持

10. 在数据库系统中，用户所见的数据模式为(　　)。

A) 概念模式　B) 外模式　C) 内模式　D) 物理模式

11. 数据库设计的四个阶段为需求分析、概念设计、逻辑设计和(　　)。

A) 编码设计　B) 测试阶段　C) 运行阶段　D) 物理设计

12. 数据库技术的根本目标是解决数据的(　　)。

A) 存储问题　B) 共享问题　C) 安全问题　D) 保护问题

13. “商品”与“顾客”两个实体集之间的联系一般是(　　)。

A) 一对一　B) 一对多　C) 多对一　D) 多对多

14. 在 E-R 图中，用来表示实体的图形是(　　)。

A) 矩形　B) 椭圆形　C) 菱形　D) 三角形

15. 数据库 DB、数据库系统 DBS、数据库管理系统 DBMS 之间的关系是(　　)。

A) DB 包含 DBS 和 DBMS　B) DBMS 包含 DB 和 DBS

C) DBS 包含 DB 和 DBMS　D) 没有任何关系

16. 数据库系统的核心是(　　)。

A) 数据模型　B) 数据库管理系统

C) 数据库　D) 数据库管理员

17. 数据独立性是数据技术的重要特点之一。所谓数据独立性是指(　　)。

A) 数据与程序独立存放

B) 不同的数据被存放在不同的文件中

C) 不同的数据只能被对应的应用程序所使用

D) 以上三种说法都不对

18. 用树形结构表示实体之间联系的模型是(　　)。

A) 关系模型　B) 网状模型

C) 层次模型　D) 以上三个都是

19. 下面哪一项不是数据模型所描述的内容？(　　)。

A) 数据结构　B) 数据操作　C) 数据类型　D) 数据约束

20. 层次模型属于(　　)。

A) 概念数据模型　B) 逻辑数据模型

C) 物理数据模型　D) 用户数据模型

21. 下列关于 E-R 模型的图示法的叙述正确的是(　　)。

A) 多元关系在 E-R 模型的图示法中无法表示

B) 实体集内部之间的联系无法用 E-R 模型的图示法表示

C) 椭圆既可以与方框相连，也可以与菱形相连

D) 在图示法中还可以表示实体和属性的类型

22. 在关系模型中，对一个关系的删除操作基本单位是(　　)。

A) 元组　B) 元组分量　C) 元组属性　D) 属性列

23. 数据库设计的基本任务是根据用户对象的信息需求、处理需求和数据库的支持环境设计出(　　)。

A) 数据模式　　B) 过程模式　　C) 数据类型　　D) 数据结构

24. 数据库概念设计中将一个单位分解成若干个部分，先对每一个部分作局部模式设计，建立各个部分的视图，然后以此为基础进行集成的方法是(　　)。

A) 集中式模式设计法　　B) 数据集成设计法

C) 过程集成设计法　　D) 视图集成设计法

25. 将 E-R 图转换到关系模式时，实体与联系都可以表示成(　　)。

A) 属性　　B) 关系　　C) 键　　D) 域

26. 同一概念在一处为实体，而在另一处为属性或联系的冲突在视图集成中叫(　　)。

A) 命名冲突　　B) 概念冲突　　C) 域冲突　　D) 约束冲突

27. 当数据库中的数据遭受破坏后要实施的数据库管理是(　　)。

A) 数据库的备份　　B) 数据库的恢复

C) 数据库的监控　　D) 数据库的加载

28. 数据库的三级模式中不涉及具体的硬件环境与平台，也与具体的软件环境无关的模式是(　　)。

A) 概念模式　　B) 外模式　　C) 内模式　　D) 子模式

29. 用户数据库是建立在下面哪个模式的框架上? (　　)

A) 内模式　　B) 外模式　　C) 概念模式　　D) 物理模式

30. 数据库设计包括两个方面的设计内容，它们是(　　)。

A) 概念设计和逻辑设计　　B) 模式设计和内模式设计

C) 内模式设计和物理设计　　D) 结构特性设计和行为特性设计

31. 数据库概念设计过程分三个步骤进行，首先选择局部应用，再进行局部视图设计，后进行(　　)。

A) 数据集成　　B) 视图集成　　C) 过程集成　　D) 视图分解

32. 关系视图为每个用户划定了访问数据的范围，从而使专属于一个用户的视图对其他用户而言是不可访问的，这说明了关系视图(　　)。

A) 能提供数据的逻辑独立性　　B) 能适应用户对数据的不同需求

C) 有一定的保密功能　　D) 能提供数据的物理独立性

33. 为提高数据库的运行性能和速度而对数据库实施的管理活动有(　　)。

A) 数据库的建立和加载　　B) 数据库的调整和重组

C) 数据库安全性控制和完整性控制　　D) 数据库的故障恢复

第 10 章　软件工程基础

软件工程是研究和应用如何以系统性的、规范化的、可定量的过程化方法去开发和维护软件，以及如何把经过时间考验而证明正确的管理技术和当前能够得到的最好的技术方法结合起来的学科。它涉及程序设计语言、数据库、软件开发工具、系统平台、标准、设计模式等方面。

10.1　软件的基本概念

在 20 世纪中叶，软件伴随着第一台电子计算机的问世诞生了。以编写软件为职业的人也开始出现，他们多是经过训练的数学家和电子工程师。20 世纪 60 年代，美国大学里开始出现计算机专业，培养学生如何编写软件。软件产业从零开始起步，在短短的五十多年时间里迅速发展成为推动人类社会发展的龙头产业，并造就了一批百万、亿万富翁。随着信息产业的发展，软件对人类社会越来越重要。

10.1.1　软件与软件特性

软件也称计算机软件。如果将软件比喻成人体，软件就如同人体的骨架(体系结构)、外表(用户界面)、大脑(数据库)、器官(模块)、神经和肌肉(数据结构和算法)。

1．什么是软件

软件是计算机系统中与硬件相互依存的另一部分。高质量、多功能的软件使得计算机的应用从单一的科学计算扩展到多个领域，比如数据处理、实时控制等。

软件是计算机系统运行的指令、数据和资料的集合，包括指令程序、数据、相关文档和完善的售后服务，即

软件 = 程序 + 数据 + 文档 + 服务

其中，软件是按事先设计的功能和性能要求执行的指令序列；数据是使程序能正常处理信息所需的数据结构及信息表示；文档是与程序开发、维护和使用有关的技术数据和图文资料，如软件开发计划书、需求规格说明书、设计说明书、测试报告和用户手册等。

2．软件的特性

软件的特性主要分为有形特性和无形特性。其中，软件的有形特性是软件的各种具体表现形式，包括软件文档、程序代码、二进制代码、用户界面、输出报表等；而软件的无形特性是软件的内部逻辑，是软件本身所包含的思想。

软件的无形特性只能从软件之外去观察、认识软件，与硬件的特性和传统的工业产品相比较，软件具有以下独特的特性：

(1) 软件是一种逻辑产品，与物质产品有很大的区别。软件产品是看不见摸不着的，因而具有无形性。软件是脑力劳动的结晶，是以程序和文档的形式出现的，通过计算机的执行才能体现其功能和作用。

(2) 软件产品生产的关键主要是研制，其成本主要体现在软件的开发和研制上。软件一旦研制开发成功后，通过复制就可以产生大量软件产品。

(3) 在软件的运行和使用期间，没有硬件那样的机械磨损老化问题。

(4) 软件的开发和运行常受到计算机系统的限制，对计算机系统有着不同程度的依赖性，这导致了软件移植的问题。

(5) 软件的开发工作主要是进行脑力劳动，至今尚未完全摆脱手工作坊式的开发方式，生产效率低，且大部分产品是定做的。

(6) 软件具有复杂性，而且以后会更加复杂。软件是人类有史以来生产的复杂度最高的工业产品。软件涉及人类社会的各行各业、方方面面，软件开发常常涉及其他领域的专门知识，这对软件工程师提出了很高的要求。

(7) 软件的成本相当昂贵。软件开发需要投入大量、高强度的脑力劳动，成本非常高，风险也大。现在软件的成本开销已大大超过了硬件的成本开销。

(8) 脆弱性。随着 Internet 的普及，计算机之间经常相互通信和共享资源，这给用户带来方便和利益的同时，也给计算机系统的安全性带来了威胁。

(9) 软件工作牵涉很多社会因素。许多软件的开发和运行涉及机构、体制和管理方式等问题，还会涉及人们的观念和心理等因素。这些人的因素，常常成为软件开发的困难所在，直接影响到项目的成败。

10.1.2 软件的分类

计算机软件是一个涉及多个领域、应用广泛的概念，可以从各个不同的角度对计算机软件进行分类。目前一般的分类方法有以下几种：

1. 基于软件功能的划分

基于软件功能，可将软件划分为系统软件、应用软件和支撑软件等。

系统软件是与计算机硬件紧密配合，以使计算机的各个部件与相关软件及数据协调、高效工作的软件。它有基础性和通用性两大特点。例如，操作系统、数据库管理系统、设备驱动程序等，这些软件一般由专业的软件公司有目的地开发并较好地进行维护。

应用软件是为特定领域应用、为特定目的服务而开发的一类软件。例如，商业处理软件、科学计算软件、计算机辅助设计软件、人工智能软件等。

支撑软件是协助用户开发软件的工具性软件，包括帮助程序人员开发软件产品的工具和帮助管理人员控制开发进程的工具。例如，需求分析工具、设计工具、编码工具、测试工具、维护和管理工具等。

2. 基于软件规模的划分

软件规模是指软件项目可量化的结果，通常采用代码行的数量或耗用人工时的多少来衡量。基于软件规模划分，可将软件分为微型、小型、中型、大型、超大型软件。

3. 基于软件工作方式的划分

基于软件工作方式，可将软件划分为实时处理软件、分时软件、交互式软件和批处理软件。

实时处理软件，例如卫星实时监控软件、外汇实时行情软件等。实时软件既可以应用于信息处理，也可以应用于过程控制。

分时软件允许多个联机用户同时使用计算机的软件。

交互式软件是能实现人机通信的软件，能接收用户给出的信息，但在时间上没有严格规定。

批处理软件，把一组输入工作或一批数据以成批处理的方式一次运行，顺序逐个处理的软件。

4. 按软件服务对象的范围进行划分

按软件服务对象的范围，可将软件划分为项目软件和产品软件。

项目软件也称定制软件，是受某特定客户的委托，由软件开发机构在合同约定下开发的软件，例如气象预测分析软件、交通监控指挥系统、卫星控制系统等。

产品软件也称通用软件，指由软件开发机构开发并直接提供给市场，为众多用户服务的软件，例如文字处理软件、图片处理软件、财务处理软件、人事管理软件等。

5. 按使用的频度进行划分

有些软件开发出来仅供一次使用(例如用于人口普查、工业普查的软件)，另外有些软件则具有较高的使用频度(例如天气预报软件等)。

6. 按软件失效的影响进行划分

有些软件在工作中出现故障而失效后，可能对整个软件系统的影响不大。而有些软件一旦失效，就可能带来灾难性后果(例如财务金融软件、交通通信软件、航空航天软件等)，这类软件称为关键软件。

7. 其他种类软件

嵌入式软件。嵌入式计算机系统将计算机嵌入在某一系统中，使之成为该系统的重要组成部分，控制该系统的运行，进而实现一个特定的物理过程。用于嵌入式计算机系统的软件称为嵌入式软件。大型的嵌入式软件可用于航空航天系统。小型的嵌入式软件可用于工业的智能化产品中，如移动电话、电子词典、数码相机、机顶盒、MP4、洗衣机、空调机的自动控制等。

基于 Web 的软件。该类软件是基于 B/S(Browser/Server，即浏览器 / 服务器)结构的软件，如网络游戏软件、在线考试系统、网络银行等。

10.1.3　软件危机

现代计算机应用系统中，软件的地位日益重要和突出。如何满足日益增长的软件需求，如何维护应用中的大量已有软件，已经成为计算机应用系统进一步发展的瓶颈。20 世纪 60 年代末至 20 世纪 70 年代初，软件危机一词在计算机界广为流传。事实上，软件危机几乎从计算机诞生的那一天起就出现了，只不过到了 1968 年，NATO(北大西洋公约组织)的计算机科学家在原联邦德国召开的国际学术会议上才第一次提出了软件危机(Software Crisis)这个名词。

【举例】 下面是一个比较典型的软件危机的例子。

IBM 公司在 1963 年—1966 年开发了 IBM360 机型的操作系统。这一项目花了 5000 人一年的工作量，最多时有 1000 人投入开发工作，写出了近 100 万行源程序，总投资 5 亿美元。据统计，这个操作系统每次发行的新版本都是从前一版本中找出 1000 个程序错误后修正的结果。

这个项目的负责人事后总结他在组织开发过程中的沉痛教训时说："正像一只逃亡的野兽落到泥潭中做垂死的挣扎，越是挣扎，陷得越深，最后无法逃脱灭顶的灾难。程序设计工作正像这样一个泥潭，一批批程序员被迫在泥潭中拼命挣扎。"

如今，虽然软件开发的技术和工具不断改进，但是软件危机依然没有彻底消除。那么，什么是软件危机呢？简单地说，所谓软件危机，就是指在软件开发和软件维护过程中所存在的一系列严重问题。这类问题绝不仅仅是不能正常运行的软件才具有的，实际上几乎所有软件都不同程度地存在这类问题。软件危机包含两方面的问题：

(1) 如何开发软件，怎样满足对软件的日益增长、日趋复杂的需求。

(2) 如何维护数量不断膨胀的软件产品。

具体来说，软件危机的主要典型表现与产生的原因有以下几方面：

(1) 对软件开发成本和进度的估计常常很不准确。产生的原因主要是拖期、项目管理经验欠缺。

(2) 软件不能符合用户的要求，用户对已完成的软件系统不满意。产生的原因主要是模糊的需求、闭门造车、忙于编程、仓促上阵。

(3) 软件产品的质量低下。产生的原因主要是可靠性和质量保证欠缺，缺少全面测试。

(4) 软件不可维护。产生的原因主要是设计死板，没有整体考虑。

(5) 软件通常没有合适的文档资料。产生的原因主要是缺少设计资料、难以维护，写文档嫌麻烦。

(6) 软件成本在计算机系统总成本中所占的比例逐年上升。产生的原因主要是软件过于庞大，成本过高。

(7) 软件开发生产率提高的速度，远远跟不上计算机应用迅速普及深入的速度。产生的原因主要是跟不上计算机和软件技术的发展速度，技术落后。

(8) 开发者只专注于技术，风险意识薄弱。

那么，如何消除存在的软件危机呢？消除途径主要有以下几个：

(1) 理解软件的概念。软件是程序、数据及相关文档的完整集合。

(2) 应该推广使用在实践中总结出来的开发软件的成功技术和方法。

(3) 应该开发和使用更好的软件工具。

(4) 尽量减少软件维护的代价，提高软件的可维护性，这也是软件工程学的一个重要目标。

所以要解决软件危机中的问题，既要有技术措施(方法和工具)，又要有必要的组织管理措施。必须用工程化的方法管理软件开发过程，用先进的软件开发技术进行软件开发，从管理和技术两方面保证软件开发的质量。

10.2 软件工程

软件工程一直以来都缺乏一个统一的定义，很多学者、组织机构都给出了自己的定义。归纳起来其定义可以总结为：软件工程是开发、运行、维护和修复软件的系统方法，是一门工程学科，即采用工程的概念、原理、技术和方法来开发和维护软件。换言之，软件工程是把系统的、有序的、可量化的方法应用到软件的开发、运营和维护上的过程，即

软件工程 = 工程原理 + 技术方法 + 管理技术

软件工程具有以下本质特性：

(1) 软件工程关注于大型程序的构造——分析与设计。

(2) 软件工程的中心课题是控制系统的复杂性——分解。

(3) 软件经常变化——要有准确的需求。

(4) 开发软件的效率非常重要——经验技巧。

(5) 和谐地合作是开发软件的关键——团队精神。

(6) 软件必须有效地支持它的用户——构造正确的软件系统。

(7) 在软件工程领域中，开发人员一般应具有一种文化背景——须具有知识面非常广的领域业务背景。其中，开发人员缺乏应用领域的相关知识，是软件开发项目出现问题的常见原因。

10.2.1 软件工程的基本原理

自从在 1968 年召开的国际会议上正式提出并使用了软件工程这个术语以来，研究软件工程的专家学者们陆续提出了 100 多条关于软件工程的准则或信条。美国著名的软件工程专家 B.W.Boehm 综合这些学者们的意见并总结了 TRW 公司多年开发软件的经验，于 1983 年在论文中提出了软件工程的七条基本原理。人们虽然不能用数学方法严格证明它们是一个完备的集合，但是可以证明在此之前已经提出的 100 多条软件工程准则都可以由这七条原理的任意组合蕴含或派生。

1. 用分阶段的生命周期计划严格管理

这一条基本原理是吸取前人的教训而提出来的。统计表明，50%以上的失败项目是由于计划不周而造成的。Boehm 认为，在整个软件生命周期中应指定并严格执行六类计划，即项目概要计划、里程碑计划、项目控制计划、产品控制计划、验证计划、运行维护计划。

2. 坚持进行阶段评审

统计结果显示，大部分错误是在编程之前造成的，大约占 63%，错误发现得越晚，改正它要付出的代价就越大，有时要差 2 到 3 个数量级。 因此，软件的质量保证工作不

能等到编程结束之后再进行，应坚持进行严格的阶段评审，以便尽早发现错误。

3．实行严格的产品控制

开发人员最痛恨的事情之一就是改动需求。但是实践证明，需求的改动往往是不可避免的。这就要求开发人员要采用科学的产品控制技术来顺应这种要求，也就是要采用变动控制，又叫基准配置管理。当需求变动时，其他各个阶段的文档或代码随之相应变动，以保证软件的一致性。

4．采纳现代程序设计技术

从 20 世纪六七十年代的结构化软件开发技术，到面向对象技术，从第一、第二代语言，到第四代语言，人们已经充分认识到方法比力气更有效。采用先进的技术既可以提高软件开发和维护的效率，又可以减少软件维护的成本，进而提高软件产品的质量。

5．结果应能清楚地审查

软件是一种看不见、摸不着的逻辑产品。软件开发小组的工作进展情况可见性差，难于评价和管理。为更好地进行管理，应根据软件开发的总目标及完成期限，尽量明确地规定开发小组的责任和产品标准，从而使所得到的结果能清楚地审查。

6．开发小组的人员应该少而精

开发人员的素质和数量是影响软件质量和开发效率的重要因素，应该少而精。这基于两点原因：高素质开发人员的效率比低素质开发人员的效率要高几倍到几十倍，开发工作中犯的错误也要少的多；当开发小组为 N 人时，可能的沟通信道为 $N(N-1)/2$，可见随着人数 N 的增大，沟通开销将急剧增大。

7．承认不断改进软件工程实践的必要性

遵从上述 6 条基本原理，就能够较好地实现软件的工程化生产，但是，它们只是对现有经验的总结和归纳，并不能保证赶上技术不断前进发展的步伐。因此，Boehm 提出应把承认不断改进软件工程实践的必要性作为软件工程的第七条原理。根据这条原理，不仅要积极采纳新的软件开发技术，还要注意不断总结经验，收集进度和消耗等数据，进行出错类型和问题报告统计。这些数据既可以用来评估新的软件技术效果，也可以用来指明必须着重注意的问题和应该优先进行研究的工具和技术。

10.2.2 软件工程三要素及目标

1. 三要素

软件工程三要素为方法、工具和过程。

(1) 方法：完成软件开发的各项任务的技术方法，为软件开发提供“如何做”的技术。

(2) 工具：运用方法而提供的自动的或半自动的软件工程的支撑环境。

(3) 过程：为了获得高质量的软件所需要完成的一系列任务的框架，它规定了完成各项任务的工作步骤，如何将软件工程方法与软件工具相结合，合理、及时地进行软件开发。

2. 目标

(1) 可修改性。允许对系统进行修改而不增加原系统的复杂性。它支持软件的调试和维护，是一个难以达到的目标。

(2) 可靠性。能防止因概念、设计和结构等方面的不完善造成的软件系统失效，具有挽回因操作不当造成软件系统失效的能力。

(3) 可理解性。系统具有清晰的结构，能直接反映问题的需求。可理解性有助于控制系统软件复杂性，并支持软件的维护、移植或重用。

(4) 可维护性。软件交付使用后，能够对它进行修改，以改正潜伏的错误，改进性能和其他属性，使软件产品适应环境的变化等。软件维护费用在软件开发费用中占有很大的比重。可维护性是软件工程中一项十分重要的目标。

(5) 可重用性。把概念或功能相对独立的一个或一组相关模块定义为一个软件部件。可组装在系统的任何位置，降低工作量。

(6) 可移植性。软件从一个计算机系统或环境搬到另一个计算机系统或环境的难易程度。

(7) 可追踪性。根据软件需求对软件设计、程序进行正向追踪，或根据软件设计、程序对软件需求的逆向追踪的能力。

10.2.3　软件生命周期

一个软件从定义到开发、使用和维护，直到最终被废弃，要经历一个漫长的时期，这个时期称为软件生命周期(或软件生存周期)。软件工程采用的生命周期方法就是从时间的角度对软件的开发和维护这个复杂问题进行分解，将软件生命周期分为若干阶段，每个阶段都有相对独立的任务和完成的步骤和方法，然后逐步完成各个阶段的任务，这样，有利于软件开发过程的组织和管理，从而降低整个软件开发过程的困难程度。对每个阶段都可选用最优的管理方法，同时也使每个阶段能够规定更明确的目标和恰当的评审标准。这样有利于保证软件的质量，大大地提高软件开发的生产效率和成功率。总之，研究软件生命周期是为了更科学、有效地组织和管理软件的生产，从而使软件产品更可靠、更经济。

软件生命周期通常划分为问题的定义和可行性研究、需求分析、软件设计、程序编码、软件测试以及运行与维护 6 个阶段。也可以划分为 3 个大的阶段，即软件定义、软件开发和软件维护。

1. 问题的定义和可行性研究

本阶段的任务是确定待开发软件系统的总目标，对其进行可行性分析，并对资源进行分配。问题的定义就是标识要解决的特定问题。每一个软件的开发都有确定的应用领域及使用对象，要使开发出的软件符合使用要求，就必须明确软件要解决的问题。软件开发人员通过与用户的充分沟通，根据用户提出的要求，从开发的角度把问题明晰化以作为软件开发的依据。

在问题明确后，接下来的工作就是针对问题进行项目实施的可行性研究，从技术、经济、运行等方面研究其可行性，探讨解决问题的可能方案。结合软件开发和使用的可利用条件(计算机硬件、软件、人力等资源)、开发费用以及软件投入使用后的经济效益等方面的问题，对定义的问题做出客观的评价，就问题的解决从技术、实施以及经济的角度做出是否可行的明确结论，以作为项目实施的决策依据。若可行，则在此基础上制定出完成开发项目的开发计划。本阶段的参加人员有用户、项目负责人和系统分析员，产生的文档有可行性研究报告、项目开发计划。

2. 需求分析

需求分析阶段的任务是确定待开发软件系统的功能、性能、数据、界面等要求，从而确定系统的逻辑模型。用户需求的表达不完整、不准确和软件开发人员对用户的业务不熟悉是需求分析的困难所在。系统分析员要和用户密切配合，充分交流各自的理解，充分了解用户的业务流程，完整、全面地收集、分析用户业务中的信息和处理，从而分析出用户要求的软件功能和性能，并完整、准确地表达出来。从而使软件开发者与用户对开发软件的认识达成一致，将用户的需求规范化、形式化。本阶段参加人员有用户、项目负责人和系统分析员，产生的文档是软件需求说明书。

3. 软件设计

软件设计是软件工程的技术核心。软件设计可分为概要设计和详细设计两部分。

概要设计阶段的任务是模块分解，确定软件的结构、模块的功能和模块间的接口，以及设计全局数据结构或数据库结构。即把确定的各项功能需求转换成所需的软件系统的总体结构，结构中的每个成分都是意义明确的模块，每个模块都与特定功能需求相对应。确定软件结构由哪些模块组成，每个模块的功能是什么，这些模块的层次结构是怎样的，调用关系是怎样的。此阶段的参加人员是系统分析员和高级程序员，产生的文档是总体设计说明书，主要包括软件结构图和模块功能说明。

详细设计阶段的任务是设计每个模块的实现细节和局部数据结构。即具体描述总体设计所确定的每一个功能模块所完成的功能，把功能描述转变为精确的、结构化的过程描述，并用相应的表示工具把模块的控制结构表示出来。此阶段的参加人员是高级程序员和程序员，产生的文档是详细设计说明书，它是软件编码的基础。

4. 程序编码

程序编码阶段的任务是把软件设计方案加以实施。即根据软件详细设计说明书的要求，应用适当的程序设计语言，把软件设计的结果转换成计算机可运行的程序代码并进行模块调试。其要求是程序结构好、清晰易读、能准确实现软件的功能、有较高的运行效率并且易于维护。此阶段参加的人员有高级程序员和程序员，产生的文档是源程序清单。

5. 软件测试

软件测试阶段的主要任务是发现和排除软件的错误。即对软件系统进行全面的测试和检验，看它是否符合需求分析时提出的各项功能要求。这期间要提出测试标准，制定测试计划，确定测试方法，经过测试和纠错得到可运行的程序。此阶段的工作通常由另一部门(或单位)的高级程序员或系统分析员承担，产生的文档有软件测试计划和软件测试报告。

6. 运行与维护

已交付的软件投入正式使用便进入运行与维护阶段。这一阶段可能持续若干年甚至几十年。由于经过测试的软件仍然可能有错，用户的需求和软件的运行环境也可能发生变化，因此，交付运行的软件系统仍然需要维护。软件维护是软件生命周期中持续时间最长的阶段，其实质是对软件继续进行查错、纠错和修改。要延续软件的使用寿命，就必须对软件进行维护。

10.2.4　软件开发的基本策略

1．软件复用

把复用的思想用于软件开发，称为软件复用。软件复用就是通过对已有软件的各种技术来更新或建立新的软件，即构造新的软件系统可以不必每次从零做起，直接使用已有的软件构件，即可组装(或加以合理修改)成新的系统。软件复用可以发生在一个系统内，也可以发生在相似的系统间，或者发生在完全不同的系统间。复用方法合理化并简化了软件开发过程，减少了总的开发工作量与维护代价，既降低了软件的成本又提高了生产效率。

大多数情况下所说的软件可复用性指软件本身的可重用性，即软件代码实现的可重用性。实际上，软件复用远不止这些，软件开发的全生命周期都有可重用的价值，包括项目的组织、软件需求、设计、文档、实现、测试方法和测试用例都是可以被重复利用或借鉴的有效资源。

2．分而治之

分而治之是指把一个复杂的问题分解成若干个简单的问题，然后逐个解决，是软件设计中的一种基本技术。如软件的体系结构设计、模块化设计都是分而治之的具体表现。在划分一个系统时，系统中的元素应按高内聚、低耦合的原则来分组，且其分组结果应该最小化。

3．软件优化与折中

优化是指为了提高软件质量，开发员不断改进软件中的算法、数据结构和程序组织。优化工作是十分复杂的，有时很难实现所有目标的优化，这时就需要折中策略。软件的折中策略是指通过协调各个质量因素，实现整体质量的最优。软件折中的重要原则是不能使某一方损失关键的功能，更不可以像舍鱼而取熊掌那样抛弃一方。例如，对软件进行时间优化的实践经验有：

(1) 在先不考虑时间复杂度的情况下设计并精化软件结构。

(2) 借用 CASE 工具模拟分析运行时的性能，定位出低效的部分。

(3) 详细设计时对最耗时的模块仔细推敲，以便提高开发效率。

(4) 使用高级程序设计语言编写程序。

(5) 对大量占用处理器资源的模块必要时用低级语言重新编写代码，以便提高效率。

10.2.5　需求分析

需求分析也称为软件需求分析、系统需求分析或需求分析工程等，是开发人员经过深入细致的调研和分析，准确理解用户和项目的功能、性能、可靠性等具体要求，将用户非形式的需求表述转化为完整的需求定义，从而确定系统必须做什么的过程。

1. 需求分析原则

为了促进软件研发工作的规范化、科学化，软件领域提出了许多软件开发与说明的方法，如结构化方法、原型化法、面向对象方法等。在实际需求分析工作中。每一种需求分析方法部有独特的思路和表示法，基本都适用下面的需求分析的基本原则。

(1) 侧重表达理解问题的数据域和功能域。对新系统程序处理的数据，其数据域包括数据流、数据内容和数据结构，而功能域则反映它们关系的控制处理信息。

(2) 需求问题应分解细化，建立问题层次结构。可将复杂问题按具体功能、性能等分解并逐层细化、逐一分析。

(3) 建立分析模型。模型包括各种图表，是对研究对象特征的一种重要表达形式。通过逻辑视图可给出目标功能和信息处理间关系，而非实现细节。由系统运行及处理环境确定物理视图，通过它确定处理功能和数据结构的实际表现形式。

2. 需求分析内容

需求分析内容是针对待开发软件提供完整、清晰、具体的要求，确定软件必须实现哪些任务。具体分为功能性需求、非功能性需求与设计约束三个方面。

(1) 功能性需求。

功能性需求即软件必须完成哪些事，必须实现哪些功能，以及为了向其用户提供有用的功能所需执行的动作。功能性需求是软件需求的主体。开发人员需要亲自与用户进行交流，核实用户需求，从软件帮助用户完成事务的角度上充分描述外部行为，最后形成软件需求规格说明书。

(2) 非功能性需求。

作为对功能性需求的补充，软件需求分析的内容中还应该包括一些非功能需求，即软件使用时对性能方面的要求、运行环境要求。软件设计必须遵循相关标准、规范、用户界面设计的具体细节、未来可能的扩充方案等。

(3) 设计约束。

设计约束一般也叫做设计限制条件，通常是对一些设计或实现方案的约束说明。例如，要求待开发软件必须使用 Oracle 数据库系统完成数据管理功能，运行时必须基于 Linux 环境等。

3. 需求分析过程

需求分析阶段的工作，可以分为问题识别、分析与综合、制订规格说明书和评审四个方面。

(1) 问题识别。就是从系统角度来理解软件，确定对所开发系统的综合要求，并提出这些需求的实现条件，以及需求应该达到的标准。这些需求包括：功能需求(做什么)、性能需求(要达到什么指标)、环境需求(如机型、操作系统等)、可靠性需求(不发生故障的概率)、安全保密需求、用户界面需求、资源使用需求(软件运行是所需的内存、CPU 等)、软件成本消耗与开发进度需求、预先估计以后系统可能达到的目标。

(2) 分析与综合。逐步细化所有的软件功能，找出系统各元素间的联系，接口特性和设计上的限制，分析他们是否满足需求，剔除不合理部分，增加需要部分。最后综合成系统的解决方案，给出要开发的系统的详细逻辑模型(做什么的模型)。

(3) 制定规格说明书。即编制文档，描述需求的文档称为软件需求规格说明书。要注意一点的是，需求分析阶段的成果是需求规格说明书，需向下一阶段提交。

(4) 评审。对功能的正确性，完整性和清晰性，以及其他需求给予评价。评审通过才可进行下一阶段的工作，否则重新进行需求分析。

4. 需求分析方法

从系统分析出发，可将需求分析方法大致分为功能分解方法、结构化分析方法、信息建模法和面向对象的分析方法。

(1) 功能分解方法。

功能分解方法将新系统作为多功能模块的组合。各功能可分解为若干子功能及接口，子功能可再继续分解，便可得到系统的雏形，即功能分解——功能、子功能、功能接口。

(2) 结构化分析方法。

结构化分析方法是一种从问题空间到某种表示的映射方法，是结构化方法中重要且被普遍接受的表示系统，由数据流图和数据词典构成并表示。此分析法又称为数据流法。其基本策略是跟踪数据流，即研究问题域中数据流动方式及在各个环节上所进行的处理。结构化分析可定义为数据流、数据处理或加工、数据存储、端点、处理说明和数据字典。

(3) 信息建模方法。

它从数据角度对现实世界建立模型。大型软件较复杂，很难直接对其分析和设计，常借助于模型。模型是开发软件常用工具，其包括数据处理、事务管理和决策支持，也可看成由一系列有序模型构成。有序模型通常有功能模型、信息模型、数据模型、控制模型和决策模型。有序是指这些模型是分别在系统的不同开发阶段及开发层次中一同建立的。建立系统常用的基本工具是 E-R 图，经过改进后称为信息建模法，后来又发展为语义数据建模方法，并引入了许多面向对象的特点。

信息建模可定义为实体或对象、属性、关系、父类型、子类型和关联对象。此方法的核心概念是实体和关系，基本工具是 E-R 图，其基本要素由实体、属性和联系构成。该方法的基本策略是从现实中找出实体，然后再用属性进行描述。

(4) 面向对象的分析力法。

面向对象的分析方法的关键是识别问题域内的对象，分析它们之间的关系，并建立三类模型，即对象模型、动态模型和功能模型。面向对象主要考虑类或对象、结构与连接、继承和封装、消息通信，只表示面向对象的分析中几项最重要特征。类的对象是对问题域中事物的完整映射，包括事物的数据特征(即属性)和行为特征(即服务)。

5. 软件需求规格说明书

软件需求规格说明书(Software Requirements Specification，简称 SRS)是需求分析阶段的最后成果，可以作为软件开发工作的基础和依据。通过使用软件需求规格说明书，便于用户和开发人员进行理解和交流，可以作为软件确认测试和验收的依据。软件需求规格说明书的内容有以下几点：

(1) 引言。陈述关于开发该软件的目的以及项目的背景，解释该系统是如何与其他系统协调工作的。

(2) 任务概述。陈述软件的目标、运行环境和软件的使用范围等。

(3) 数据描述。给出软件必须解决的问题的详细描述，并记录信息内容和关系，以及输入、输出数据及结构。

(4) 功能需求。给出解决问题所需的每个功能，包括每个功能的处理过程、设计约束等。

(5) 性能需求。描述性能特征和约束，包括时间约束、适应性等。

(6) 运行需求。给出交互的用户界面要求，与其他软、硬件的接口，以及故障处理等。

(7) 其他需求。给出系统检测或验收标准、可用性、可维护性、可移植性以及安全保密等。

6. 软件需求规格说明书的作用

软件需求规格说明书有以下几个方面的作用：

(1) 便于用户、开发人员进行理解和交流。

(2) 反映出用户问题的结构，可以作为软件开发工作的基础和依据。

(3) 作为软件确认测试和验收的依据。

10.2.6　结构化分析方法

结构化方法是一种传统的软件开发方法，它采用系统科学的思想方法，把一个复杂问题的求解过程分阶段进行，而且这种分解是自顶向下，逐层分解，以一系列经过实践检验被认为是正确的原理和技术为支撑，以数据流图、数据字典、判定表和判定树等图形表达为主要手段，强调开发方法的结构合理性和系统的结构合理性的软件分析方法。

1. 结构化分析方法步骤

(1) 分析当前的情况，作出反映当前物理模型的数据流图(Data Flow Diagram，简称 DFD)。

(2) 推导出等价的逻辑模型的 DFD。

(3) 设计新的逻辑系统，生成数据字典和基元描述。

(4) 建立人机接口，提出可供选择的目标系统物理模型的 DFD。

(5) 确定各种方案的成本和风险等级，据此对各种方案进行分析。

(6) 选择一种方案。

(7) 建立完整的需求规约。

2. 结构化分析图形工具

结构化分析方法利用图形工具表达需求，常用的工具有：

1) 数据流图

数据流图是一种用于表示逻辑系统模型的工具，它从数据传递和加工的角度，以图形方式来刻画数据流从输入到输出的移动变换过程。

数据流图的基本图形符号有 4 种，图形表示及意义如图 10-2-1 所示。

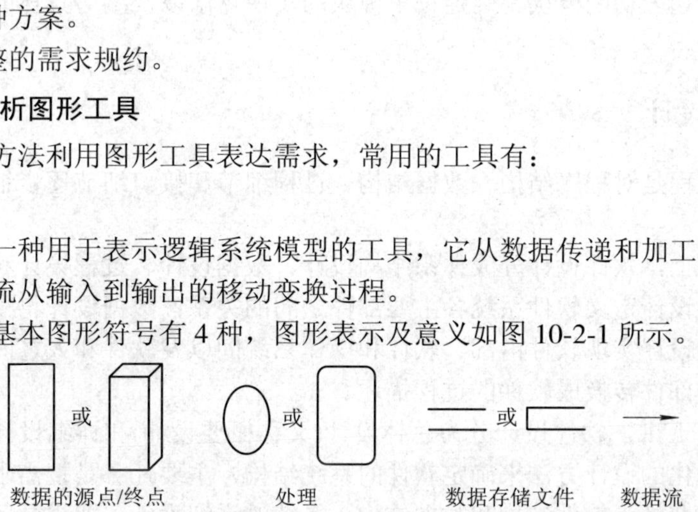

图 10-2-1　数据流图的基本图形符号及意义

(1) 数据流。数据流是一组数据，箭头的方向表示数据的流向，箭头的起点和终点分别代表数据流的源和目标。除了流向数据存储或从数据存储流出的数据不必命名外，每个数据流必须要有合适的名字，以反映数据流的含义。

(2) 数据存储文件。文件是按照某种规则组织起来的、长度不限的数据。在数据流图中，文件用两条平行线表示，并在线旁注上文件名。

(3) 处理。处理是对数据流执行的某种操作或变换，输入数据经过加工变换产生输出。在数据流图中，处理用圆圈表示，在圆圈内写上处理名。

(4) 数据的源点/终点。在数据流图中用方框表示，在方框内写上相应的名称。

2) 数据字典(Data Dictionary，简称 DD)

数据字典是结构化分析方法的核心。数据字典对数据流图中的各个元素作完整的定义和说明，是数据流图的补充工具。数据流图与数据字典共同构成系统的逻辑模型。

3) 判定树

判定树又称决策树，使用判定树进行描述时，应先从问题定义的文字描述中分清判定的条件和判定的结论，根据描述材料中的连接词找出判定条件之间的从属关系、并列关系、选择关系，根据它们构造判定树。

4) 判定表

有些数据加工用逻辑用语形式不容易表达清楚，而用表的形式则一目了然。如果一个加工逻辑有多个条件、多个操作，并且在不同的条件组合下执行不同的操作，就可以使用判定表来描述。

10.3　软件设计

软件设计是从软件需求规格说明书出发，根据需求分析阶段确定的功能，设计软件系统的整体结构、划分功能模块、确定每个模块的实现算法以及编写具体的代码，形成软件的具体设计方案。

10.3.1　软件设计

软件设计过程是对程序结构、数据结构、过程细节和接口细节逐步细化，评审和编写文档的过程。

从技术角度上，软件设计分成体系结构设计、数据设计、过程设计和接口设计 4 个方面的工作。结构设计定义软件系统各主要部件之间的关系；数据设计将模型转换成数据结构的定义；接口设计实现软件内部、软件和操作系统间以及软件和人之间如何通信；过程设计是系统结构部件转换成软件的过程描述。

从管理角度上讲，软件设计分为总体设计(又称概要设计)和详细设计两个阶段。总体设计，采用结构化的设计方法来确定软件的系统结构，主要任务是把需求分析阶段得到的系统扩展用例图转换为软件结构和数据结构。系统的详细设计，即进行各模块内部的具体设计，它的任务是为软件结构图中的每一个模块确定实现的算法和局部数据结构，并用某种工具描述出来。

1. 软件设计目标

软件设计必须实现分析模型中描述的所有显示需求；必须满足用户希望的所有隐式需求；必须是可读、可理解的，使得软件易于编程、易于测试、易于维护；应从实现角度出发，给出数据、功能、行为相关的软件全貌。

2. 设计原理

(1) 抽象化。常用的抽象化手段有过程抽象、数据抽象和控制抽象。

① 过程抽象。任何一个完成明确功能的操作都可被使用者当做单位的实体看待，尽管这个操作可能由一系列更低级的操作来完成。

② 数据抽象。与过程抽象一样，允许设计人员在不同层次上描述数据对象的细节。

③ 控制抽象。与过程抽象和数据抽象一样，控制抽象可以包含一个程序控制机制而无需规定其内部细节。

(2) 自顶向下，逐步细化。将软件的体系结构按自顶向下方式，对各个层次的过程细节和数据细节逐层细化，直到用程序设计语言的语句能够实现为止，从而最后确定整个的体系结构。

(3) 模块化。将一个待开发的软件分解成若干个小的简单的部分——模块，每个模块可独立地开发、测试，最后组装成完整的程序。模块化的目的是使程序结构清晰，容易阅读、容易理解、测试和修改。

(4) 控制层次。表示程序构件(模块)的组织情况。控制层次往往用程序的层次结构(树形或网型)来表示。

① 深度：程序结构的层次数，可以反映程序机构的规模和复杂程度。

② 宽度：同一层模块的最大模块个数。

③ 模块的扇出：一个模块调用(或控制)的其他模块数。

④ 模块的扇入：调用(或控制)一个给定模块的模块个数。

(5) 信息屏蔽。将每个程序的成分隐蔽或封装在一个单一的设计模块中，定义每一个模块时尽可能少的显露其内部的处理，可以提高软件的可修改性、可测试性和可移植性。

(6) 模块独立。每个模块完成一个相对特定独立的子功能，并且与其他模块之间的联系简单。衡量标准有模块间的耦合和模块的内聚两个。模块独立性强必须作到“高内聚、低耦合”。

① 耦合是指模块之间联系的紧密程度，耦合度越高模块的独立性越差。耦合度从低到高的顺序为：非直接耦合、数据耦合、标记耦合、控制耦合、外部耦合、公共耦合、内容耦合。

② 内聚是指内部各元素之间联系的紧密程度，内聚度越低模块的独立性越差。内聚度从低到高依次为：偶然内聚、逻辑内聚、瞬时内聚、过程内聚、通信内聚、顺序内聚、功能内聚。

在软件设计中，无需精确确定内聚的级别。重要的是设计时力争做到高内聚，并且能够辨认出低内聚的模块，通过修改设计提高模块的内聚程度，降低模块间的耦合程度，从而获得较高的模块独立性，即要符合软件系统的“高内聚，低耦合”的特征。

10.3.2　总体设计

总体设计也称为结构设计，主要任务是把系统的功能需求分配给软件结构，形成软件的模块结构图，即将软件系统分解成许多个模块，并决定每个模块的外部特征，即功能(做什么)和界面(输入和输出)。

1. 基本任务

(1) 设计软件系统结构。划分功能模块，确定模块间调用关系。

(2) 数据结构及数据库设计。实现需求定义和规格说明过程中提出的数据对象的逻辑表示。

(3) 编写概要设计文档。包括概要设计说明书、数据库设计说明书，集成测试计划等。

(4) 概要设计文档评审。对设计方案是否完整实现需求分析中规定的功能、性能的要求，设计方案的可行性等进行评审。

2. 概要设计工具

(1) 层次图。层次图用来描绘软件的层次结构。一个矩形框代表一个模块，方框间的连线表示调用关系。

(2) HIPO 图。HIPO(Hierarchy plus Input-Process-Output, 简称 HIPO)图是 IBM 公司发明的层次图“输入/处理/输出图”。层次图加上编号称为 H 图。每张 IPO 图增加的编号应与其表示的(对应的)层次图编号一致。IPO 图是“输入/处理/输出图”的简称。

(3) 结构图。结构图(Structure Chart，SC)是 Yordon 提出的进行软件结构设计的工具。结构图和层次图类似，一个方框代表一个模块，框内注明模块的名字或主要功能。方框之间的直线(箭头)表示模块的调用关系。用带注释的箭头表示模块调用过程中来回传递的信息，尾部是空心的，表示传递的是数据，实心的表示传递的是控制信息。

结构图反映了系统的功能实现以及模块与模块之间的联系与通信，即反映了系统的总体结构。

注意：数据流 DFD 是软件生命周期的定义阶段中的需求分析方法中结构化分析方法的一种，此外还有数据字典(DD)、判定树和判定表，而结构图(SC)是开发阶段中概要设计使用的方法。

10.3.3　详细设计

详细设计，是软件工程中软件开发的一个步骤，是对概要设计的一个细化，就是详细设计每个模块实现算法，以及所需的局部数据结构。详细设计的目标有两个，即实现模块功能的算法逻辑上要正确和算法描述要简明易懂。

1. 详细设计的任务

(1) 为每个模块进行详细的算法设计。用某种图形、表格、语言等工具将每个模块处理过程的详细算法描述出来。

(2) 为模块内的数据结构进行设计。对于需求分析、概要设计确定的概念性的数据类型进行确切的定义。

(3) 为数据结构进行物理设计，即确定数据库的物理结构。物理结构主要指数据库的存储记录格式、存储记录安排和存储方法，这些都依赖于具体所使用的数据库系统。

(4) 其他设计：根据软件系统的类型，还可能要进行以下设计：

① 代码设计。为了提高数据的输入、分类、存储、检索等操作，节约内存空间，对数据库中的某些数据项的值要进行代码设计。

② 输入、输出格式设计。

③ 人机对话设计。对于一个实时系统，用户与计算机频繁对话，因此要进行对话方式、内容、格式的具体设计。

(5) 编写详细设计说明书。

(6) 评审。对处理过程的算法和数据库的物理结构进行评审。

2. 详细设计的原则

(1) 模块的逻辑描述要清晰易读、正确可靠。

(2) 采用结构化设计方法，改善控制结构，降低程序的复杂程度，提高程序的可读性、可测试性、可维护性。

(3) 选择适当的描述工具来描述各模块算法。

3. 详细设计工具

软件开发的详细设计主要是用结构化程序设计法。详细设计的表示工具有表格工具、图形工具和语言工具。表格工具是指用一张表来描述过程的细节，在这张表中列出了各种可能的操作和相应的条件；图形工具是指利用图形工具把过程的细节用图形描述出来，图形工具有业务流图、程序流程图、PAD 图(Problem Analysis Diagram，简称 PAD)、N-S 流程图(由 Nassi 和 Shneidermen 开发，简称 NS)；语言工具，用某种高级语言来描述过程的细节。

(1) 程序流程图。程序流程图又称为程序框图，是使用最广泛，但也是用得最混乱的一种描述程序逻辑结构的工具。程序流程图通常有 5 种基本结构，它用方框表示一个处理步骤，菱形表示一个逻辑条件，箭头表示控制流向，等等，如图 10-3-1 所示。其优点是结构清晰，易于理解，易于修改。缺点是只能描述执行过程而不能描述有关的数据。

图 10-3-1　程序流程图 5 种基本结构

(2) N-S 图，又称盒图，是一种强制使用结构化构造的图示工具，也称为方框图。其具有功能域明确、不可能任意转移控制、很容易确定局部和全局数据的作用域、很容易表示嵌套关系及模板的层次关系等特点。

(3) PAD 图。PAD 是一种改进的图形描述方式，可以用来取代程序流程图，比程序流程图更直观，结构更清晰。其最大的优点是能够反映和描述自顶向下的历史和过程。PAD 提供了 5 种基本控制结构的图示，并允许递归使用。

PAD 的特点有：

① 使用 PAD 符号设计出的程序代码是结构化程序代码。

② PAD 所描绘的程序结构十分清晰。

③ 用 PAD 图表现程序的逻辑易读、易懂、易记。

④ 容易将 PAD 图转换成高级语言源程序并自动完成。

⑤ 既可以表示逻辑，也可用来描绘数据结构。

⑥ 支持自顶向下方法的使用。

(4) PDL(Program Design Language)。PDL 是用于描述功能部件的结构化语言，是一种伪码。它用于描述模块内部的具体算法，以便开发人员之间比较精确地进行交流。其语法是开放式的，外层语法是确定的，而内层语法则不确定。外层语法用于描述控制结构，它用类似于一般编程语言控制结构的关键字表示，所以是确定的。内层语法用于描述具体操作，考虑到不同软件系统的实际操作种类繁多，因而内层语法不确定。内层语法可以按系统的具体情况和不同的设计层次灵活选用，实际上任意英语语句都可用来描述所需的具体操作。用 PDL 来描述详细设计，工作量比画图小，又比较容易转换为真正的代码。

PDL 的优点：① 可以作为注释直接插在源程序中；② 可以使用普通的文本编辑工具或文字处理工具产生和管理；③ 已有自动处理程序存在，而且可以由 PDL 自动生成程序代码。

PDL 的不足：不如图形工具形象、直观，描述复杂的条件组合与动作间对应关系时，不如判定树清晰、简单。

4. 总体设计与详细设计的区别与联系

1) 区别

(1) 软件设计采用自顶向下、逐次功能展开的设计方法，首先完成总体设计，然后完成各个组成部分的详细设计。

(2) 根据工作性质和内容的不同，软件设计分为总体设计和详细设计。总体设计实现软件的总体设计、模块划分、用户界面设计、数据库设计等；详细设计则根据总体设计所做的模块划分，实现各模块的算法设计，实现用户界面设计、数据结构设计的细化等。

2) 联系

(1) 总体设计是详细设计的基础，必须在详细设计之前完成，总体设计经复查确认后才可以开始详细设计。总体设计必须完成总体设计文档，包括系统的总体设计文档以及各个模块的总体设计文档。每个模块的设计文档都应该独立成册。

(2) 详细设计必须遵循总体设计来进行。详细设计方案的更改，不得影响到总体设计方案。如果需要更改总体设计，必须经过项目经理的同意。详细设计应该完成详细设计文档，主要包括模块的详细设计方案说明。和总体设计一样，每个模块的详细设计文档都应该独立成册。

(3) 总体设计里面的数据库设计应该重点在于描述数据关系，说明数据的来龙去脉，应该结合结果数据说明这些结果数据的源点，以及这样设计的目的和原因。详细设计里的数据库设计就应该是一份完善的数据结构文档，即一个包括类型、命名、精度、字段说明、表说明等内容的数据字典。

(4) 总体设计的重点在功能描述，包括对需求的解释和整合，划分整体功能模块，并对各功能模块进行详细的图文描述。详细设计的重点在于描述系统的实现方式，各模块详细说明实现功能所需的类及具体的方法函数，包括涉及的 SQL 语句等。

10.4 软件测试

软件测试(Software Testing)是一种用来促进鉴定软件的正确性、完整性、安全性和质量的过程。换句话说，软件测试是一种实际输出与预期输出之间的审核或者比较过程。软件测试的经典定义为：在规定的条件下对程序进行操作，以发现程序错误，衡量软件质量，并对其是否能满足设计要求进行评估的过程。

10.4.1 软件测试原则

对计算机软件进行测试前，首先需遵循软件测试原则，即不完全原则。不完全原则是指，若测试不完全、测试过程中涉及免疫性原则的部分较多，可对软件测试起到一定帮助。软件测试因此类因素具有一定程度的免疫性，测试人员能够完成的测试内容与其免疫性成正比。若想使软件测试更为流畅、测试效果更为有效，首先需遵循此类原则，并将此类原则贯穿整个开发流程，不断进行测试，而并非一次性全程测试。

10.4.2 软件测试方法

软件测试方法的分类有很多种，以测试过程中程序执行状态为依据可分为静态测试(Static Testing，简称 ST)和动态测试(Dynamic Testing，简称 DT)；以具体实现算法细节和系统内部结构的相关情况为依据可分黑盒测试、白盒测试和灰盒测试三类；从程序执行的方式来分类，可分为人工测试(Manual Testing，简称 MT)和自动化测试(Automatic Testing，简称 AT)。

1. 静态测试和动态测试

(1) 静态测试。静态测试是指被测程序不运行，只依靠分析或检查源程序的语句、结构、过程等来检查程序是否有错误。即通过对软件的需求规格说明书、设计说明书以及源程序作结构分析和流程图分析，从而找出错误，例如不匹配的参数、未定义的变量等。

(2) 动态测试。动态测试与静态测试相对应，是指通过运行被测试程序，对得到的运行结果与预期的结果进行比较分析，同时分析运行效率和健壮性能等。这种方法可简单分为构造测试实例、执行程序以及分析结果三个步骤。

2. 黑盒测试、白盒测试和灰盒测试

(1) 黑盒测试。之所以被称为黑盒测试是因为可以将被测程序看成是一个无法打开的黑盒，而测试人员在不考虑任何程序内部结构和特性的条件下，根据需求规格说明书设计测试实例，并检查程序的功能是否能够按照规范说明准确无误地运行。其主要是对软件界面和软件功能进行测试。对于黑盒测试行为必须加以量化才能够有效地保证软件的质量，主要用于软件确认测试。常用的黑盒测试方法有边界值分析法、错误推测法、因果图法、判定表组成法、流程图法等，其中最主要的方法是边界值分析法。

(2) 白盒测试。白盒测试又称结构测试、透明盒测试、逻辑驱动测试或基于代码的测试。白盒测试是一种测试用例设计方法，盒子指的是被测试的软件，白盒指的是盒子是可视的，即清楚盒子内部的东西以及里面是如何运作的。白盒测试法要全面了解程序内部逻辑结构、对所有逻辑路径进行测试。在使用这一方案时，测试者必须检查程序的内部结构，从检查程序的逻辑着手，得出测试数据。

(3) 灰盒测试。灰盒测试介于黑盒测试和白盒测试之间。灰盒测试除了重视输出相对于出入的正确性，也看重其内部表现，但是它不可能像白盒测试那样详细和完整。它只是简单的靠一些象征性的现象或标志来判断其内部的运行情况，因此在内部结果出现错误但输出结果正确的情况下，可以采取灰盒测试方法。因为在此情况下，灰盒比白盒高效同时比黑盒适用性广的优势就凸显出来了。

3. 手动测试和自动化测试

自动化测试，顾名思义就是软件测试的自动化，即在预先设定的条件下运行被测程序，并分析运行结果。这种测试方法就是将以人驱动的测试行为转化为机器执行的一种过程。手动测试是指在设计了测试用例之后，需要测试人员根据设计的测试用例一步一步来执行测试，得到实际结果，并将实际结果与期望结果进行比对。

10.4.3　软件测试步骤

软件测试一般分为单元测试、集成测试、系统测试和验收测试四个步骤。

1. 单元测试

单元测试主要是对该软件的模块进行测试，通过测试以发现该模块的实际功能是否符合设计的情况和编码错误。由于该模块的规模不大，功能单一，结构较简单，且测试人员可通过阅读源程序就清楚其逻辑结构，因此首先应通过静态测试方法，比如静态分析、代码审查等，按照模块的程序设计的控制流程图，对该模块的源程序进行分析，以满足软件覆盖率要求的逻辑测试要求。另外，也可采用黑盒测试方法提出一组基本的测试用例，再用白盒测试方法进行验证。若用黑盒测试方法所产生的测试用例满足不了软件的覆盖要求，可采用白盒法增补出新的测试用例，以满足所需的覆盖标准。其所需的覆盖标准应视模块的实际具体情况而定。对一些质量要求和可靠性要求较高的模块，一般要满足所需条件的组合覆盖或者路径覆盖标准。

2. 集成测试

集成测试是软件测试的第二阶段。在这个阶段，通常要对已经严格按照程序设计要求和标准组装起来的模块同时进行测试，验证该程序结构组装的正确性，以及发现和接口有关的问题。比如模块接口的数据是否会在穿越接口时发生丢失；各个模块之间因某种疏忽而产生不利的影响；将模块各个子功能组合起来后产生的功能要求达不到预期的功能要求；一些在误差范围内且可接受的误差由于长时间的积累进而到达了不能接受的程度；数据库因单个模块发生错误造成自身出现错误等。集成测试界于单元测试和系统测试之间，具有承上启下的作用，因此有关测试人员必须做好集成测试工作。在这一阶段，一般采用的是白盒和黑盒结合的测试方法，验证这一阶段设计的合理性以及需求功能的实现性。

3. 系统测试

一般情况下，系统测试采用黑盒法来进行测试，以此来检查该系统是否符合软件需求。本阶段的主要测试内容包括健壮性测试、性能测试、功能测试、安装或反安装测试、用户界面测试、压力测试、可靠性及安全性测试等。为了有效保证这一阶段测试的客观性，必须由独立的测试小组来进行相关的系统测试。另外，系统测试过程较为复杂，由于在系统测试阶段需要不断变更需求造成功能的删除或增加，从而使程序不断要进行相应的更改，而程序在更改后可能会出现新的问题，或者原本没有问题由于更改导致出现问题，所以测试人员必须进行回归测试。

4. 验收测试

验收测试是最后一个阶段的测试操作，也是软件产品投入正式运行前所要进行的测试工作。验收测试与系统测试的区别就是测试人员不同，验收测试是由用户来执行。验收测试的主要目标是向用户展示所开发出来的软件符合预定的要求和有关标准，并验证软件实际工作的有效性和可靠性，确保用户能用该软件顺利完成既定的任务和功能。通过了验收测试，该产品就可进行发布。但是，在实际交付给用户之后，开发人员是无法预测该软件用户在实际运用过程中是如何使用该程序的，所以从用户的角度出发，测试人员还应进行 Alpha 测试或 Beta 测试。Alpha 测试是在软件开发环境下由用户进行的测试，或者模拟实际操作环境进行的测试。Alpha 测试主要是对软件产品的功能、局域化、界面、可使用性以及性能等方面进行评价。而 Beta 测试是在实际环境中由多个用户对其进行测试，并将在测试过程中发现的错误有效反馈给软件开发者，所以在测试过程中用户必须定期将所遇到的问题反馈给开发者。

10.4.4　软件测试重要性

软件测试的目的就是确保软件的质量、确认软件以正确的方式做了预期的事情，所以测试人员的工作主要是发现软件的错误、有效定义和实现软件成分由低层到高层的组装过程、验证软件是否满足任务书和系统定义文档所规定的技术要求、为软件质量模型的建立提供依据。软件的测试不仅是要确保软件的质量，还要给开发人员提供信息，以方便其为风险评估做相应的准备。

软件测试时在软件设计及程序编码之后，在软件运行之前进行最为合适。考虑到在软件开发过程中要寻找 Bug、避免软件开发过程中的缺陷、关注用户的需求等任务，作为软件开发人员，软件测试要嵌入整个软件开发的过程中。比如在软件的设计和程序的编码等阶段都要嵌入软件测试部分，要时时检查软件的可行性。但是作为专业的软件测试工作者，还是在程序编码之后，软件运行之前最为合适。

10.5　程序调试

程序调试，也称为软件调试，是将编制的程序投入实际运行前，用手工或编译程序等方法进行测试，修正语法错误和逻辑错误的过程。这是保证计算机程序正确性的必不可少的步骤。编完计算机程序，必须输入计算机中进行测试。根据测试时所发现的错误，进一步诊断，找出原因和具体的位置进行修正。

10.5.1　程序调试步骤

程序调试的步骤如下：

(1) 用编辑程序把编制的源程序按照一定的书写格式输入到计算机中，编辑程序会根据使用人员的意图对源程序进行增、删或修改。

(2) 把输入的源程序翻译成机器语言，即用编译程序对源程序进行语法检查并将符合语法规则的源程序语句翻译成计算机能识别的“语言”。如果经编译程序检查，发现有语法错误，那就必须用编辑程序再来修改源程序中的语法错误，然后再编译，直至没有语法错误为止。

(3) 使用计算机中的连接程序把翻译好的计算机语言程序连接起来，并连接成一个计算机能真正运行的程序。在连接过程中，一般不会出现连接错误，如果出现了连接错误，说明源程序中存在子程序的调用混乱或参数传递错误等问题。这时又要用编辑程序对源程序进行修改，再进行编译和连接，如此反复进行，直至没有连接错误为止。

(4) 将修改后的程序进行试算，这时可以假设几个模拟数据去试运行，并把输出结果与手工处理的正确结果相比较。如有差异，就表明计算机的程序存在有逻辑错误。如果程序规模不大，可以用人工方法去模拟计算机对源程序的这几个数据进行修改处理；如果程序规模比较大，人工模拟显然行不通，这时可将计算机设置成单步执行的方式，一步步跟踪程序的运行。一旦找到问题所在，用编辑程序来修改源程序，接着再编译、连接和执行，直至无逻辑错误为止。

10.5.2　程序调试的原则

程序调试的原则如下：

(1) 思考分析与错误征兆有关的信息。

(2) 避开死胡同。

(3) 只把调试工具当做手段。利用调试工具，可以帮助思考，但不能代替思考，因为调试工具给的是一种无规律的调试方法。

(4) 避免用试探法，最多只能把它当做最后手段。

(5) 在出现错误的地方，可能还有别的错误。

(6) 修改错误的一个常见失误是只修改了这个错误的征兆或这个错误的表现，而没有修改错误本身。如果提出的修改不能解释与这个错误有关的全部线索，那就表明只修改了错误的一部分。

(7) 注意修正一个错误的同时可能会引入新的错误。

(8) 修改错误的过程将迫使开发人员暂时回到程序设计阶段。修改错误也是程序设计的一种形式。

(9) 修改源代码程序，不要改变目标代码。

10.5.3　程序调试方法

1. 简单调试方法

(1) 在程序中插入打印语句。优点是能够显示程序的动态过程，比较容易检查源程序的有关信息。缺点是效率低，可能输入大量无关的数据，发现错误带有偶然性。

(2) 运行部分程序。有时为了测试某些被怀疑有错的程序段，却将整个程序反复执行许多次，在这种情况下，应设法使被测程序只执行需要检查的程序段，以提高效率。

(3) 借助调试工具。目前大多数程序设计语言都有专门的调试工具，可以用这些工具来分析程序的动态行为。

2. 回溯法

回溯法是指确定最先发现错误症状的地方，人工沿程序的控制流往回追踪源程序代码，直到找到错误或范围。

3. 归纳法

归纳法是一种系统化的思考方法，是从个别推断全体的方法，这种方法从线索(错误征兆出发)，通过分析这些线索之间的关系找出故障。具体方法如下：

(1) 收集有关数据。收集测试用例，弄清测试用例观察到哪些错误征兆，以及在什么情况下出现错误等信息。

(2) 组织数据。整理分析数据，以便发现规律，即什么条件下出现错误，什么条件下不出现错误。

(3) 导出假设。分析研究线索之间的关系，力求找出它们的规律，从而提出关于错误的一个或多个假设。如果无法做出假设，则应设计并执行更多的测试用例，以便获得更多的数据。

(4) 证明假设。假设不等于事实，证明假设的合理性是极其重要的，不经证明就根据假设排除错误，往往只能消除错误的征兆或只能改正部分错误。证明假设的方法是用它解释所有原始的测试结果，如果能圆满地解释一切现象，则假设得到证明；否则要么是假设不成立或不完备，要么是有多个错误同时存在。

4. 演绎法

演绎法是指设想可能的原因，用已有的数据排除不正确的假设，精化并证明余下的假设。

5. 对分查找法

如果知道每个变量在程序内若干个关键点上的正确值，则可用赋值语句或输入语句在程序中的关键点附近“注入”这些变量的正确值，然后检查程序的输出。如果输出结果是正确的，则表示错误发生在前半部分，否则，错误在后半部分。这样反复进行多次，逐渐逼近错误位置。

10.5.4　程序调试分类

1. 静态调试

采用以下两种方法：

(1) 输出寄存器的内容。在测试中出现问题，设法保留现场信息。把所有寄存器和主存中有关部分的内容打印出来(通常以八进制或十六进制的形式打印)，进行分析研究。用这种方法调试，输出的是程序的静止状态(程序在某一时刻的状态)，效率非常低，不得已时才采用。

(2) 为取得关键变量的动态值，在程序中插入打印语句。这是取得动态信息的简单方法，并可检验在某时间后某个变量是否按预期要求发生了变化。此方法的缺点是可能输出大量需要分析的信息，而且必须修改源程序才能插入打印语句，这可能改变关键的时序关系，引入新的错误。

2. 动态调试

动态调试通常利用程序语言提供的调试功能或专门的调试工具来分析程序的动态行为。一般程序语言和工具提供的调试功能有检查主存和寄存器；设置断点，即当执行到特定语句或改变特定变量的值时，程序停止执行，以便分析程序此时的状态。

10.6　二级考试选择题

1. 软件的结构化设计(SD)方法中，一般分为总体设计和详细设计两阶段，其中总体设计主要是建立(　　)。

A) 软件结构　B) 软件流程　C) 软件模型　D) 软件模块

2. 下面叙述中错误的是(　　)。

A) 软件测试的目的是发现错误并改正错误

B) 对被调试的程序进行“错误定位”是程序调试的必要步骤

C) 程序调试通常也称为Debug

D) 软件测试应严格执行测试计划，排除测试的随意性

3. 耦合性和内聚性是对模块独立性度量的两个标准。下列叙述中正确的是(　　)。

A) 提高耦合性降低内聚性有利于提高模块的独立性

B) 降低耦合性提高内聚性有利于提高模块的独立性

C) 耦合性是指一个模块内部各个元素间彼此结合的紧密程度

D)内聚性是指模块间互相连接的紧密程度

4. 数据流图中带有箭头的线段表示的是(　　)。

A) 控制流　B) 事件驱动　C) 模块调用　D) 数据流

5. 软件是一种(　　)。

A) 程序　B) 数据　C) 逻辑产品　D) 物理产品

6. 软件开发方法是(　　)。

A) 指导软件开发的一系列规则和约定　B) 软件开发的步骤

C) 软件开发的技术　D) 软件开发的思想

7. 软件生命周期中花费最多的阶段是(　　)。

A) 详细设计　B) 软件编码　C) 软件测试　D) 软件维护

8. 下面不属于软件工程的3个要素的是(　　)。

A) 工具　　B) 过程　　C) 方法　　D) 环境

9. 在软件生命周期中，能准确地确定软件系统必须做什么和必须具备哪些功能的阶段是(　　)。

A) 概要设计　　B) 详细设计

C) 可行性分析　　D) 需求分析

10. 软件设计一般划分为两个阶段，两个阶段依次是(　　)。

A) 总体(概要)设计和详细设计　　B) 算法设计和数据设计

C) 界面设计和结构设计　　D) 数据设计和接口设计

11. 软件需求规则说明的内容应包括(　　)。

A) 软件的主要功能　　B) 算法详细设计

C) E-R 模型　　D) 软件总体结构

12. 软件设计中模块划分应遵循的原则是(　　)。

A) 低内聚低耦合　　B) 高耦合高内聚

C) 高内聚低耦合　　D) 以上说法均错误

13. 下列选项不属于结构化程序设计的原则的是(　　)。

A) 可封装　　B) 自顶向下　　C) 模块化　　D) 逐步求精

14. 下面描述中错误的是(　　)。

A) 系统总体结构图支持软件系统的详细设计

B) 软件设计是将软件需求转换为软件表示的过程

C) 数据结构与数据库设计是软件设计的任务之一

D) PAD 图是软件详细设计的表示工具

15. 数据字典(DD)所定义的对象都包含于(　　)。

A) 数据流图(DFD 图)　　B) 程序流程图

C) 软件结构图　　D) 方框图

16. 软件需求规格说明书的作用不包括(　　)。

A) 软件验收的依据

B) 用户与开发人员对软件要做什么的共同理解

C) 软件设计的依据

D) 软件可行性研究的依据

17. 下面属于黑盒测试方法的是(　　)。

A) 语句覆盖　　B) 逻辑覆盖

C) 边界值分析法　　D) 路径覆盖

18. 下面不属于软件设计阶段的任务的是(　　)。

A) 软件总体设计　　B) 算法设计

C) 制定软件确认测试计划　　D) 数据库设计

19. 下面属于白盒测试方法的是(　　)。

A) 等价类划分法　　B) 逻辑覆盖

C) 边界值分析法　　D) 错误推测法

20. 软件生命周期是指(　　)。

A) 软件产品从提出、实现、使用维护到停止使用退役的过程
B) 软件的工程实施阶段
C) 软件的开发与管理
D) 软件的实现和维护

21. 下面描述中，不属于软件危机表现的是(　　)。
A) 软件过程不规范　　B) 软件开发生产率低
C) 软件质量难以控制　　D) 软件成本不断提高

22. 下面不属于需求分析阶段任务的是(　　)。
A) 确定软件系统的功能需求　　B) 确定软件系统的性能需求
C) 需求规格说明书评审　　D) 制定软件集成测试计划

23. 软件调试技术包括(　　)。
A) 边界值分析　　B) 演绎法
C) 循环覆盖　　D) 集成测试

24. 在软件设计中不使用的工具是(　　)。
A) 系统结构图　　B) PAD 图
C) 数据流图(DFD 图)　　D) 程序流程图

25. 软件生命周期中的活动不包括(　　)。
A) 市场调研　　B) 需求分析
C) 软件测试　　D) 软件维护

26. 可行性分析研究的目的是(　　)。
A) 项目是否值得开发　　A) 争取项目
C) 开发项目　　D) 规划项目

27. 软件调试的目的是(　　)。
A) 找出错误所在并改正之　　B) 排除存在错误的可能性
C) 对错误性质进行分类　　D) 统计出错误的次数

28. 模块(　　)，则说明模块的独立性越强。
A) 耦合越强　　B) 扇入数越高
C) 耦合越弱　　D) 扇入数越低

29. 指出 PDL 是下列哪种语言(　　)。
A) 伪码　　B) 高级程序设计语言
C) 中级程序设计语言　　D) 低级程序设计语言

30. 在进行软件测试时，首先应当进行(　　)，然后再进行组装测试，最后再进行有效性测试。
A) 单元测试　　B) 集成测试　　C) 确认没底　　D) 组合测试

31. 总体设计的目标是(　　)。
A) 确定系统的功能与模块结构　　B) 确定系统的费用
C) 确定系统的算法　　D) 确定开发系统所使用的语言

32. 下列哪个阶段不是软件生存期三个阶段中的内容(　　)。
A) 计划阶段　　B) 编码阶段　　C) 开发阶段　　D) 维护阶段

附录 A　全国计算机等级考试二级 MS Office 高级应用考试大纲

基本要求

1. 掌握计算机基础知识及计算机系统组成。

2. 了解信息安全的基本知识，掌握计算机病毒及防治的基本概念。

3. 掌握多媒体技术基本概念和基本应用。

4. 了解计算机网络的基本概念和基本原理，掌握因特网网络服务和应用。

5. 正确采集信息并能在文字处理软件 Word、电子表格软件 Excel、演示文稿制作软件 PowerPoint 中熟练应用。

6. 掌握 Word 的操作技能，并能熟练编制文档。

7. 掌握 Excel 的操作技能，并熟练进行数据计算及分析。

8. 掌握 PowerPoint 的操作技能，并能熟练制作演示文稿。

考试内容

一、计算机基础知识

1. 计算机的发展、类型及其应用领域。

2. 计算机软、硬件系统的组成及主要技术指标。

3. 计算机中数据的表示与存储。

4. 多媒体技术的概念与应用。

5. 计算机病毒的特征、分类与防治。

6. 计算机网络的概念、组成和分类；计算机与网络信息安全的概念和防控。

7. 因特网网络服务的概念、原理和应用。

二、Word 的功能和使用

1. MicrosoftOffice 应用界面使用和功能设置。

2. Word 的基本功能，文档的创建、编辑、保存、打印和保护等基本操作。

3. 设置字体和段落格式、应用文档样式和主题、调整页面布局等排版操作。

4. 文档中表格的制作与编辑。

5. 文档中图形、图像(片)对象的编辑和处理，文本框和文档部件的使用，符号与数学公式的输入与编辑。

6. 文档的分栏、分页和分节操作，文档页眉、页脚的设置，文档内容引用操作。

7. 文档审阅和修订。
8. 利用邮件合并功能批量制作和处理文档。
9. 多窗口和多文档的编辑，文档视图的使用。
10. 分析图文素材，并根据需求提取相关信息引用到 Word 文档中。

三、Excel 的功能和使用

1. Excel 的基本功能，工作簿和工作表的基本操作，工作视图的控制。
2. 工作表数据的输入、编辑和修改。
3. 单元格格式化操作、数据格式的设置。
4. 工作簿和工作表的保护、共享及修订。
5. 单元格的引用、公式和函数的使用。
6. 多个工作表的联动操作。
7. 迷你图和图表的创建、编辑与修饰。
8. 数据的排序、筛选、分类汇总、分组显示和合并计算。
9. 数据透视表和数据透视图的使用。
10. 数据模拟分析和运算。
11. 宏功能的简单使用。
12. 获取外部数据并分析处理。
13. 分析数据素材，并根据需求提取相关信息引用到 Excel 文档中。

四、PowerPoint 的功能和使用

1. PowerPoint 的基本功能和基本操作，演示文稿的视图模式和使用。
2. 演示文稿中幻灯片的主题设置、背景设置、母版制作和使用。
3. 幻灯片中文本、图形、SmartArt、图像(片)、图表、音频、视频、艺术字等对象的编辑和应用。
4. 幻灯片中对象动画、幻灯片切换效果、链接操作等交互设置。
5. 幻灯片放映设置，演示文稿的打包和输出。
6. 分析图文素材，并根据需求提取相关信息引用到 PowerPoint 文档中。

考试方式

上机考试，考试时长 120 分钟，满分 100 分。

一、题型及分值

1. 单项选择题 20 分(含公共基础知识部分 10 分)。
2. Word 操作 30 分。
3. Excel 操作 30 分。
4. PowerPoint 操作 20 分。

二、考试环境

1. 操作系统：中文版 Windows 7。
2. 考试环境：MicrosoftOffice 2010。

附录 B　全国计算机等级考试二级公共基础知识考试大纲

基本要求

1. 掌握算法的基本概念。
2. 掌握基本数据结构及其操作。
3. 掌握基本排序和查找算法。
4. 掌握逐步求精的结构化程序设计方法。
5. 掌握软件工程的基本方法，具有初步应用相关技术进行软件开发的能力。
6. 掌握数据库的基本知识，了解关系数据库的设计。

考试内容

一、基本数据结构与算法

1. 算法的基本概念；算法复杂度的概念和意义(时间复杂度与空间复杂度)。
2. 数据结构的定义；数据的逻辑结构与存储结构；数据结构的图形表示；线性结构与非线性结构的概念。
3. 线性表的定义；线性表的顺序存储结构及其插入与删除运算。
4. 栈和队列的定义；栈和队列的顺序存储结构及其基本运算。
5. 线性单链表、双向链表与循环链表的结构及其基本运算。
6. 树的基本概念；二叉树的定义及其存储结构；二叉树的前序、中序和后序遍历。
7. 顺序查找与二分法查找算法；基本排序算法(交换类排序，选择类排序，插入类排序)。

二、程序设计基础

1. 程序设计方法与风格。
2. 结构化程序设计。
3. 面向对象的程序设计方法，对象，方法，属性及继承与多态性。

三、软件工程基础

1. 软件工程基本概念、软件生命周期概念、软件工具与软件开发环境。
2. 结构化分析方法、数据流图、数据字典与软件需求规格说明书。
3. 结构化设计方法、总体设计与详细设计。

4. 软件测试的方法，包括白盒测试与黑盒测试、测试用例设计、软件测试的实施、单元测试、集成测试和系统测试。

5. 程序的调试，包括静态调试与动态调试。

四、数据库设计基础

1. 数据库的基本概念，包括数据库，数据库管理系统，数据库系统。

2. 数据模型、实体联系模型及E-R图、从E-R图导出关系数据模型。

3. 关系代数运算，包括集合运算及选择、投影、连接运算，数据库规范化理论。

4. 数据库设计方法和步骤：需求分析、概念设计、逻辑设计和物理设计的相关策略。

考试方式

1. 公共基础知识不单独考试，与其他二级科目组合在一起，作为二级科目考核内容的一部分。

2. 上机考试，10道单项选择题，占10分。